いま飲みたい
生きたワインの造り手を訪ねて

ナチュラルワイン

Natural Wine

買える店・
飲める店
リスト付き

FESTIVIN 編／中濱潤子 文

Wine is bottled poetry.

「ワインとはボトルに詰められた詩である」

by Robert Louis Stevenson, U.K. Novelist
（ロバート・ルイス・スティーヴンソン、英国の小説家）

ナチュラルワインとは何でしょうか。有機栽培の葡萄で造ったワイン？ 酸化防止剤無添加？　二日酔いしないってホント？

　じつはナチュラルワインには厳密な規定はありません。

　そもそもヴァン・ナチュール（ナチュラルワイン）という言葉がフランスで使われるようになったのは、ほんの30年ほど前のこと。1960年代、大量生産を目指して、畑に除草剤や化学肥料が持ち込まれた結果、葡萄は本来の免疫力を失い、自然な発酵が難しくなったため、セラーでは培養酵母や多量のSO$_2$（二酸化硫黄＝果汁の酸化、微生物汚染を防止する添加剤。P10参照）の使用を余儀なくされ、ワインは個性を失いました。これに疑問を感じたわずかな生産者たちが、試行錯誤しながらも自然に敬意を払って造り始めたのがナチュラルワインです。それが本物のワインを求めるパリのワインショップやワインバーを中心に、じわじわ市民権を獲得していきました。

　従来型のワインが工業製品なら、ナチュラルワインは、素材から手作りするアルティザン・プロダクツ。その年の天候により葡萄の個性が違うのはもちろん、造り手本人の思想が反映されています。

　ワインは、栽培（農業）と醸造（化学）の両輪で造られます。1960〜90年代の生産者たちがケミカルに頼ったことをみてもわかるように、ナチュラルにおいしいワインを造るのは非常に難しいこと。畑での病害、セラーでの微生物汚染や酸化と背中合わせの作業です。困難な年も多いのですが、それでも労力を惜しまず造りあげたワインには、いいようのない感動があります。すばらしい音楽や小説や映画と同じように、心が動いてしまうのです。

　たとえばクロード・クルトワ＊は、ヴァン・モリソンの音楽のようにソウルフル、シリル・ル・モワン＊は、リチャード・ブローティガンの短編のようにすっと心にしみこんでいく、ドメーヌ・ドゥ・ロクタヴァン＊はモーツァルトのオペラのようにわくわく心が踊る……。偏った感想ではありますが、ワインは嗜好品。好きな造り手を見つけたら、人になんと言われようが好きなように楽しめばよいのです。ナチュラルワインのお祭りとして2010年から開催しているイベント「フェスティヴァン」(P18参照)は、このような自由なワインの楽しみ方を提案してきました。

　この本も従来のガイドブックではありません。ここで紹介したいのは、ワインのうんちくや知識ではなく、自然と向き合い、自らの人生をボトルに詰めた造り手たちの物語です。2013年に刊行した『ヴァン・ナチュール 自然なワインがおいしい理由』では、フランスとイタリアを中心に、74人の造り手を紹介しましたが、今回は13カ国119人に登場してもらいました。

contents

ナチュラルワインの生産者を訪ねて　Part 2

AUSTRIA

・本書は 2013 年誠文堂新光社刊行の『ヴァン・ナチュール 自
然なワインがおいしい理由』をさらに 80 頁増やし、世界の 45
人の生産者のインタビューを新たに追加して増補改訂として出
版したものです。

（注釈）
・掲載したワインは、現在流通しているヴィンテージと異なる
場合があります。また輸入元に在庫がない場合もあります。
・輸入元は 2019 年 4 月現在のもので、変更になる場合があり
ます。
・本文中で＊が付いている生産者は、本書で項目を立てて紹介
しています。

ナチュラルワインって何？
定義はあるの？

実は、ナチュラルワイン（フランス語でヴァン・ナチュール）に厳密な定義はない。というかむしろ定義できないものなのかもしれない。

というのも、「ナチュラルワインとは、有機栽培で育てた葡萄を、限りなく人為的、化学的介入を排して造ったワイン」と定義したとして、目の前に置かれたワインの原料葡萄が、有機栽培なのか化学肥料まみれなのか、判断するのは難しい。

ただわかるのは、ゆっくりと葡萄のペースで発酵させたものか、ヒトの都合で発酵させたものかどうかということ。前者には、野生酵母の力で様々な微生物が働いて生まれる、五感に訴えるようなやさしい香り、なめらかなテクスチャー、す～っと体にしみこむやわらかい揺れを含んだ余韻がある。一方後者は、安定感はあるものの、がちっとブロックされた感じがある。大切なのは、定義ではなく味わいではないだろうか。

野生酵母で発酵が進むためには、葡萄は完全に健康で、おそらく収穫から発酵までケミカルフリーだろう。すなわち自然農法に近い栽培方法をとっていると想像できる。

ナチュラルワインという言葉自体に対す

る反対意見もある。パーネヴィーノのジャンフランコ・マンカは、「そもそもワインとは葡萄だけで造る、極めてナチュラルなもので、ナチュラルという形容詞を付けること自体が間違っている」として、Vini Liberi（自由なワイン）と表現している（輸入元のブログより）。

生産者たちからの信頼篤い NY 在住のワインジャーナリスト、アリス・ファイアリングは、ナチュラルワインについての著書に『Naked Wine』というタイトルを付けている。またニューズレター『THE FEIRING LINE』では、"the only newsletter specializing in honest viticulture and minimal intervention wines. ＝誠実な葡萄栽培と、最小限の（化学的、人的）介入による醸造で造られたワイン専門の唯一のニューズレター" と記している。

彼女は同ニューズレターで、ティエリー・ピュズラやジャン・ピエール・ロビノなどの生産者に取材して「ヴァン・ナチュールという言葉は、ヴァン・サンスフル（SO_2 を添加しないワイン）から始まった」と帰結している。それが 1986 年ごろから、しだいにヴァン・ナチュールという言葉で表現されるようになり、2005 年にティエリーや

マルセル・ラピエールらが、志を同じくする生産者を集めアソシアシオン・デ・ヴァン・ナチュレル（AVN）を立ち上げると、オフィシャルに使われ始めたそうだ。昔ながらの有機的な生態系にしたがって葡萄を育ててはいても、デメーター（ビオディナミの認証、P13参照）などにはあまりこだわらない人も多い。テロワールの個性を最大限にワインに映すためには、ケミカルな要素を除かなければいけない。そのために薬品に頼らなくてもいいように、健康優良児的な強い葡萄を造るという考え方である。

ワインをとりまく近代技術、薬品、添加物の話

　1960年代に畑に持ち込まれた化学薬品の蔓延は、1990年ごろピークを迎える。パリのワインショップのオーナーなど、長きにわたりワインを飲んできた人たちから、1990年代に造られたワインに個性が感じられないという話をよく聞くが、まさにタイミングが一致している。

　権威ある土壌学者、クロード・ブルギニヨンが、「ブルゴーニュのコート・ドールより、サハラ砂漠の土壌のほうが、1平方ヤードで集めた試料に含まれる微生物数が多かった」と言った有名な逸話があるが、除草剤の乱用により土の中から自然界の微生物がいなくなり、地中での有機的な営みは失われ、土はカチカチになり、根は深く伸びずに横に広がり栄養を吸収しなくなる。よって化学肥料が必要となる。そうして育った葡萄は、病気にかかりやすいのでさらに殺虫剤を撒く。できた葡萄はへなへなの虚弱体質で酸化・腐敗しやすいから収穫したらSO_2を振りかける。発酵の力も弱いので培養酵母に頼らざるを得ない。その結果、土地の個性のない凡庸なワインとなってしまうのだ。

　その昔、ワインといえば今の基準でいうナチュラルワインだった。極端に言えば、葡萄が健康に完熟し、セラーの環境が発酵に適した状態であれば、人間は何もしなくてもおいしいワインが造れるのだ。よく、ドメーヌ・ルロワやドメーヌ・ルフレーヴなどブルゴーニュの超名門ドメーヌがずっとナチュラルワインだったといわれるが、化学に頼らず自然においしいワインが造れたのは、大量生産を目指す必要のない、強力な資産をもつ造り手だけだった。

　一方で、昔から一度も農薬や化学肥料を使わなかったという造り手も存在する。思想的に自然農法を貫いた場合もあれば、貧しくて農薬が買えなかったという場合もあるようだ。

　添加物であるSO_2は、酸化を抑え、雑菌の繁殖を抑える目的で使われる。ワインがお酢になってしまえば1年の努力が無駄になり、無収入になってしまうわけだから、必要量の使用はやむを得ない。

　しかし、人体には有害で、世界保健機関（WHO）により推奨されるSO_2の一日あたりの許容摂取量は、体重1kgあたり0.7mgだから、60kgの人で42mgである。ところがEUでVin Biologiqueと認可されるボトル1本あたりのSO_2の量は、辛口赤ワインで100mg、辛口白、ロゼワインが

150mg だから、従来型ワインを 1 本飲むのは、かなり危険ともいえる。

「SO₂を使うとセラーのなかで呼吸困難になるから使いたくない」という生産者は多い。実際私も、瓶に入った液状のSO₂を「試しにかいでみる？」と言われ、蓋をとった途端に呼吸が止まりそうになり、しばらくして激しい頭痛に見舞われた。

多くのナチュラルワイン生産者が名を連ねる団体、アソシアシオン・デ・ヴァン・ナチュレル（AVN）は、白 40mg/ℓ、赤 30mg/ℓ、甘口 80mg/ℓ（糖が残っているので再発酵しやすい）という基準値をもうけており、フェスティヴァンは、これにならっている。

また添加のタイミングも考慮するべきだ。ちなみに生産者たちに取材したなかで多く聞かれたのが、「輸送中に劣化しないために、瓶詰め前に添加するのは理解できるが、収穫直後、発酵前に葡萄に振りかけるのは、その葡萄が健全でない（＝畑仕事に手落ちがあった）ことを表明しているようなもの」ということだ。ラングドックのディディエ・バラルは、「発酵前にSO₂を入れることで、発酵中に生成されるアロマが潰れてしまう」と話している。

一方、前述のブルギニヨンが来日して行ったセミナーでは、「発酵前のSO₂は、しだいに消失して数値としては検出されなくなる。むしろ瓶詰め前の添加は避けるべきだ」との発言があった。いろいろな意見があってしかるべきだが、量、タイミングも生産者自身が科学的に判断するべきだろう。

オーガニックワイン、
ビオワインとの違い

この本で紹介する生産者の多くは、自らの造るワインをナチュラルワインと呼び、オーガニックワイン、ビオワインと区別している。

両者の大きな違いは、ナチュラルワインが栽培と醸造の両方でのナチュラルなアプローチを目指すのに対し、オーガニックワイン、ビオワインは、ビオロジック（有機栽培）、ビオディナミ（注参照）など栽培に重点が置かれていることだ。

欧米には様々な有機認証機関があるが、原料葡萄に対する規定はあっても、機械による（乱暴な）収穫や、補酸、補糖、培養酵母、相当量のSO₂などについて問われな

い場合が多い。実際、EUのビオロジック農業常設委員会では、2012年まで、ワインに関して、原料葡萄に関する規定はあったが、醸造過程に関する規定はなかった。新しい条例では、ソルビン酸使用を禁止したり、SO₂の許容量が減ったりはしたが、依然として培養酵母、酵素など数十種類の添加物の使用が容認されている（フランス食品振興会メールマガジンより）。

前出のアソシアシオン・デ・ヴァン・ナチュレル（AVN）は、収穫は手摘み、野生酵母による自然発酵を定めており、規定値以下のSO₂以外の全ての添加物、逆浸透膜、流動式フィルター、瞬間高温滅菌、加熱マセ

ラシオンを禁止している。

　ここで、フランスの農産物の認証制度、AOC についても紹介しておこう。

　フランスには、国立原産地名称研究所 Institut National des Appellations d'Origine（INAO）が定める原産地統制呼称制度 Appellation d'Origine Controlee（AOC）があり、生産者は毎年検査を受けてアペラシオンを得るわけだが、ナチュラルワインの生産者は、それに拘泥せず、ヴァン・ド・ターブル、ヴァン・ド・フランスなど、つまり、格付けとしては下位となるテーブルワインとして販売している場合も多い。

　土地の個性という名の画一性を求める INAO とオリジナリティを出したいナチュラルワインの生産者は相容れないことも多く、たとえばマルク・アンジェリ＊のロゼは、ロワール地方アンジュの典型的なロゼに比べて凝縮感がありすぎる（おいしすぎる）ゆえにヴァン・ド・ターブルに格下げ

されてしまい、これに対抗し、「ロゼ・ダンジュール（ルネサンス期の詩人、ピエール・ド・ロンサールの詩「ばらの花の一日の命」にちなむ）」というワインを造り 2005 年に商標登録。いまでは 10 人あまりの生産者が「ロゼ・ダンジュール」を造っている。

　AOC は、そもそも土地のワインの個性を守る目的で造られたものだが、その認証があることでワインが高く取引されるようになると、状況は変わってきた。INAO が発足した 1947 年（改称前の CNAO は 1935 年）は、雑草取りは手作業、畑の耕作は馬、トラクターもない時代で、土地由来の酵母菌で造られるワインだからこそ意味があった。70 年も前の制度では今のワインを評価できないという意見も多い。

＊ビオディナミ
バイオダイナミック（英）、ビオディナミコ（伊）とも呼ぶ。オーストリアの人智学者、ルドルフ・シュタイナーが 1924 年に行った「農業講座」に基づき、農業暦（太陰暦）に従って宇宙のリズムに則って農作業を行う。

従来型のワインと
ナチュラルワインを比べてみると

「ケミカルブイヨン」と
「ことこと煮たスープ」

通常、従来型ワインを飲んでいる人が、ナチュラルワインを初めて飲んで「薄い……」と感想を述べるのを何度も聞いた。確かに葡萄果汁以外、何も足さない、何も引かないワインは、すっとのどを通り抜ける。が、すぐに果実本来のエキス分により充実したうま味がじんわり体になじんでいくのを感じるだろう。一方従来型ワインは、

酸、糖、酵母、SO_2などを足したり引いたりして、生産者が望む味に調整する。人が主で葡萄が従、本来の主従関係が逆転してできる作られた味である。決して自然な味わいとはいえないのでは？

「大手企業」と「家族経営」

大手のワイン生産者の取材に行くと、背広をパリッと着こなした上品な紳士が対応してくれる場合が多い。生産部門でなく広

報担当の人で、畑に出ていないし、醸造に関わっていないので、おもしろい話はあまり聞けない。

一方、ナチュラルワインの生産者は小さい規模で、あらゆる仕事をする。多くの生産者が「3 ha の畑が目の届く範囲の限界」と語っているが、全ての仕事をひとりでやろうとすると、2 ～ 3 ha というのは妥当な数字だと思う。

ワイン造りは変革の連続だが、規模が小さいほうが新しい試み（あるいは昔に還る方法）に取り組みやすいのはいわずもがな。家族経営であっても、親と子で考え方に相違があるのだから、大手は何をか言わんやである。大企業のワイナリーにナチュラルワインが少ないのは、それが理由なのかもしれない。

「マスプロダクツ」と「手作業のクラフツ」

ワインは造り手の 1 年の仕事の結果である。従来のワインが、毎年安定した味を目指す商材とすれば、ナチュラルワインは、ヴィンテージごとの違いを愛でる手作りのクラフツで、ワインは造り手自身の哲学と人生の結晶である。

ただし、哲学だけでワインはできない。ワイン造りは農業であると同時に科学である。

たしかにナチュラルワインに醸造上の欠陥が散見された時代はあった。

馬小屋、ゆで卵、だだちゃ豆（フランスではネズミ臭）などのようなにおいは、それぞれエチルフェノール、メルカプタン、アセチルテトラなどの物質に起因する欠陥臭だ。

ヴィニュロンたちは、酸化、劣化と紙一重の危険な綱渡りをしながら、化学的介入を極限まで排して葡萄本来の個性を表現しようとしており、その振り子がポジティブなほうに振れたとき、えもいわれぬ香りと味わいがもたらされる。ナチュラルワイン誕生から 20 年あまりを経て、最近は技術面と官能面のバランスがとれるようになってきたのでは？

また、ナチュラルワインは扱いが難しいのも事実で、特にきちんとした温度管理をせずに海を越えて来たものは、造り手の意図とは全く別物に変貌を遂げていることもある。

インポーター、ワインショップ、レストラン、ワインバーの管理が、クオリティーを左右する。いってみ ればナチュラルワインは野菜などの生鮮食材と同じなので、たとえば温度変化（特に暑さ）で一気に劣化するのは当然だ。一般に 15 度以下の場所での保管が望ましいとされている。

葡萄のエキスのかたまり、
ナチュラルワインは五感で楽しむ

にごり

　ナチュラルワインには、にごったワインも存在する。葡萄のエキスをもれなく瓶に詰める目的で、極力粗い濾過または無濾過という手法をとっているからだ。

　ジュラの生産者フィリップ・ボールナールは、「ワインのにごりは全くクオリティーには関係ない」と発言しているが、この様相を好ましいと見る生産者は多い。

　オレンジなどのフルーツジュースを思い出すとわかりやすいかもしれない。その場で搾ったものは、スーパーで買ったものに比べ、果肉を含んだ果汁はにごっているけれど、果実そのもののエキスが充満して生き生きしている。にごりはうまみである。濾過をしない（または最低限にとどめる）ナチュラルワインは、農産物＝葡萄そのものなのだ。

生産者の生き方

　ヨーロッパでは栽培・醸造学を修めてエノログ（Oenologue）という資格を取ることができるが、ナチュラルワインの造り手は、それにこだわらない人が多い。むしろ彼らは誇らしげにヴィニュロン（自らの育てた葡萄でワインを造り、販売する人。いまでいう6次産業といったところか）を名乗り、いかに畑に軸足を置いているのかがわかる。

　英語圏の産地では、醸造家をワインメーカー、栽培家をヴィンヤード・マネージャーという。大手企業が多く、ワイン造りは、栽培と醸造にはっきりと分業されているからだ。

　日本でも、山梨・ドメーヌ・オヤマダ＊の小山田幸紀さんは、農家としての生き方を大事にしている。自分の食べる分（葡萄を含め）を自分で造るのはごく普通のこと、そのうえで得意なことをして生きる糧を得るのが、人間本来の姿なのだろう。葡萄栽培は、自然相手の仕事ゆえ、ハプニングの連続で、学校よりも地元の篤農家から学ぶという人が多い。そうして1年1年、彼らのワインは進化し、おいしくなっていく。

　ナチュラルワインの造り手たちにとって、葡萄を育て、ワインを造ることは仕事ではなく人生そのものなのだろう。

サブカルチャー

　そんなワインを楽しむとき、必要なのは、うんちくではない。

　ワインは難しい、覚えることがいろいろあると思っている方も多いかもしれないが、ナチュラルワインはむしろワインの経験よりも、映画、音楽、美術、本、旅などが好きな人のほうが楽しめる。生産者にも音楽好き、ロック好きは多く、ラベルもしゃれたものが多い。たとえばロワールのパスカル・シモニュッティの〈オン・サン・バレ・クイユ〉というキュヴェは、「勝手にしやがれ」の意味で、セックス・ピストルズのアルバム『Never mind the Bollocks（邦題・勝手にしやがれ）』にインスパイアされ、ラベルもアルバムジャケットをモチーフにしている。サブカル精神を生産者と共有するとは、なんと楽しいことだろう。

　どれにしようか迷ったら、ナチュラルワインこそジャケ買いをおすすめしたい。ラベルのセンスの合わない人の造ったワインは、味も気に入らないことが多いから。自分の五感をフルに使って楽しみたい。

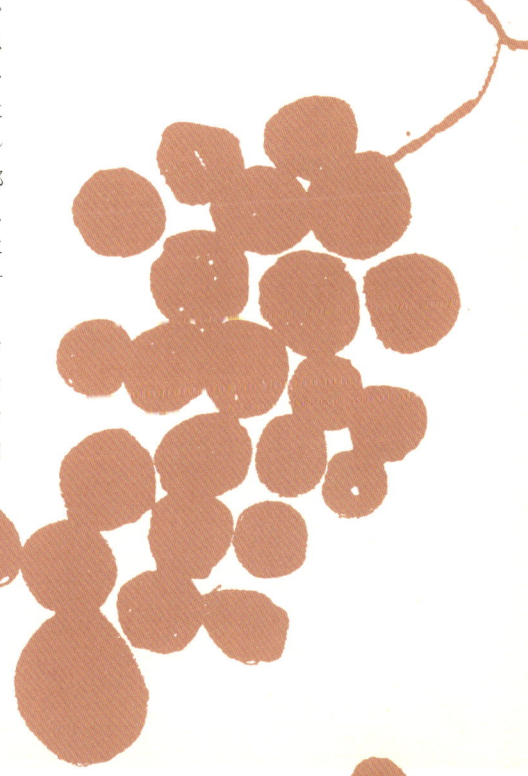

FESTIVIN

フェスティヴァン

2017 年に京都で開催されたフェスティヴァンの会場風景。

フェスティヴァンとは、フェスティバルと、
フランス語でワインを意味するヴァンを組み合わせた造語で、
インポーター、ラシーヌの塚原正章が名付け親。
ナチュラルワインをみんなで楽しむ自由でオープンなイベントだ。

　毎年、夏を過ぎる頃になると、「今年のフェスティヴァンいつ開催するの？」と、よく聞かれる。ナチュラルワインのイベントはずいぶん増えたが、日本における元祖かつ最大の行事（？）として、いつから定着したのだろうか？

　フェスティヴァンは、ナチュラルワインを日本に紹介したパイオニアである勝山晋作（ワインバー「祥瑞」中華とワインの「楽記」店主。2019 年 1 月他界）を中心に、インポーター、レストラン＆ワインバーの店主やスタッフ、クリエーターらが集まり、2010 年を第 1 回として開催したナチュラルワインのお祭りだ。

　初回に 900 人だった来場者はどんどん増え、渋谷ヒカリエで開催された第 3 回目は 2200 人に。あまりの混雑ぶりを反省し、2013 年は会場を模索し休会。翌 2014 年はその埋め合わせもあり、大小 2 回開催、その後、

京都、福岡、また京都、そして仙台と場所を移しながら行われ、あっという間に 10 年目を迎える。

　フェスティヴァンのアイデアが生まれたのは 2007 年頃、月に一度、いつもの飲みの席で会う仲間たちが、みんなと分かち合いたいと思うワインを持参し、日曜日に開いている店に遅い午後に集まって、夜までずっとワインの話をする「例会」と呼ばれる集いでのこと。いつしかこの空気感を、もっとたくさんの人たちと分かち合えたらスゴイ！と全員が思うようになった。ワイン専門家たちから「濁って、ヘンな匂いがする」と毛嫌いされていたナチュラルワインが、素直においしいものが好きな一般層を中心に、急激に支持を集めていた時期と呼応し、時代が後押ししたのかもしれない。

「試飲会」や「ワイン会」と称するイベントはあったが、私たちの求めているのは、そん

な堅苦しいものではなかった。ナチュラルワインが体を通る感覚は、単なる飲み物とは違う。それよりは音楽、映画、あるいはエキゾチックな場所を旅したときに似ている。カッコイイ音楽や、おいしいつまみがなくちゃ。そうだ、お祭りだ！となった。

ワインは、みんなに飲んでほしいと思うナチュラルワインを、各インポーターの協力を得て約300種類集め、毎回日本の生産者もブースを出した。初回は、フランス・ロワールの生産者マルク・アンジェリ＊が来てくれたし、来日していたジョージア、イタリアの生産者たちが総出で来てくれたこともあった。

レストランやワインバーは、この日だけの特別メニューや粉店舗のコラボメニューを揃え、知る人ぞ知るシブいアーティストのライヴやフラダンスのステージも盛り上がる。

私は、いつしかこのイベントのガイドブックを作りたいと思うようになり、様々な縁が重なって、『ヴァン・ナチュール 自然なワインがおいしい理由』の初版が2013年に生ま

れた。ナチュラルワインの生産者たちは、自分で育てた葡萄でワインを造る第一次産業従事者だ。ならば私もここに登場する人は、会ったことのある人か、手紙やメールで直接やり取りした人だけに限り、インターネット等の二次情報で書くのはやめようと決めた。

費用や時間の制約があり、人選は偏ってはいるが、そのイビツさもまたナチュラルワインのガイドブックらしいと思っている。

出版後、最初のフェスティヴァンにはクロード・クルトワ＊とシリル・ル・モワン＊が来場した。私はそこで、自分の本の中の彼らの物語の脇に、お客さんたちが列を成してサインをもらっているという、想像もしなかった素晴らしい光景を目にした。ガイドブックは、サイン帖としても活用できるのだった。

本書刊行の約2か月前、雲一つない青空のもと、勝山晋作お別れの会が、青山斎場で行われた。次々にふるまわれる故人の好きだったワインと、ゆかりのある人々の顔ぶれに、フェスティヴァンの10年が投影されていた。

FESTIVIN

2017 in Kyoto

活気があふれる会場は、まさにお祭り。
インポーターの熱い説明を聞きながら、
気になるワインを試飲。和洋中、なんで
も揃う屋台は大盛況。たくさんの人々が、
年齢や性別、職業に関係なく、ワインと
料理と音楽を心ゆくまで楽しめる場だ。

「ナチュラルワインの魅力を語る」

ナチュラルワインを伝え、広めることに尽力する
フェスティヴァンの飲食店・酒販店チームからのひと言。

板垣卓也

cave et restauvin, épicerie BATONS ／バトン（仙台）店主

実はワインが苦手だったんです。でも大岡弘武さん（ラ・グランド・コリーヌ *）の〈Sc2002〉は1本通して向き合えた。何だろう、このワイン？ と調べ始めるうちに、ナチュラルワインに惹かれていきました。ブラッセリー、クレーブリーに続いて 2010 年に「自然派ワインと炭火ビストロの店ノート」を開きました。店名には、ビオワインを頭に付けようと思っていたのですが、大岡さんに相談すると、「板垣さんが扱うのは、ビオワインではないですよ。栽培だけでなく、醸造の過程で添加物を加えないヴァン・ナチュールです」と教えられて、この名前に変えました。どんどんワイン造りや人となりに興味が出てきて、生産地を訪ねるようになりました。好きなワインは、葡萄のエネルギーにあふれているのに、飲み心地のよいもの。たとえばアラン・カステックス、カーゼ・コリーニ *、ル・トン・デ・スリーズなどでしょうか。

2015 年に、それまで経営していた3店のうち2店をスタッフに譲り、同年、1店を、ワインを中心とした食のセレクトショップ BATONS としてオープン。ショップの形をしたワイン紹介所ですね。私は、実は接客が苦手で、BATONS はコワイという方も……。ただ信頼する人に、ワインを嫁がせようという思いが強くて。嫁ぎ先は選びますよ。愛のないところに大事なワインはやれませんからね。私のところには来づらくていいんですよ。花嫁の父はケムタイもんでしょ。私の代わりにみんなが、ワインの魅力を伝えてくれれば、市場は広がっていく。

ナチュラルワインの魅力は「人」だと思うんです。私は、ワインの味を正確に伝えることはできないけど、その味を心底好きなことは伝えられる。で、「そんなに好きなら飲むよ」となる。味の奥に人が見えるんです。

2011 年震災後に、鎌倉にある「ビーノ」の阿部剛さん、「祖餐」の石井英史さんとのご縁をいただき、「満月ワインバー（全国、約 10 のワインバーが満月の夜の 22 時に乾杯するイベント）」に参加しています。改めて、ナチュラルワインが、人と人をつなぐ力があるのだと実感しました。

震災後、ナチュラルワインで人をつないでいきたいとの思いから、毎年 3 月 11 日に全国のワインバーやワインショップで一斉に解禁する「ヴァン・ド・ミチノク（山形タケダワイナリー醸造）」と、「キュウヴェ東北（仏ロワール：ピエール＝オリヴィエ・ボノーム *）」をプロデュースする機会を得ました。

こんなふうに仲間ができて、はじめてナチュラルワインを紹介していく自信がもてた気がします。人に助けられてここまで来られました。

ナチュラルワインの
生産者を訪ねて
Part 1

Natural

FRANCE
フランス

Regions viticoles en France

生産地マップ

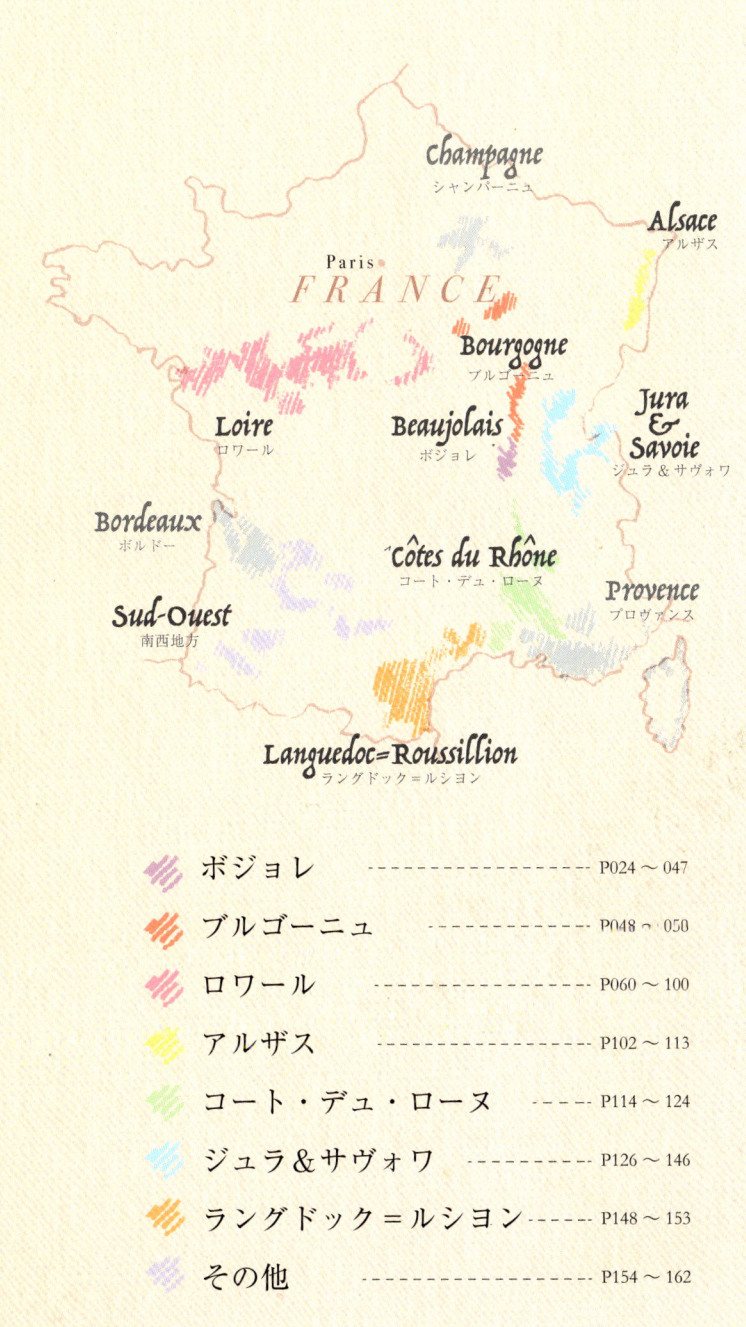

Champagne
シャンパーニュ

Alsace
アルザス

Paris
F R A N C E

Bourgogne
ブルゴーニュ

Loire
ロワール

Beaujolais
ボジョレ

Jura
&
Savoie
ジュラ＆サヴォワ

Bordeaux
ボルドー

Côtes du Rhône
コート・デュ・ローヌ

Provence
プロヴァンス

Sud-Ouest
南西地方

Languedoc=Roussillion
ラングドック＝ルシヨン

伝説になるべくして生まれた
ナチュラルワインの父

ドメーヌ・ラピエール／マチュー・ラピエール（マルセルの思い出）
Domaine Lapierre ／ Mathieu Lapierre

ナチュラルワインの系譜を、
マルセルのワイン造りにたどる

　第1回目のフェスティヴァンの準備が佳境に入った2010年10月、マルセル・ラピエールの訃報が駆け巡り、スタッフ一同、深い悲しみに沈んだ。正真正銘のヴィニュロンらしく、収穫を終えてから息を引き取ったマルセル。ヴィリエ・モルゴン村の教会で行われた葬儀には、ワイン関係者、レストランのシェフ、ジャーナリストなど、村の人口をはるかに超える人が訪れ、弔問は果てしなく続いたそうだ。

　今回この本のために生産者たちに送ったアンケートの「影響を受けた生産者は？」の問いに、最も多く名前が挙がったのもマルセルで、やはりナチュラルワインはこの人から始まったのだと、改めて実感した。

　いちごの爆発するような果実味と瑞々しい透明感、根菜やキノコのようなアーシーなトーン。微生物が自由に動いてできるさまざまなうま味成分から生まれる粘度を感じるようなとろりとした膨らみ感。ナチュラルワインに触れたことのない人に、何か一つオススメをと聞かれたら、選びたいワインの筆頭は、マルセルの〈モルゴン〉だ。

　マルセルのアメリカのインポーター、カーミット・リンチは、自身のウェブサイトで、「マルセルが1973年に父からドメーヌを引き継いだとき、彼はすでに"伝説"となる道のなかばに立っていた」と語っている。

　第二次世界大戦後、化学薬品という魔物が、畑とセラーにやってくる前は、ワインといえばナチュラルワインであった。しかし単なるヴァン・ド・ソワフ（ごくごくと飲めるワイン）

多くの人に影響を与えたマルセル。彼なしにナチュラルワインは語れない。生産者はもちろん、ジャーナリスト、ワイン愛好家、誰もが尊敬する存在である。フェスティヴァンスタッフも、彼のワインでナチュラルワインに開眼したという人が多い。

花崗岩の大地が連なるモルゴンの畑。ガメイが最もエレガントに個性を発揮する土地。

を、魂をビリビリとふるわせるおいしいアートとして完成させるために、人知を越えた大きな力が、この世でただひとり使者に選んだのがマルセルではないだろうか。

　私は、ギリギリでリアルなマルセルに会うことができたことを、運命に感謝している。2009年3月、マルセルのドメーヌで2年間働いていたという広尾のビストロのオーナーが、来日したマルセルのワインメーカーズ・ディナーに呼んでくれた。はからずも私の席はマルセルの真向かいだった。もじゃもじゃのひげでおおわれた顔のなかで目はいつも深い優しさをたたえており、誠実で温かい人柄が伝わってきた。

　その日私は、銀座のワインショップで偶然発掘したマルセルの〈モルゴン2001〉を持参し、それをご本人と差し向かいで飲むという幸運に恵まれた（まわりに大勢人がいたとはいえ）。あまりに緊張し、「どうしてあなたのワインは、そんなにおいしいのですか」という間の抜けた質問をすると、「特別なことはなにもない。おじいさんがやっているのと同じことをやるだけだ。よかったら見に来るといい。いつでも歓迎する」と言ってくれた。

　マルセルのもとには、ナチュラルワインを造りたいという人が引きも切らず訪れ、それはレコール（学校）・ラピエールと呼ばれた。その優秀な生徒であるティエリー・ピュスラは、マルセルはワイン造りだけでなく人生の師匠だと言っていた。

　マルセルはそれから1年半後、60歳の若さで亡くなった。長男のマチューが受け継いだドメーヌを私が訪ねたのは、その3年後のこと。かわいらしい赤い屋根が続く、のどかな村のはずれにあるドメーヌの裏に、まもなく開花を迎えるガメイが植わる赤味を帯びた花崗岩土壌の畑があり、みな上半身

AC モルゴン 2008
AC Morgon 2008

樹齢70年の古木葡萄を、セミ・マセラシオン・カルボニックで仕上げたモルゴンの神髄。弾ける果実味とアーシーなトーンは、マルセルならでは。亡くなる2年前のヴィンテージ。見つけたらぜひゲットして。

裸で真剣に作業をしていた。

マチューに、「みんなに聞かれて辟易していると思うけど、偉大なお父さんから受け継いだ最も大事なことは何？」と聞くと、屈託のない笑顔で「簡単なことさ。父のフィロソフィーとボジョレの伝統のセミ・マセラシオン・カルボニック（後述）を引き継いで、そのままにやっていくよ」と答えてくれた。

ナチュラルワイン史上に残るマルセルの功績を、本人の口から聞くことができなかったので、ドメーヌのHPや、『ニューヨーク・タイムズ』などの記事を援用して紹介しよう。

1969年、マルセルが葡萄栽培と醸造の職業高校を卒業したころ、2つの大戦で疲弊したフランスの農地に、「労働力削減に効果大！」の殺し文句と共に、化学的な除草剤、殺虫剤、肥料のセールスマンがやってきた。同じタイミングで、ボジョレ・ヌーヴォーが爆発的にヒットし、11月第3木曜日に顧客のもとに届けるべく収穫は早まり、未熟な葡萄を発酵させるために、補糖や培養酵母の使用はフツウのこととなった。

マルセルが、祖父、父の残した7 haの畑とセラーを受け継いだのは1973年。当時は村の同胞たち同様、新兵器を使った効率重視のワイン造りをしていたが、それに疑問を感じ始めたのが1978年ごろだった。

マルセルは、後にその理由について、「自分の造るワインに満足できなかったし、他のどの場所で造られたものであれ、自分が好むのはモダンなスタイルではない。祖父や父が造っていたものに戻ればよいのだと気づいた。ただ、今は、彼らよりは少しだけよいものを造りたいと思うけど」と、2004年アメリカの料理雑誌『The Art of Eating』で語った（2010年10月1日付『ニューヨーク・タイムズ』より）。

レザン・ゴーロワ VdF 2009
Raisins Gaulois VdF 2009

AC モルゴンの区画の若木のガメイから。かつて〈VdT デ・ゴール〉としてリリースされていたキュヴェが、2008年のワイン法改正でVdFになるとともに、名称変更。ラベルは有名な画家のモーリス・シネによるもの。

　そして出会ったのが、ワイン商かつヴィニュロンで、ノーベル賞を受賞した物理学者のオット・ヴァルブルクの研究室で微生物学を研究していた科学者の故ジュール・ショヴェ（1907 ～ 1989）。マロラクティック発酵とマセラシオン・カルボニックの専門家であり、著書も多数ある。

　ナチュラルワインに詳しいワインジャーナリスト、アリス・ファイアリングがマルセルから聞いた話では、ジュール・ショヴェと初めて会ったとき、「ボジョレにおける 2 つの害は、糖（補糖）と硫黄（SO_2）だ」と語ったそうだ（2010 年 10 月 11 日付『Feiring Line』）。マルセルは、彼とがっぷり四つに組み、1981 年から農地を有機栽培にするとともに、セラーから化学物質を排除し、畑や蔵に棲む野生酵母による自然発酵を始め、SO_2 も使わないようになった。

　翌 82 年はまれに見る暑い年で、同胞たちのワインのなかには、揮発酸が上がったり（マニキュアのような匂い）、お酢と化したものが多々見られたそうだが、マルセルがジュール・ショヴェとその弟子、ジャック・ネオポールの指導のもと造ったワインは完璧だったという。基本は、セミ・マセラシオン・カルボニックという方法だ。葡萄を全房のまま発酵槽に入れて密閉すると、葡萄が自重でつぶれ、自然酵母により発酵が始まる。この時、果汁がワインになると同時に、自然に発生した二酸化炭素（カルボニック）の醸し（マセラシオン）効果で葡萄の粒ひとつひとつの中で酵素反応が起きる。これにより、雑味のない豊かな果実味と瑞々しい透明感が生まれる。タンニンの抽出も穏やかなので柔らかいテクスチャーとなる。ちなみに、セミのつかない通常のマセラシオン・カルボニックは、炭酸ガスを注入する。

「ナチュラルワインの父」と称されたマルセル、醸造哲学だけでなく、その人柄も多くの人に慕われていた。

料理人からワイン醸造の道へ
転身した息子のマチュー。マ
ルセルの思いは家族によって
受け継がれている。娘のカミー
ユも世界各地で修業をした後、
ドメーヌの仕事に加わった。

セラーの天井には、一方に太陽、もう一方に月をイメージした絵が描かれている。ロワールの生産者マルク・ペノの弟で、画家のドニ・ペノによるものだ。

　しかしその年はよかったものの、後年、樽ごと廃棄せざるを得ないこともあり、試行錯誤を繰り返しながら、しだいにワインは完成度を増していった。この古典回帰のワイン造りはむしろ革新的で、マルセルは「SO_2なしでワインを造るなど狂気の沙汰」と非難されたが、パリの人気ワインショップのオーナーが高く評価したことをきっかけに、1989年ごろから人気に火がつき始めた。

　マルセルは、ジュール・ショヴェ伝授のアイディアと技術を独り占めすることなく、ヴィリエ・モルゴンのヴィニュロン仲間であるジャン・フォワヤール*、ギイ・ブルトン*、ジャン・ポール・テヴネと分かち合い、彼らはボジョレのギャング・オブ・フォーと呼ばれて、単なるヌーヴォーではない、土地の個性を反映したクリュ（畑名のついた）・ボジョレの造り手として注目を浴びるようになった。

　マルセルはまた、ジュラのピエール・オヴェルノワ、プロヴァンスのシャトー・サンタンヌの故フランソワ・デュトゥイユ、コート・デュ・ローヌのドメーヌ・グラムノンの故フィ

セラーにて。このセラーの奥には美味しそうな自家製ソーセージもぶら下がっている。

リップ・ローランらとも、産地を越えてワイン造りの理論を共有し、ナチュラルワイン第一世代となる。マルセルのもとには、本物のワインを造りたいというヴィニュロンが訪れ、ティエリー・ピュズラやカトリーヌ・エ・ピエール・ブルトンらは、その哲学を受け継ぐ第二世代となった。

時は流れて 2004 年、長男のマチューがマルセルの仕事を手伝うようになった。実はマチューの前職は料理人である。「全員が顔見知りの小さな村で、学校を出てからすぐに偉大な父のもとで働くのはイヤだった。父のもとにはレストランのシェフたちが通ってきていたので、料理に興味をもつきっかけになった」そうだ。そして、パリのホテル「ル・ブリストル」や、アメリカ、カナダで修業した後、高齢となった父のもとに戻ってきた。

趣味で料理はずっと続けているそうで、セラーには、その温度と湿度がちょうどよいといって自家製ソーセージが干してあり、セラーの脇の小屋には、レストランでも開けそうな近代的な機能を完備したキッチンがある。毎年 7 月 14 日のパリ祭の日には、ドメーヌ・マルセル・ラピエール主催のお祭りがあるが、そこで地元のシェフたちにまじり、マチューも料理の腕をふるう。

現在畑は 13ha に増え、樹齢の若い木から作るカジュアルブランド〈レザン・ゴーロワ〉や、ジャン・クロード・シャヌデとのコラボである〈シャトー・カンボン〉も好調で、マルセルの妻のマリーとマチュー、そして妹のカミーユが引き継いだドメーヌ・マルセル・ラピエールは、着実に歩みを進めている。

D A T A

Domaine Lapierre
http://www.marcel-lapierre.com/
輸入取扱：野村ユニソン

レニエのビオディナミの先駆者は、
孤高のアンサング・ヒーロー

クリスチャン・デュクリュ
Christian Ducroux

夏は日の出とともに畑に出るというクリスチャン・デュクリュ。有機農法は 1980 年から、1985 年からビオディナミを実践している。畑はすべて馬による耕作を行っている。自然にまっすぐに向き合う造り手である。

　ナチュラルワインの揺りかご・ボジョレで、マルセル・ラピエール＊を筆頭とした、モルゴン地区のギャング・オブ・フォー（P30 参照）と呼ばれる 4 人の生産者たちの活躍が注目されていたのとほぼ同じ 1980 年代後半、そこから 5 kmと離れていないレニエ地区（ボジョレの 10 のクリュのひとつ）で、ビオディナミによる栽培と、サンスフル（SO2 無添加）の醸造に取り組んでいた人がいた。

　ランティニエ村のクリスチャン・デュクリュである。彼のワインは、そのキャリアの長さやクオリティの高さに比してあまり日本では知られていない。私自身も、2013 年 3 月、とあるヴィニュロンに紹介してもらうまで、その存在さえ知らなかったが、そのとき飲んだ〈パシオンス 2011〉は、これまで出合ったなかで最もエレガントなガメイだった。マルセル・ラピエールの〈モルゴン〉が、ベリー系の果実味が飛び跳ねるように生き生きとして野性的とするならば、クリスチャン・デュクリュの〈パシオンス〉は、きめの細かい織物のようにしっとりとまとまり、控えめながらも深い余韻を残す。

　デメーター認証をもっているにもかかわらず、同じ志をもつ仲間が集まるサロン（試飲会）、ルネサンス・デ・ザペラシオンにも出ないし、ナチュラルワインのサロン、ディーヴ・ブテイユ（いずれも毎年ロワールで行う）で見かけることもない。なぜかと尋ねれば、「大々的に売るほど本数がないんでね」。クリスチャンはオレンジの T シャツにゆったりした赤いズボンのせいか、タイの修行僧を思わせる優雅な笑顔を見せた。

　白茶けた花崗岩の台地が続く細い田舎道を抜け、クリスチャンのドメーヌにたどり着くと、「彼は、急に息子を迎えに行か

うっそうとした樹木、生垣、
緑に覆われたワイナリー。

ねばならなくなったので遅れる」と近所の人が伝えに来た。畑で待っていると、すっきりと痩せた頭の形のきれいなシルエットがゆっくり坂を下りてきて、株仕立ての葡萄の樹の畝間で立ち止まると、畑の全ての生き物と美しく調和した。

　彼は、この 4.3ha の畑を双子の雌馬、カイナとエヴァンと一緒に管理している。お父さんから畑を受け継いだときには 7.5ha あったのだが、1985 年にビオディナミに転換するにあたり、きちんと手を掛けられるようにと約半分を手放したのだ。

　生産量が少なすぎるのは本当で、ガメイが植えられた畑は 1 万本 /ha の密植で 25 〜 35hl/ha のウルトラ低収量だ。

　馬による耕作は 20 年前に始めた。「土を踏み固めずに、地中の微生物の呼吸を促す馬での耕作は、葡萄に付いている野生酵母の働きを活発にする」という。

　土地の個性をすべて詰め込んだワインを造るためには、野生酵母での発酵は欠かせない。それを活性化するのが馬での耕作というわけで、原点に戻った耕作は、最も科学的なナチュラルワインの醸造方法へとつながるのだ。

　馬たちが引く耕作機が自由に動き回るために、なんと 7 畝のうち 2 畝の葡萄を引き抜いた（これでさらに収量が減ったのだろう）。畝の脇にバラの木を植えているのは、馬たちが一畝の耕作を終えて折り返すときに、バラのトゲを避けるから、葡萄の樹も傷つかないのだそうだ。

　「機械を使えば倍の面積はいけるけど、彼女たちがよい仕事をしてくれる。おかげで、葡萄の樹は倍の高さに伸びるようになった。馬と一緒に働くのは楽しいよ。時々葡萄を食べちゃうのは、まあ愛嬌ということで」

　7 年前から牡牛のコッケも仲間に加わり、現在調教中。牛

パションス VdF
Patience VdF

リリースと共に売り切れるクリスチャン・デュクリュの最上キュヴェ。瓶詰めは 2012 年 12 月だが、葡萄はおそらく 2010 年のもの。大樽でゆっくり熟成されたワインならではのやさしくしっとりした味わい。

ACクリュ・レニエ 2007
AC Cru Regnie 2007

ドメーヌのスタンダード・キュ
ヴェ。熟した果実味と、上品な
余韻があり、リリース仕立ても
おいしいが、熟成も期待できる。

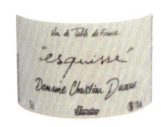

エスキス・ロゼ VdF
Esquisse Rose VdF

ボジョレ・ヴィラージュの畑の
葡萄から造られるロゼ。ラズベ
リーの香りがチャーミングで、
軽やかだが、芯の強さがある。

の歩行スピードは馬の半分のため、より土のためによいと考えたからだ。だが、このコッケ、おいしいわき水を飲んでばかりで一向に仕事を覚えてくれないので、耕作はあきらめているが、彼が供給してくれる糞は、堆肥として活躍している。

デュクリュ家は代々葡萄栽培農家で、現在の自宅は、フランス革命のときに半分が没収されたそうだ。

クリスチャンのお父さんも最初は昔ながらの自然栽培だったが、1960年代にまわりの仲間たち同様、化学合成肥料や除草剤を使うようになった。クリスチャンが家業を引き継いだのは1970年のこと。しだいに自然な栽培に移行し、10年後には完全有機栽培に。その理由は、「自然で正直なのが一番だ。人間だってそうだ。お化粧でごまかすより自然な美しさがいいと思わないかい？」

やがて、ビオディナミを始め、デメターの認証を得た。いまはこれを基本に、有機的な方法をさまざまに取り入れている。ちなみに、すぐ近くで同様にワイン造りをしている弟は慣行農法で、それを反面教師に、クリスチャンは、自分のやり方を常に見直しているそうだ。

畑には、森の木（胡桃や栗など）と果実の木（梨や林檎など）を一緒に植えることで植物多様性が生まれ、葡萄の樹に病気が集中することがない。ちなみに畝の脇に植えたバラは、葡萄よりも病気にかかりやすいので、バラに異変が起こった時点で対処することで、葡萄の被害を最小限に抑えることができる。

このように、害虫や病気を対症療法的に処理するのではなく、エコシステムとして共存すれば、葡萄の状態もよいそうだ。

セラーは、代々受け継がれてきた年代もので、バスケットプレスは1830年代のもの、セメントタンクは1970年代から使っているそうだ。

畑を耕すのは馬と牛。カイナ、エヴァン、コッケと名付け、とても大事にしている。

葡萄は、粒が小さいほど、果皮の割合、すなわちポリフェノールが多くなり野生酵母がよく働くそうだ。通常はひとつの樹に5房ほど残す。果汁よりも果皮の成分が大切だから除梗せずに全房発酵だ。

　5～6年前から、セミ・マセラシオン・カルボニック（発酵により発生する炭酸ガスを利用して、葡萄の酸化を防ぎ、葡萄の粒の中で酵素反応を起こすことで、フレッシュで健康なワインとなる）の進化形ともいうべき新しい発酵方法に挑戦している。

　葡萄を発酵させるとき、通常行われるように、炭酸ガスを注入するのでなく、小さなプレス機で3、4日前にプレスして発酵が始まった果汁300～400ℓを、スターターとして入れて発酵を促す。これにより炭酸ガスの効果とともに、重みで葡萄がつぶれることによる通常の発酵が始まるため、セミ・マセラシオン・カルボニックの利点を生かしながら、伝統的な味わいに仕上げられる。誰に習ったわけでもなく試行錯誤しながらたどり着いた方法だ。栽培や醸造については、ボージュの町の醸造講座に通った以外は、ほぼ独学だそう。

　「最初は、モルゴンの人たちのやり方をまねていたが全くうまくいかなかった。やがて10km、いや5km離れただけでテロワール（土地の特徴）が違うと気づいて、自分の畑をよくよく観察して、葡萄の声を聞くようになった。今年（取材時の2013年）は1983年に似ている。冬からいきなり夏になり、雨が多く、寒い。でも葡萄の実は小さくてとてもよい年だ」

　ここ10年ほど、ベト病（葡萄の病気）に対してデメーターで唯一認められているボルドー液もほとんど使っていないが、最初の4年ぐらいは被害に苦しめられたそうだ。現在は、ホエー（乳清。チーズ造りの副産物）や粘土、シリカ、フェヌグリークというハーブを希釈して混ぜたものなどを使用してみているが、まだ最良の効果は出ていないという。

　ワインは、ヌーヴォー的な位置づけの〈プロローグ〉、ロゼの〈エスキス〉、元AOCレニエの〈エクスペクタティア〉、

セラーでは、1830年代の旧式の圧搾機、バスケットプレスがまだ現役で頑張っている。

約3年の熟成を経てリリースされる〈パションス〉の4種のキュヴェがある。唯一在庫があった〈プロローグ2012〉を試飲させてもらった。クリスチャン・デュクリュの最もベーシックなワインである。優しいフランボワーズの香りとマッシュルームのような土の香り。塩っぽいミネラリー（鉱物的）なトーン、柔らかい口当たりとのどごし。なんと真摯な味だろうか。

テイスティングには、11歳（2013年当時）の息子、レオも加わり、ちびちび飲んでいる。子供が飲めるほど、ナチュラルなワインなのだ。ワインは、かつて葡萄を保存するために作られた、梅干しや漬け物と同様のものなのだと改めて思う。

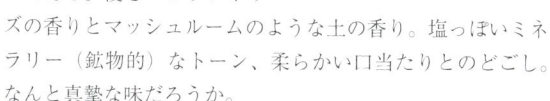

クリスチャンは金儲けしようとか、有名になろうとかいう雑念は全くなし。この人のことを思うとき、Unsung hero、詩歌に歌われなかった英雄、縁の下の力持ちという言葉が頭に浮かぶ。

「自分はまだまだワインとは何かを探している最中だけど、自分のワインが好きだと言ってくれる人がいるだけでいいと思う」と言うので、消費者として、好きな生産者はだれかと問うと、「失敗を恐れず、ナチュラルワインを追求している」として、フィリップ・ジャンボン＊、パトリック・ブージュ＊（ドメーヌ・ド・ラ・ボエーム）と、「心からワインを楽しんでいるのが伝わる」と、二世代ほど下の新人、ボージョレのフルーリーのジュリー・バラニーの名を挙げた。

「"シャトー"と付いているからおいしいとは限らないよ」

年齢もキャリアも関係なくワインそのものを評価する誠実な姿勢は、彼のワイン造りの哲学と重なる。自然にまっすぐに向き合っている真っ当なヴィニュロンである。

DATA

Christian Ducroux
輸入取扱：ル・ヴァン・ナチュール

馬のビステルと信頼関係バッチリ。
誠実な人柄が造る気品に満ちたボジョレ

ミッシェル・ギニエ
Michel Guignier

趣味はワインを飲むことと、自転車というミッシェル・ギニエ。もしも時間があれば、競技自転車を再開して、ツール・ド・フランスに出たいという。

　シリル・ル・モワン＊の親友で、ブルターニュでワイン商トリンク（ブルターニュ語で飲むの意味）を営むアルノー・ディートリッシュから、「シリルのワインが好きならきっと気に入るよ」と勧められたのが、ボジョレのミッシェル・ギニエである。

　2013年春のこと、日本には彼のボジョレ・ヌーヴォーしか輸入されていなかったが、輸入元が試験的に仕入れたクリュ・ボジョレの〈ムーラン・ナヴァン・フー・ド・シェンヌ 2006〉を分けてもらうことができた。チェリーブランデーのような華やかな香りと、きらりと輝きを放つミネラリーなニュアンス、しっかりした骨格には凛とした気品が感じられる。こんなすごい造り手のワインが、ほぼヌーヴォーだけなんて？　と無念に思っていた数か月後、輸入元が変わってフルラインナップが楽しめるようになった。キャリア20年選手のニューカマーとの出会いである。

　これほど完成度の高いワインを造っていながら、特に販促もせずにいる姿勢が示すとおり、ミッシェル・ギニエは恐ろしく謙虚な人である。

　ドメーヌのあるヴォールナール村は、クリュ・ボジョレのひとつフルーリー村から10kmほど北東の、いまどき珍しいほど人里離れた山奥にある。フランスを南北に縦断する中央山塊の控え壁に位置し、九十九折りの山道を上りきった標高500mの高地にある13haの農園は、周囲から完全に孤立した存在だ。

　小柄で痩身、日に焼けた顔に濃い眉が印象的なミッシェルは、馬と一緒に畑仕事の最中だった。この土地はもともと穀物栽培と酪農の伝統があり、ここでも肉牛のシャロレー牛を

農園自体は約13haの広さがあるが、葡萄畑は7ha。残りの土地は、穀物を育て、牛を飼い、牧草を育てる。

飼育しているそうだ。

　葡萄畑は7ha（全てガメイ）。目の前に広がるのは、花崗岩のボジョレ・ヴィラージュの畑。南東向きの斜面の傾斜がすごい。一番急なところで斜度45度もあるそうだ。ヒョイヒョイと歩を進めるミッシェルからだいぶ遅れてついていく私たちは、足を踏み外して転げ落ちそうだ。

　6月はじめ、草を刈ったばかりの畑は、ハーブのような香りがあたりを覆いミッシェルが土を掘り起こすと、ほどよい湿度を保ち、滋養に満ちた腐葉土の香りが立ち上った。葡萄の樹齢が高いのも、ミッシェルの財産で、若いもので25年、なんと一番古いものは100年になる。

　ギニエ家は、もともと酪農を中心に葡萄栽培も行う農家で、ミッシェルが4代目、この土地は1949年におじいさんが買って開墾したもの。ミッシェルは、栽培・醸造学校を卒業して、アルザスとボルドーで修業をしたのち、1981年から家業に加わった。

　1956年にお父さんの代に移り、その後1988年にお父さんが引退することになった。フランス革命後に制定されたナポレイン法により親の財産は子供が均等に受け継ぐことになっているため、畑はミッシェルとお兄さんと二分した（こうして畑がどんどん小さな区画になっていくわけだか）。

　最初は慣行農法を実践していたが、しだいにこのあたりの農家がみな信頼して使っている農業化学メーカー、「モンサント社」の、盛んに安全を強調している除草剤に疑いをもつようになった。薬を撒くほどに畑が勢いを失っていくのだ。「私の予想通り、ついに97〜98年に、その除草剤が体に害を及ぼすことが報道され始めた。自分が人体実験の被害者にな

ACムーラン・ナヴァン・プティット・オゼイユ 2016
AC Moulin à Vent Petite Oscille 2016

ミッシェル・ギニエが誇るクリュ・ボジョレ。ミネラル分を多く含む土壌の樹齢50年の葡萄から生まれるボリューム感たっぷりのワイン。今もうまいが、数年寝かせると、とてつもない世界が待っているはず。

「まずは健康な土を見て欲しい」と、土を掘り起こすミッシェル。健康な葡萄は健康な土造りからである。

ルージュ・モンカイユ
VdF 2014
Rouge Moncailleux VdF 2014

ムーラン・ナヴァン、プティット・オゼイユの畑の、樹齢60年を超える葡萄だけを使った特別なキュヴェ。

AC フルーリー・オ・ボン・グレ 2014
AC Fleurie au bon grès 2014

痩せた花崗岩にシスト土壌が交じっているためか、ムーラン・ナヴァンよりも、軽やかで引き締まった味わい。

ることも、消費者に嘘をつくのもいやになって、除草剤だけでなく化学肥料の使用もやめて、ビオロジックの栽培を始めたんだ」

ビオロジック栽培を始めて、今まで気づかなかった葡萄や土のにおいのかぐわしさに心が躍るようになったのは、大きな発見だった。死んでいた畑が息を吹き返したのだ。

さらなる変化が訪れたのは 2000 年。ここから約 10 キロ南のレニエ地区（同じくボジョレのクリュ）の、尊敬する生産者クリスチャン・デュクリュ*の勧めで、ビオディナミを始めた。「クリスチャンはすでに 15 年の経験があり、何度も失敗を繰り返しているから、そのアドバイスは本当に助かった」

野生酵母だけで発酵させるには、葡萄に多くのポリフェノールが含まれていることが大前提。それには皮（ポリフェノールが多く含まれている）の部分の比率が高い、つまり小さな粒の葡萄を栽培することがミシェルの目標となった。

そのために取った方法は、密植にして葡萄の根どうしを地中で競争させること。ゴブレ（株仕立て）の葡萄の樹の植栽密度は 1m × 1 m。トラクターが入るのは無理なので、馬のビステルが活躍する。ミッシェルとビステルの信頼関係は「こいつがまいったら、私も仕事を辞めるよ」というぐらい、見ていてもほほえましくなるほど。

ちなみに、同じく畑を受け継いだお兄さんは慣行農法で、農薬、除草剤、殺虫剤をしっかり使う。ベト病が蔓延し、ビオロジック＆ビオディナミの生産者の収穫量がほぼ半分だった 2012 年もふだん通りの量を収穫したそうだ（質は不明）。ミッシェルは、「人にはそれぞれ考え方があるから」というが、実際のところ、この斜面の畑でのビオディナミ栽培は相当に

ミッシェルの相棒、馬のビステル。二人（？）六脚で畑を耕作している。お互いを信頼し合っている関係であることが伝わってくる。

大変で、人には薦められないとも。

「情熱がないとやっても意味がない。好きでないと続かない仕事だから、息子ふたりに後を継いでくれとはいえないな」

セラーは、お父さんの時代から使っているもので、コンクリートのはめ込み式タンクを壊して、7000ℓの大樽を設置した。これは発酵だけでなく熟成にも使われる。ガメイにはゆるやかに熟成する大樽が向いているのだという。ミッシェルのワインののびやかな酸味やデリケートなタンニンは、こうしてゆっくり醸成されていくのだろう。

サンスフルに取り組み始めたのは2004年。クリスチャン・デュクリュたちと、さまざまな実験をしながら造ったワインを持ち寄ってブラインドテイスティングをしたら、サンスフルのものが断然おいしかった。翌2005年に全体の3分の1、2006年に3分の2、2007年からは100％サンスフルにした。

「村のみんなからは『狂気の沙汰だ。悪い年には全滅する覚悟をしろ』と言われたよ。幸い売る物がないということはなかったけれど、最初は失敗も多かったな」

セラーで何か問題があると、すぐに畑をチェックする。葡萄がうまく発酵しないなどのトラブルの根源は、葡萄の状態、つまりは栽培の段階にあるからだ。

「葡萄に付いている野生酵母とバクテリアの関係はモノポリー（ボードゲーム）と同じく紙一重。前者を増やすには、畑をよくするしかない。いま実験中だが、シリカを撒くとよいみたいだ」

日々、自然と真摯に向き合った結果、ワインに土中のミネラル分（微量栄養素）が反映されて、生き生きした味わいになってきたそうだ。仕事がいくら大変でも慣行農法に戻れないのは、この味わいに到達したからだ。きっとものすごく儲

かることはないだろうが、自分に、葡萄に、そして消費者に、正直に向き合う生き方には、本質的な豊かさが感じられる。

セラーの片隅に、小さなワインバーのようなテイスティングルームがある。木の切り株をリメイクしたスツールはミッシェルの手作りだ。彼の趣味はワインを飲むことで、とくにボジョレではできない面白い白品種を飲むのが好き。お気に入りは、ロワールのレ・ヴィーニュ・ド・ババスのシュナン・ブランとジュラのドメーヌ・デ・ミロワール（鏡健二郎）のシャルドネだそう。

アペラシオンとしては〈フルーリー〉、〈ムーラン・ナヴァン〉、〈ボジョレ・ヴィラージュ〉。ほかに格付けはヴァン・ド・フランス（VdF）だが、じっくり熟成させてからリリースするプレミアム・クラスのキュヴェがいくつかある。

ボジョレ・ヴィラージュ（ラ・ボンヌ・ピヨッシュ）と同じ区画の樹齢の古い葡萄を大樽熟成させた〈VdF レ・グルモー2006〉は、5年の熟成を経てリリースされる。いちごのチャーミングな果実味に、丁字やリコリス、お香のような香り、後味に一筋ジャスミンの白い花のような香りとミネラリーなトーンが交じり、のどごしは極めてなめらか。〈VdF モンカイユー2009〉は、ムーラン・ナヴァンのプティット・オゼイユの古木の葡萄から。ブラックベリーに黒胡椒やプーアール茶、ポート酒などの香りが複雑にからみ、シルキーな舌ざわり。

ガメラーを自称するほど、ガメイをこよなく愛する私だが、この品種にこれほど複雑な味わいを見たのは初めて。ガメイが苦手という人もぜひ、飲んでほしい。きっとイメージが変わるはず。

D A T A

Michel Guignier
http://www.vignebioguignier.com/
輸入取扱：ヴォルテックス

時が止まったような古いセラー。片隅にはワインバーのようなテイスティングコーナーがあり、いい雰囲気だ。

3億年前のロッシュ・プリの土壌が産む
エレガントなガメイは自分の財産

ジャン・フォワヤール
Jean Foillard

誠実な人柄のジャン・フォワヤール。ボジョレの仲間以外にも、ロワールのティエリー・ピュズラ、ジュラのピエール・オヴェルノワとは仲がよい。

ヴィリエ・モルゴン村で、ひときわ目立つ、中庭を囲む趣ある農家がジャン・フォワヤールのドメーヌ。葡萄棚がひさしを作る木製テーブルの周りは、丹精したバラやハーブでいっぱい。昔の家で広いからと、空いた部屋をシャンブル・ドット（民宿）にしている

16haの栽培面積の3分の1以上がクリュ・ボジョレ（AOCの格付けをもつ10の村）にあり、特にモルゴン地区の南部に位置する標高300mのコート・デュ・ピィ畑は、フォワヤール家の伝家の宝刀。ボジョレの伝統、ゴブレ（低い株仕立て）の古い葡萄樹が植わる土壌は、腐った岩石の意味をもつ"ロッシュ・プリ"と呼ばれる独特の片岩だ。3億年ほど前の深い地層から生まれた花崗岩が、ブルゴーニュとの境にあるモルヴァン山系の隆起により地表に表れ、古代の溶岩と火山灰が重なる地殻に流れ込んでくすんだ灰色に変成・風化した、とてつもなく古いものだ。土はしっとりしているのに、握ると手に付かずサラッとして、健康なのが一目瞭然。この畑の樹齢80年以上の葡萄から作柄のよかった年だけ造るトップ・キュヴェ、コート・デュ・ピィ・キュヴェπ（3.14）（円周率パイとピィをかけている）の果実味のバランス感や鉄のような硬質なニュアンスは、この土から生まれるもの。リリー

ACモルゴン コート・デュ・ピィ 2015
AC Morgon Côte du Py 2015

ジャン・フォワヤールの看板ワイン。オレンジやさくらんぼなどの果実の香味に鉱物質な香りが交じり、艶やかなのどごし。ボディもしっかり。「ガメイは薄い」というイメージを覆す。

AC モルゴン・キュヴェ・コルスレット 2015
AC Morgon Cuvée Corcelette 2015

コート・デュ・ピィとは2～3kmしか離れていないのに、砂地のためか個性は別物。リリース直後から柔らかく、デリケート。

コート・デュ・ピィは、モルゴンで最も評価の高い畑である。熟成に新樽は使用せず、キュヴェπの樽はブリューレ・ロックから譲り受けたもの（1年〜8年樽）を使用している。

スしたてももちろんおいしいが、3〜4年寝かせると、ピノ・ノワールのようなエレガントの極みへと変化を遂げる。

根っからのヴィニュロンという風貌のジャンだが、ワイン造りを始めたのは、ちょっとした運命のいたずらからだったそうだ。

お父さんのモーリスが、4代続く葡萄栽培農家の娘と結婚したことから、フォワヤール家で本格的にワイン造りが始まった。1981年の収穫時、お父さんが急病になり、ドメーヌを継ぐ予定だった兄のレジは兵役中で戻ってこられなかった。急遽、モトクロスバイクのエンジニアをしていた当時23歳のジャンが、その任に当たることになったのだ。

葡萄栽培やワイン醸造の専門的な勉強をしていなかった彼に手をさしのべてくれたのが、同じくヴィリエ・モルゴン村に住む8歳年上のマルセル・ラピエール*。

「マルセルが飲ませてくれた〈モルゴン1979〉。彼のナチュラルワインのごく初期のものだが、私が初めて感動したワインだった」

当時マルセルが師事していたのが、科学者ジュール・ショヴェ（P27参照）。SO₂をはじめとする化学物質を極力排除して、自然な方法でワイン造りを模索していたころだ。

マルセルは、ジュール・ショヴェから得た知識を、ジャンをはじめモルゴンの仲間のヴィニュロンたちと分かち合い、ギイ・ブルトン*、ジャン・ポール・テヴネを加えた4人は、ボジョレのギャング・オブ・フォーと呼ばれて、クリュ・ボジョレの造り手として注目を浴びるようになった。

ジャンは、専門的な知識をもっていなかったが、そもそも醸造学校で習う知識がショヴェの考え方と対局にあったのだから、負の遺産のない点はむしろ恵まれていた。

「最初は失敗も多くて、樽ごと捨てることも多かったよ。そんな葡萄を使っている生産者も多いけどね」と、クオリティにはとことん妥協がない。慣行農法で栽培していた畑を、有機栽培に替え、野生酵母で発酵させ始めると、ワイン造りが楽しくなってきた。

「葡萄が幸せであることが何より大切。特に生育期の夏は、ストレスなく育つように見守り、完熟させることで、葡萄のアイデンティティが育まれる。そういう葡萄で造ったワインは、エモーションを与えてくれる。私はボジョレの生産者として、ガメイというエレガントで生き生きしたすばらしい葡萄に恵まれた。この財産を生かしていきたいと思う」

2017年に新しいセラーが完成。息子のアレックスも、2017年にドメーヌを立ち上げた。

ACモルゴン コート・デュ・ピィ・キュヴェπ（3.14）2014
AC Morgon Côte du Py Cuvée π 2014

80年以上の古木から、作柄のよい年のみ造られるトップキュヴェ。厚みと堅牢な骨格が印象的な、風格あるワイン。

D A T A

Jean Foillard
輸入取扱：ヴァンクゥール

看板ワインはなんと7年熟成。
一切の手抜きなしに造られる破格のうまさ

フィリップ・ジャンボン
Philippe Jambon

ソムリエとして働いていた経歴をもつフィリップ。彼のナチュラルワインの品質は、クリスチャン・デュクリュ（P32）に影響を受け、進化したと語る。

ユンヌ・トランシュ・フルーリー VdF
Une Tranche Fleurie VdF

若手生産者のワインをジャンボン・ブランドで発売するシリーズ。フルーリーの注目株、リリアン・ボシェのもの。

バタイユ・シュール・ラ・ロッシュ・ノワール VdF
Batailles sur la Roche Noire VdF

収穫量が激減したため、例外的に08年のバタイユと09年ロッシュ・ノワールの2区画の葡萄をブレンド。

DATA

Philippe Jambon
輸入取扱：野村ユニソン

「納得のいくワインを造りたい」、それはヴィニュロンの理想ではあるが、やむなく涙を飲んで……、という体験は誰しもあるのでは？

この人、フィリップ・ジャンボンを除いては！ 2010年は、雹（ひょう）の壊滅的な被害で葡萄に満足できなかったのでほぼ収穫がないなか、全ての畑の葡萄をブレンドした〈ディス（2010の"10"の発音と同じ）〉は、飲み手の心を打つ深い味わい。それにしても生活が成り立つのかと心配になってしまうが、「どんなワインに育つかは、ワインの生まれた場所だけが知っている。造り手は、エコシステムのなかのひとつのエレメントでしかないと、謙虚に悟るべきだ。人間が不必要な手を加えるべきではない」と真摯に語る。

そのワインが生まれる場所は、ボジョレ最北部、マコンとの境に位置するシャスラ村。ブルゴーニュの石灰岩とボジョレの花崗岩、ふたつの土壌が交じる恵まれた土地だという。

フィリップはスイスの名門レストラン、ジラルデの元ソムリエ。あるとき試飲したグラムノン＊のワインがきっかけでナチュラルワインに目覚め、リヨンのビストロに移り、ダール・エ・リボなどとの交流から、ワインを造りたいと土地を探し、ボジョレ・ヴィラージュの1haの畑を得たのが1997年。一から開墾して現在5haを所有する。

「私のワインは世間の規格からは、はずれている」と謙遜するが、一切の手抜きなしに造られるワインは、孤高の輝きを放っている。破格のスケール感をもつボジョレの至宝〈ル・バルタイユ〉、ぜひ、体感されたし。

25年の経験を"浅い"と語る、謙虚な姿勢がおいしさの秘密

ギィ・ブルトン
Guy Breton

　ボジョレの"ギャング・オブ・フォー"のひとりとして高く評価される造り手。

　モルゴン出身、祖父の代までは葡萄を栽培して共同組合に納めていたが、両親は畑仕事を業者に任せていたため、ギィ自身はワインとは無縁に育ったそう。せっかく畑があるのだからとワイン造りを勧めてくれたのは故マルセル・ラピエール＊。2年間彼と一緒にじっくりジュール・ショヴェの理論を勉強した。

　ワインは、モルゴン、レニエ、ボジョレ・ヴィラージュの3つのアペラシオンから造られるが、いずれも"ロッシュ・プリ（腐った石の意味）"というスモーキーグレイの片岩の土壌で、デリケートな味わいのガメイが育つという。その個性を生かすように、低い温度でじっくりとソフトに発酵させるそうだ。
「私はまだ25年と経験が浅い。私が介入するより全てを葡萄に任せたほうがよいと思う。よいワインとは飲みやすいもの。思わずもう1杯飲みたくなるようなワインが造りたい」

ACボジョレ・ヴィラージュ・マリルー2017
AC Beaujolais Villages
Marylou 2017

果実の甘みがほんわか、しなやかでチャーミング、肩の力の抜けたワイン。マリルーは、娘さんの名前。

ACモルゴン・プティ・マックス2017
AC Morgon P'tit Max 2017

マックスは、ギィ・ブルトンの愛称。マセラシオン・カルボニックで発酵の後、オーク樽で6か月熟成。

D A T A

Guy Breton
輸入取扱：ラシーヌ

デビューは遅いがキャリアは十分。仲間たちの人望も篤い実力派。

カリーム・ヴィオネ
Karim Vionnet

　2005年に立ち上げたワイナリー。誠実で明るいカリーム・ヴィオネは仲間たちからの信望も篤い。彼は元パン職人。友達にヴィニュロンが多かったため、おのずとワインに興味をもち、醸造学校に通い始めるや、どんどんのめりこみ、やがてパン屋を辞めて、ボジョレの"ギャング・オブ・フォー"のひとりジャン・ポール・テヴネのお兄さんのドメーヌで働き始めた。その間、繁忙期には故マルセル・ラピエール＊、ギィ・ブルトン＊などの畑でも働き、体でナチュラルワインを体得していった。

　ヴィル・フランシュの街から西へ7kmの急な山道の途中にあるカンシエ・アン・ボジョレ村の2haの畑は、標高250m以上とボジョレにしては高く傾斜に恵まれている。土壌はシストと砂。代表作の〈キュヴェKV（カ・ヴェ）スペシャル〉は、酸味とボリューム感を併せ持つバランスのよいワイン。

ACボジョレ・ヴィラージュ・キュヴェ・カ・ヴェ2017
AC Beaujolais Village
Cuvée KV 2017

カリーム本人がデザインされたラベルと、自らのイニシャル「KV」を冠した代表作。ランシエの葡萄で造られる。

ACボジョレ・ヴィラージュデュ・ブール・ダン・レ・ピナール2016
AC Beaujolais Village Du Beur
dans les Pinards 2016

ナチュラルワインのパイオニア、ジュール・ショヴェの畑の樹齢約45年の葡萄から造られるキュヴェ。

D A T A

Karim Vionnet
輸入取扱：ヴァンクゥール

類稀なる才能と挑戦者のスピリットが産む
活きたワイン "ヴァン・ヴィヴァン"

ドメーヌ・ド・シャソルネイ／フレデリック・コサール

Domaine de Chassorney / Frederic Cossard

「初めまして」と挨拶したカメラマンに、「パリで会ったことあるよ。10年ぐらい前かな」と、やんちゃ坊主のような笑顔で答えたフレッドことフレデリック・コサール。10年の出来事をたどったら確かにふたりの人生はある一点で重なっており、その怪物的な記憶力に改めて驚いた。

なんでこんなに頭の回転が速いのか。我々の話す日本語も空気を読んですぐに覚えてしまう。この頭脳があれば、クルティエ（ワイン仲介業者）時代に、ブルゴーニュのあらゆる造り手のワインを飲んで記憶しているという途方もない話も、本当かもしれない。

ドメーヌ・ド・シャソルネイは、サン・ロマン・スー・ロッシュ、サヴィニー・レ・ボーヌ・レ・ゴラルド、ヴォルネイ・プルミエ・クリュ・レ・ロンスレと幅広いアペラシオンを手がけているが、共通する特徴は、採れたてのフランボワーズのような果実味に、緑茶や上等の昆布だしのようなうまみ、すっとしみこむようなピュアなのどごし。まさにフレッドがモットーとする「vin vivant（活きているワイン）」である。

ドメーヌは、コート・ド・ボーヌ地区のサン・ロマン村から2kmほど奥地に入った人里離れた庵のような場所にある。もと豚小屋だったというセラーは、背後の丘をくりぬいたもので、壁にわき水がしたたる洞穴という理想的な構造だ。

フレッドとワインの出会いは、幼少の頃。サン・ロマンから10kmほど南西にあるノレイ村に0.5haの葡萄畑をもっていたおじいさんが、趣味で造るどぶろくワインが大好きだった。ワインを造る人になりたいと思ったものの、酪農関係の会社を経営していたお父さんから家業を継ぐためのレールを敷かれ、国立乳産業学校卒業後は、2年の予定でボストンの

フレンドリーな性格で、いつもユーモアたっぷりのフレッド。頭の回転が早く、記憶力の確かさにも驚かされる。「たくさんワインを飲むと、記憶力が良くなるんだよ」と持論を展開。

サン・ロマンで最も健全な畑であると自負。フレッドのこの畑を手本に、自然農法に転向する生産者も増えている。

乳業メーカーに研修に送り込まれるが、3週間でドロップアウト。やはり自分の生きる道はワインと決め、家を出てボーヌとサヴォワの醸造学校で学んだ後は裸一貫でクルティエの仕事を始めた。そのかたわら、ニュイ・サン・ジョルジュのネゴシアン（ワイン商）でも働き、買い葡萄のアッサンブラージュを担当、10年間、毎日のように試飲をしていたから、ブルゴーニュ中の葡萄と畑の性格を知り尽くしたというわけだ。

やがて1996年、満を持してドメーヌを立ち上げ、サン・ロマン、オート・コート・ド・ボーヌ、オークセイ・デュレスなどに少しずつ畑を入手した。著名なワイン評論家・ミシェル・ベタンが監修した2002年版の『Le Classement』（フランスワインのガイドブック）に、「シャソルネイのニュイ・サンジョルジュ・クロ・デ・ザルジエールは、DRCのグランクリュに匹敵する」と書かれたことからブレイク。2005年に今のセラーを建て、現在、約10haを管理してワインを造る。2006年からは妻のロールとともにネゴシアン・ブランド「フレデリック・コサール」も始めた。

シャソルネイの限りなくピュアな味わいの秘密は、意外なことに乳産業学校の知識にあった。

「SO_2なしのワインは、考え方としてはアンパスチャライズド（加熱処理をしていない）・ミルクから造るチーズと同じだけど、ミルクのほうがずっと微生物の扱いが難しい。どちらも大量生産や作業効率なんかを考えてできるものではない。しかしできたときの喜びは計り知れない。そしてそれを実現するには衛生管理が何より大切だ」

セラーは徹底的にクリーンに保たれている。発酵容器などを洗浄する水は、特殊な機械を使って雑菌や塩素を除去する

ACサン・ロマン・スウ・ロッシュ 2015
AC Saint Romain Sous Roche 2015

平均樹齢は約68年、このヴィンテージは収量わずか37hl/ha。フランボワーズの果実味に、ほのかに中国茶や昆布だしのような風味が交じるシャソルネイのピノ・ノワールの持ち味が存分に表れたキュヴェ。

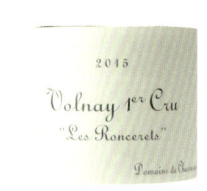

ACヴォルネイ・プルミエ・クリュ・レ・ロンスレ 2015
AC Volnay 1er Cru Les Roncerets 2015

ヴォルネイ一有名な畑、シャンパンの下方に隣接する優良畑。フレッド自身も「男性的で幅がある」とお気に入り。

ACサン・ロマンコンブ・バサン 2015
AC Saint Romain Combe Bazin 2015

2009年の地質調査で、あのモンラッシェと同じ地層があることが分かった、本拠地の代表作。黒果実とクローヴやシナモンなどのスパイス香が特徴。

うえに、最新兵器のヴェクトゥール（Vect'oeur）の酸素クラスターイオンで殺菌する。ちなみに有害な電波の来ないところをわざと選んだため、携帯電話もつながらないとか。

栽培と醸造は基本的に、マリア・トゥンのムーンカレンダーに基づいて行うが、ビオディナミストというわけではない。

フレッドが行っているのはホメオパシー農法だ。同毒療法と訳されているホメオパシーは、代替療法のひとつである。「ホメオ」は同種、「パシー」は病気の意味で、患者に"レメディ"という病気の症状を起こす物質（毒）を希釈してワクチンのように与える。その物質は様々だが、10年ほど前に私がルーマニア人のホメオパシー医の治療を受けたときに処方されたのは、心に不安を抱えたそのときの私に最も必要という「岩塩」だった。希釈率は非常な高倍率で、薄めれば薄めるほど効果が上がるとも言われている。あやしい療法のように思われるかもしれないが、英国王室の主治医はホメオパシー医だそうである（日本ホメオパシー振興会HPより）。

フレッドのやり方も、主にベト病に対してワクチンのように使用し、自然治癒力を高める。そもそもは彼の実家で取り入れていた療法だそうだが、それを葡萄栽培に応用したのは、2000年、マコン在住の友人である生化学者フィリップ・セクの協力を得てのこと。まず自分の畑のベト病の菌を採取し、エッセンシャルオイルで希釈する。威力を失ったこの液体に健康なブドウの葉を入れるとベト病に対する抗体ができる。それをディナミゼ（攪拌）して撒く量は、1 ha あたり 3mg ほど。同じ区画から採取した菌を使わないと効き目がないそうだが、2003年ぐらいから効果が出始め、ボルドー液を散布する回数がぐんと減った。

ベースとなる土作りには、牛の糞を使う。同じ農園で育った牛の糞には、葡萄の生育に必要な情報が詰まっている。糞に土を加えて箱のなかに入れておくと発酵が始まり、約35度で微生物が活発になる。これにエッセンシャルオイルを加えてディナミゼし、1ha あたり 10mg を撒く。ほかに葡萄の果皮を蒸留したグラッパのようなものも必要に応じて撒く。

サン・ロマン　スー・ロッシュのピノ・ノワールの畑。

「ようやく畑が思い通りになった」と、コンブ・バザンの畑にて。

　ワイン造りを始めたころは試行錯誤の連続で、1998 年から 2001 年にかけてはビオディナミの調剤の 500 番（根に作用する）、501 番（成長に作用する）、505 番（植物の治癒力を高める）を試したが、満足のいく結果が得られなかった。ルドルフ・シュタイナーの理論はそもそも農業全体についてのもので、単一生産物である葡萄栽培に向くとは思えないというのがフレッドが至った考えだ。

　収穫した葡萄は、全房のまま、CO_2（炭酸ガス）と交互に重ねて木の開放発酵槽に入れ、酸化を防ぐ目的で上部をビニールシートで覆ってマセラシオン・カルボニック（P27）をうながす。嫌気的環境に置かれた葡萄は、酵素の作用で、果皮の内側から発酵し始める。これにより葡萄のアロマや果実味が抽出される。しだいに自重でタンク下部の葡萄がつぶれ、ジュースの量が増えてくる。この後ルモンタージュ（発酵槽の下部の蛇口から液体を抜いて、上からかけて均一化する）、フーラージュ（葡萄をつぶすこと。フレッドは踏むという意味のピジャージュでなく、こう呼ぶ）をする。

　SO_2 無添加だから酸化や微生物汚染の危険と隣り合わせであるが、細心の注意を払い CO_2 を果房にかけながら作業を行う。アルコール発酵終了後も約 2 週間マセラシオン続行。マセラシオンの期間が非常に長いため、葡萄の組織が柔らかく

なり、ニューマティックプレス（空気圧による圧搾）で軽く
プレスしただけで、自然にワインが流れ出る。パルプとなる
のはわずか1割程度。クリーンでフルーティなワインになる
のはこのためだ。それを約半日置いて澱や不純物を自然に清
澄してから樽に移す。ワインの中にCO_2が十分に溶け込んで
いるので、酸化にも強いそうだ。

サン・ロマンAOC"コンブ・バザン"（シャルドネ）の畑
に連れて行ってもらった。標高400mの南東向きの石灰粘土
質のゆるやかな斜面。クロ（石垣）には食用葡萄が植えられ
ていて開花などを予測できるという。健康な畑に生息すると
いうカタツムリを見つけては、「エスカルゴ・ア・ラ・ブルギ
ニョン」とおどけてみせるフレッド。土を掘ると、葡萄の根
には団粒がびっしり。元気な土の証拠である。

「これがリアルライフだ。ここが自分の思い通りになるまで
3年、向こうの（西のほうに広がる）サン・ロマン・スーロシェ
（ピノ・ノワール）の畑は10～15年かかった。何よりも畑を
よく観察することが大切だ。葡萄の樹は病気の芽を内在して
いる可能性もあるが、免疫力が高ければ取り返しのつかない
ことにはならない。病気は見つけてから対処すればよい」

またネゴシアン・ブランド「フレデリック・コサール」で
は、ピュリニー・モンラッシェ、ボジョレ、ジュラの葡萄で
もワイン造りを展開。2018年にジョージアのクヴェヴリを10
基購入し、仕込んでいる。「夢はリアルになってこそ」と語る
フレッド。そして次なる夢は？

「キャビアを作ることかな（笑）」。夢を語る時点で、すでに
その成功を確信しているこの人のこと、数年後にはヴィニュ
ロン兼キャビア職人になっていそうで、ちょっとコワイです。

DATA

Domaine de Chassorney
http://www.chassorney.com/
輸入取扱：ヴァンクゥール

サラブレッドの血筋と華麗なキャリア。
ナチュール界きってのエリート醸造家

フィリップ・パカレ
Philippe Pacalet

豊富な科学的知識と理論に基づいて、完成された味わいのナチュラルワインを生み出すフィリップ。尊敬する生産者は？　と聞くと、アンセルム・セロス、ジェローム・ブレヴォーなどの名を挙げてくれた。

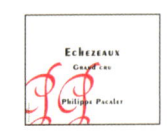

ACコルトン・シャルルマーニュ・グランクリュ 2011
AC Corton-Charlemagne Grand Cru 2011

エレガンスとリッチなスケール感を併せ持つ人気のキュヴェ。できるかぎり寝かせてどうぞ。

ACエシェゾー・グランクリュ 2011
AC Echezeaux Grand Cru 2011

とりわけすばらしいヴィンテージだった 2009 から登場。バランスがよく、品格を感じるワイン。

D A T A

Philippe Pacalet
http://www.philippe-pacalet.com
輸入取扱：野村ユニソン、テラヴェール

フィリップ・パカレは、2001 年ヴィンテージでデビューしたときからスターだった。

その経歴はサラブレッドそのもの。母方の叔父は、故マルセル・ラピエール＊で、フィリップの収穫には常にマルセルの姿があったという。ディジョン大学で醸造学を学んでいたとき（卒論は"野生酵母について"）に、マルセルの紹介で知り合ったジュール・ショヴェに師事し、3 年間研究をともにした。このナチュラルワインの大家の著作を座右の書とする生産者は大勢いても、寝食を共にして、その理論を体にしみこませた人は他にいないだろう。

その後、ビオロジック農業団体のナチュール・プログレに就職し、1991 年から 10 年間、プリューレ・ロック＊で醸造の責任を担い、このドメーヌの地位を揺るぎないものにした。

満を持して造ったワインは、当時のナチュラルワインに散見された還元臭や揮発酸などの欠陥が全く見られぬ完璧な酒質で、アンチ・ナチュラルワイン派からも絶賛された。

2008 年から、12 ha の畑の作業は耕作会社にまかせ（細かい指示は与えるが）、醸造に集中している。ワイン造りの哲学を聞くと、"醸造と熟成は SO_2 なし"、"野生酵母、全房発酵"、"長い間澱と共に置く"、"濾過なし"、"手作業で瓶詰めする"との明快な答えが返ってきた。

裏ラベルに Ec=1/2MV2 というアインシュタインのエネルギーの法則を記しているように、フィリップ・パカレは科学者だ。かつては運に左右されていたナチュラルワインを科学的に解明し、葡萄をワインというハイファイな媒体に再生させるスーパー醸造家である。

一年の仕事を伝えるワインを造りたい。
よいことばかりではない。でも真実を表したい。

アリス・エ・オリヴィエ・ド・ムール
Alice et Olivier de Moor

1989 年にワイン造りを始めた、アリスとオリヴィエ。彼らの造るワインは、年々完成度を上げ、高く評価されている。アリスは主にセラーを、畑は主にオリヴィエが担当している。

ACシャブリ・コトー・ド・ロゼット 2011
AC Chablis Côteau de Rosette 2011

1 億 3000 万〜9000 万年前の古代の土壌から来る、シャブリならではの、ミネラリーなトーンが魅力。

ACブルゴーニュ
シトリー 2015
AC Bourgogne Chitry 2015

シトリーは、シャブリと隣り合ったアペラシオン。2015 は特に恵まれた年で、艶やかな果実味が特徴。

DATA

Alice et Olivier de Moor
輸入取扱：ラシーヌ

シャブリの南 7km のクルジ村で、シャブリ AOC をはじめ、シャルドネ、アリゴテ、ソーヴィニヨン・ブランから生き生きと活力にあふれたワインを造るアリスとオリヴィエ。

クルジ出身のオリヴィエと、ジュラ出身のアリスは、ともにディジョンの醸造学校出身のエノロジスト。大手のドメーヌに勤めていたふたりが、自然農法で育てた葡萄でワイン造りをしようと思ったのは、「おいしいワインのためには、健全な葡萄が必要だと思ったし、葡萄を植えるところから、瓶詰めまで全部自分たちで手がけたかった」と口を揃える。

始めてすぐに教科書の知識が必ずしも実践に向かないと気がついた。たとえば〈ロゼット〉の畑は、南東向きの 40 度の急斜面にあり、午後には忽ち日陰になる。学校では「日照こそ命」と教わったが、むしろ朝と夜の日較差が、葡萄のアロマをキープし、この葡萄で造るワインは、彼らのトップ・キュヴェとなった。

冷涼で降水量が多く、古い慣習が残るシャブリは、自然農法に取り組む生産者は少ないが、2000 年、ロワールのクロード・クルトワ*と交流ができ、方向性が固まったという。

「造り手の 1 年の仕事を伝えるワインが造りたい。私が何を考えていたのかを表すものであってほしい」とアリス。「古典楽器を使えば音の起源に近づけるというわけではないことはわかっている。だから私たちは場面に即して葡萄への向き合い方を選んでいく」とオリヴィエ。ネゴシアン・ブランド「ル・ヴァンダンジュール・マスケ」では、友人たちの葡萄を購入し、醸造している。

モダンな技術に頼らないワイン造りには、造り手の心ばえが反映される

ドメーヌ・ドミニク・ドゥラン
Domaine Dominique Derain

ユニークな人柄が人気のドミニク。ドメーヌは彼を慕う訪問者が多いという。「よいワインは若いうちからおいしい。年をとると、さらにおいしい」と言うように、彼のワインは若いうちから十分に楽しめる。

ACサン・トーバン
ル・バン2010
AC Saint Aubin Le Ban 2010

ワイン名は収穫開始の通知のこと。昔この区画が葡萄の熟度計測の指針だった。ドメーヌの定番ワイン。

ACサン・トーバン
プルミエ・クリュ・アン・ヴェスヴォー2010
AC Saint Aubin
En Vesvau 2010

完熟した果実のアロマと美しい酸味、パワフルな骨格をもつキュヴェ。アメリカ、北欧でも人気とか。

D A T A

Domaine Dominique Derain
http://www.domainederain.fr
輸入取扱：イーストライン

コート・ド・ボーヌ最南端、サン・トーバン村のビオディナミスト、ドミニク・ドゥラン。自然な栽培を選んだ理由は、「コート・シャロネーズに小さな畑をもっていたおじいさんがやっていた方法だから」と明快だ。

ワイン造りは、家業として継ぐほどの規模ではなかったので、農業専門学校を卒業した後は樽工房に就職、その後各地のドメーヌで修業し、名門シャトー・ド・ピュリニー・モン・ラッシェでは醸造長を務めたが、自分のドメーヌをもつのはずっと夢だった。

チャンスは1989年にやってきた。サン・トーバン村の教会の裏のセラーと12aの畑が、手の届く価格で売りに出されているのを見つけ、当時の妻カトリーヌ（今はビジネスパートナー）と共に、少しずつ畑を買い足し、現在はメルキュレ、ポマールなど13のアペラシオンに区画を所有する。

なかでも〈サン・トーバン1級・アン・ルミィ（白）〉は、モン・ラッシェに続く岩だらけの急斜面にある最高の畑。他のエリアに比べて冷涼で、日照に恵まれているため、葡萄はゆっくりと熟しながら、酸とアロマを保持し、長熟に耐えるポテンシャルが生まれる。

醸造も野生酵母のみ、清澄・濾過なし、SO2も瓶詰めまで無添加だが、それは科学的な研究を重ねた結果、たどり着いたもの。

「モダンな技術に頼らないワイン造りは、葡萄のよさとともに造り手の心ばえが反映される」と語るドミニク。2017年から、ドミニクの愛弟子ジュリアン・アルタベール（ドメーヌ・セクスタン当主）がパートナーに。

ブルゴーニュのマイナー地域の、ロック魂あふれるドメーヌ

レクリュー・ド・サン／ヤン・ドゥリュー
Recrue des Sens ／ Yann Durieux

　ディーヴ・ブテイユの会場で一番賑わっているヤン・ドゥリューのブース。薄暗いクラブのDJブースが似合いそうなドレッドヘアに一瞬ひるんだが、フィリップ・ジャンボン*がおいしそうに飲んでいるのを見て輪に加わった。赤と黒のロック魂を感じるラベルの〈ラブ・エンド・ピフ（フランスのスラングでワイン）〉は、キラキラした清涼感と、深く長い余韻が続く圧倒的存在感のアリゴテだ。

　2010年オート・コート・ド・ニュイのヴィル・ラ・フェイ村にシャルドネ、ピノ・ノワールを含む3haの畑を開いたヤン。当時実はプリューレ・ロック*の栽培担当として勤務中の二足のわらじだった。収量はたったの25hl／ha。フェノール分の成熟のためにギリギリまで収穫を遅らせるが、同時に酸が落ちないように生育の初期段階からバランスを取るよう腐心する。醸造は人的介入最小限で、SO_2も無添加。マイナーといわれる土地で、テロワールの可能性に挑戦したいと気骨にあふれている。

ノラック・ピノVdF
Black Pinot VdF

ピノ・ノワール100%。妖艶さ、複雑味、親しみやすさが交錯する独自の世界観！

ラヴ＆ピフVdF（14）
Love & Pif

レイドバックな名前だが、樹齢40〜45年のアリゴテの複雑味と上品な酸味、クオリティは半端なし。

DATA

Recrue des Sens
輸入取扱：野村ユニソン

ブルゴーニュワインの源流、シトー派修道士の仕事を忠実に。

ドメーヌ プリューレ・ロック
Domaine Prieuré Roch

　1992年よりドメーヌ・ド・ラ・ロマネ・コンティの協働経営者でもあった故アンリ・フレデリック・ロックが1988年に自身で立ち上げたドメーヌ。現在は醸造責任者でもあり共同経営者であったヤニック・シャンがドメーヌを担っている。

　ラベルに描かれているのは、エジプトのヒエログリフで、左端（緑）が葡萄の樹、下の3つの赤丸が葡萄の実、たてにふたつ並んだ楕円は、神と人を表し、ワインとは自然と人間が造り出すことを表現しているそうだ。

　ニュイ・サン・ジョルジュ、ヴォーヌ・ロマネを中心に13ha所有する畑の2/3以上がグランクリュとプルミエ・クリュ。ニュイ・サン・ジョルジュ　クロ・デ・コルヴェ（プルミエ・クリュ）とヴォーヌ・ロマネ　クロ・ゴワイヨットはモノポール（単独所有）。

　現在の醸造長はヤニック・シャン。前任のフィリップ・パカレ*の手法を踏襲し、醸造過程でSO_2は使わず（瓶詰め前に微量添加）、清澄・濾過もなしのピュアな味わい。

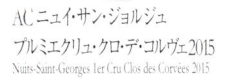

ACニュイ・サン・ジョルジュ　プルミエクリュ・クロ・デ・コルヴェ2015
Nuits-Saint-Georges 1er Cru Clos des Corvées 2015

単独所有する畑クロ・デ・コルヴェの中でも、実が小さく糖度とアロマが凝縮した果実から造られる。

ラドワ・ル・クル・ルージュ2015
Ladoix Le Clou Rouge 2015

コート・ド・ボーヌのラドワ村の畑から造られるピノ・ノワール。フィネスに富む滑らかな味わい。

DATA

Domaine Prieuré Roch
http://domaine-prieure-roch.com/
輸入取扱：ファインズ

度肝を抜くラベルとピュアな味。
そのギャップに驚くマイクロネゴス。

ヴィニ・ヴィティ・ヴィンチ／ニコラ・ヴォーティエ
Vini Viti Vinci ／ Nicolas Vauthier

　半裸（全裸もあり）のヒトクセありげな人物たちが描かれたラベルに目が釘付けに！

　独特のアートセンスをもつニコラ・ヴォーティエが造るのは、アリゴテ100％の〈オ・ラジテ〉、ガメイ・ショドネ（ガメイの親戚）、ガメイ、セザール、ピノ・ノワールをブレンドした〈レ・キャトル・ザミ〉など、どれも葡萄をそのまま映し出したようなピュアなテイスト。

　ニコラは、シャンパーニュ地方トロワの人気ワインバー、「オー・クリュール・ド・ヴァン」で15年カヴィストとして働いた後、2009年、友人であるフィリップ・パカレ＊のアドバイスのもと念願のワイン造りに着手。シャブリの40km南のアヴァロンで、自然栽培の農家の葡萄からワインを造るマイクロネゴスを立ち上げた。栽培や収穫にも参加。醸造は可能な限り手を掛けず、添加するSO_2も極少量。ワイナリー名は、シーザーが、戦いの勝利を仲間に知らせた言葉 "Veni Vidi Vici（来た、見た、勝った）" のもじりである。

ニコラ・ヴォーティエ

ACイランシー2013
AC Irancy 2013

ブルゴーニュ北部らしい凛とした風情＋腐葉土、黒い果実、ケモノっぽさ。一口ごとに変わる表情も面白い。

ACブルゴーニュ・クランジュ・ラ・ヴィヌーズ・ルージュ2013
AC Bourgogne Coulanges la Vineuse Rouge 2013

ピノ・ノワールらしい上品な果実味と、繊細な酸味とエレガントなタンニンが魅力。旨味ののった味わい。

DATA

Vini Viti Vinci
http://vinivitivinci.com/
輸入取扱：ラシーヌ

ヤン・ドゥリュー（P57）

「ナチュラルワインの魅力を語る」

ナチュラルワインを伝え、広めることに尽力する
フェスティヴァンの飲食店・酒販店チームからのひと言。

宗像康雄

Méli-Mélo ／ メリメロ（飯田橋）オーナーシェフ

　フランス滞在中の 1990 年頃、料理修行をしていたレストランのシェフがナチュラルワインを好んで飲んでいたんです。当時は何も知りませんでした。最初は普通のワインと、マルセル・ラピエール *のワインを飲みくらべさせられて、「濃いほうがインパクトある」なんて言って怒られたりしたこともあります（笑）。まだ生産者も少なかったし、情報も少なかったけど、その頃にナチュラルワインに出会えたのはラッキーだったと思います。次第に、それしか飲まなくなり、平日はレストラン、週末は産地を訪ね回りました。95 年に帰国して、2003 年にメ

リメロをオープン。100％ナチュラルワインにすることに迷いはなかったです。

　ナチュラルワインの魅力は、飲んで疲れないことかな。雑味がないから、体にすっと入って残らない。料理も一緒ですよね。よい素材の味を活かして調理したものと、化学調味料に頼った味では、食べたときの体の喜び具合が違うじゃないですか。

　最近、地方でプチ・フェスティヴァンみたいな会が催されていますね。すごくいいことだと思う。どんどん自分たちの地域で輪を広げていってほしいですね。

岡谷文雄

Rossi ／ロッシ（麹町）オーナーシェフ

　僕は「ナチュラルワイン」というカテゴリーでは選んではいません。おいしいと思えればいいんです。もともと酸のあるワインが好みなんですが、イタリアでアンジョリーノ・マウレ *のワインに出会って「今まで飲んでいたワインとあきらかに違う」と思ったのが最初ですね。自分で飲んでおいしいと思うものを追求していったら、自然なワイン、ていねいな造り手のワインばかりだったんです。

　技術が上がったのか、造り方が安定してきたのか、同じような味のナチュラルワインが増えているのはちょっと気になりますが、ちょっと

前までは特殊なワインの扱いだったのに、最近は自分が飲みに行ける店も増えましたね。フェスティヴァンでは、自分たちが好きなワインを多くの人が「おいしい」と言ってくれるのが嬉しいです。

　ナチュラルワインには、保存のために空気を抜くワインセーバーなんて要らないんですよ。どんどん変わっていくその味の変化を感じながら飲んでほしいです。葡萄のポテンシャルが高いワインは、抜栓して時間が経ったときに「化ける」んです。そのタイミングを発見するのも楽しみのひとつだと思いますよ。

ロワールに漂着したケルトの末裔が造る
生命のかたまりのようなワイン

レ・カイユ・デュ・パラディ／クロード・クルトワ

Les Cailloux du Paradis / Claude Courtois

フランス語で「根」の意味をもつラシーヌという名の赤ワインを知ったのは、10年以上前のこと。

「開けたとたん、酸化したようなにおいがしてセラーに戻しておいたら、3日目にとてつもなくおいしくなった。複雑怪奇だよね」、日本におけるナチュラルワインのパイオニアといわれるその人の言葉は私には衝撃で、その名のとおりラベルに力強い葡萄の根っこが描かれたワインを見つけて飲んでみると、酸化臭もないかわりに何の個性もなく凡庸で、正直がっかりして冷蔵庫に入れて放っておいた。

ほとんど忘れた頃に試しに飲んでみると、なんとワインは息を吹き返していた。コー、ピノ・ノワール、ガメイ、カベルネ・フランなどの葡萄が、年ごとに異なる比率でブレンドされているそのワインは、フルーツバスケットのような瑞々しい香り、鉄のような土のニュアンス、もずく酢のようなやさしい酸味、柔らかいのどごし、ずしんと響く何かがあった。

有機栽培やビオディナミで栽培した葡萄から造られたワインを飲んだことはあったが、このワインはどこか違った。前述のパイオニアに聞くと「栽培だけでなくむしろ醸造が大切。醸造過程で人為的、化学的介入を少なくするために、葡萄を強く育てるのがナチュラルワインだ」と言った。ワインが活きている。だからボトルごとに個性が違うし、開けてからもどんどん変わる。その後、何度も遭遇することになる、ワインが語りかけてくる "何か" に対峙した瞬間でもあった。

造り手はクロード・クルトワ。屋号をレ・カイユ・デュ・パラディ（楽園のカイユ〈石灰質や水晶の混じる土壌〉）という。写真で見ると、もじゃもじゃの毛髪と境目なく生えているひげに覆われて肌があまり見えないなか、眼光だけは鋭

「醸造家であるよりも、農夫であり続けたい」と語るクロード。彼のワインは熱狂的なファンも多く、高い評価を得ているが、AOCを名乗るつもりはなく、「ヴァン・ド・フランス」の格付けで我が道をいく造り手だ。「フランスの行政区分で、ロワール・エ・シェール県は41番なので、同じ数の品種を栽培するのが夢」

い。身長は 190cm あるそうだ。ワインの格付けを判断する INAO（国立原産地名称研究所）ともけんかを繰り返しているとか。恐そうだ。でも会ってみたい。

ちなみにインドには呼ばれた人だけが行けるそうだが（横尾忠則が三島由紀夫に言われたとか）、私がクロードに呼ばれたのは、それから長い時を経た 2013 年 2 月のことだった。

クロードのドメーヌは、フランス一の大河、ロワール川左岸のソローニュの森の中にある。一番近い町はブロワだが、道なき道の果てにある middle of nowhere（人里離れた場所）。

1991 年、この 20ha の広大な土地を、ブルゴーニュ・イランシー出身のよそ者が得ることができたのは、ほしがる人が誰もいなかったからだろう。7 年間耕作放棄地だった畑は、その前の 20 年間化学肥料まみれだったそうだ。そこを楽園のカイユと名付けたように、本来シレックス（火打ち石）、クオーツ（石英）、粘土が混じる土壌を、クロードは慈しむように手入れし、ケミカルな要素をデトックスしていった。堆肥やビオディナミの調剤も使うけれど、それはあくまで昔ながらの農夫の知恵。デメーターの認証をとるつもりなどない。環境と完全に調和が取れていれば、困難な年でも真っ当なワインを造ることができるのだという。

実際のクロードの風貌は写真とさして変わりはなかったけれど、農閑期でリラックスしているためか、温厚なお爺さんといった風だった。予想と違ったのは、農園はひっそりとしていて人間以外の動物の姿はないこと。小麦を育て、牛や羊やガチョウなどの家畜を飼って自給自足をしていると聞いていたのだが。なんと、3 年前に新しいセラーを造る必要に迫られて家畜小屋をつぶさざるを得なくなり、食べられるものは食べてしまったという。レ・カイユ・デュ・パラディは、クロードが 2ha、23 歳の三男エティエンヌが 4 ha の畑を管理しているが、これが 2 つの異なるドメーヌとみなされ、同じセラーで醸造するのは違法とのとがめを受け、クロードが出る形になったのだ。

生産者をコントロールして、規格にあったワインを大量に生産して財源にしたい INAO と、土地の個性を生かしたワ

ラシーヌ VdF 2015
Racines VdF 2015

クロードが管理する 2ha の畑から造られる。ガメイ、カベルネ・フラン、ピノ・ノワールなどの様々な品種を毎年違う割合でブレンドするため、微妙に味わいが異なる。果実味のなかに漢方のようなニュアンスも。

クオーツ VdF 2013
Quartz VdF 2013

クオーツ（石英）が交じる
シレックス土壌のソーヴィ
ニヨン・ブランから。レモ
ンの果実味とほのかな苦っ
ぽさが心に残る。

プリュム・ダンジュ VdF 2013
Plume d'Ange VdF 2013

2つのソーヴィニヨン・ブ
ランのうち、このキュヴェ
はしなやかで凛とした印
象。フードフレンドリーで
もある。

イン造りをしたいクロードらナチュラルワインの生産者との間には大きな溝があるが、クロードのワイン造りの歴史はまさに INAO との闘争といってもいいだろう。

　AOC でいえばトゥーレーヌを名乗れるが、INAO の規定に従っていては自由なワインができないと、あえてヴァン・ド・フランスの格付けを貫いている。現在約 20 の品種を栽培しているが、AOC トゥーレーヌに認められているのは、ソーヴィニヨン・ブランとガメイのみ。とくに〈クオーツ〉というキュヴェに使われているソーヴィニヨン・ブランは、ヴィーニュ・フランセーズという 100% 自根の葡萄だ。

　害虫フィロキセラは、19 世紀末にフランス中の葡萄樹を壊滅させた。アメリカ産の台木に接ぎ木するという打開策が見つかり、フランスの葡萄畑は復活した。しかし、ごくまれにフィロキセラに耐性のある土壌がある。それは砂地のところが多い。クロードのその畑の一角は、シレックス（火打ち石）の中に砂が混じっているために自根で葡萄を育てることのできる奇跡のスポットなのである。同じ品種の〈プリュム・ダンジュ〉もしかり、尋常でない力強さとやさしさは葡萄の出自から来るものだ。ほかに面白い品種としては、故郷・ブルゴーニュの伝統というガスコン、100 年前にはロワールでも盛大に栽培されていたというシラーなどがあり、どれも彼のワインにとって必要不可欠なものばかり。

　「なぜ、あなたのワインは、開けてからとてつもない七変化を遂げるのか」と聞くと、「一言では説明できないが、醸造学校の知識で造っていたのではできないことは確か。とにかく葡萄が命。そして私の舌がラボラトリーだ。自然の澱下げに、3 年、ときに 6 年かかることもあるが、それは私が決め

キッチンに立つクロード。大家
族で育ったので、大勢で食事を
するのが好きなのだとか。「新し
いセラーを建てる前は、食材も
ほぼ自給自足だった」と語る

63

「辛い時期もあったが、今は息子たちが頑張ってくれているので、とても安心だ」

ることではない」。SO₂をほとんど使用しないのは、アレル
ギーがあるからだそう。ただ遠隔地に輸出する場合には、瓶
詰めする際にその量に合わせて、10〜20mg/ℓほど加える
そうだが、日本向けには、ゼロか、ごく微量である。
　「ここまで来るのは決して平坦な道のりではなかったよ」。
彼の家系は1700年までさかのぼる農家で、ワイン造りを始
めたのはお父さん。しかし彼が急逝するとクロードは、お兄
さんに追い出されることとなる。お兄さんは十分巨体のク
ロードより一回りサイズアップした身長2m、体重130kgで、
本当に恐かったそう。23歳の若さで妻と二人の幼子を抱え
たクロードは、プロヴァンスに新天地を求めた。ケミカル全
盛期にあって、ナチュラルなワイン造りが最初は周りから奇
異な目で見られていたものの、徐々に高評価が定まっていっ
た矢先、山が大火事となり、無一文となって、土地の安いロ
ワールへ移住。まさに一から畑を開墾し、セラーと住居を自

ナカラ VdF 2011
Nacarat VdF 2011

*ガメイ主体のチャーミング
な香りがいっぱいで、数ある
赤のキュヴェの中でも透明
感があり、瑞々しいエキ
スがあふれる*

リコネ VdF 2012
L'Icaunais VdF 2012

クロードの故郷ブルゴーニュでかつて盛んに栽培されていたガスコンを、2002年に植樹。エキスが詰まった深い味わい。

力で造り、INAOと攻防を繰り広げながらの30年、今も新しいセラーは完成途中だ。大変な人生ではあるが、それを楽しんでいるようにも見える。

「なんでも少しずつ進んでいくのが好きなんだ。女性もそうだ。最初から全てがわからなくていい。まずは足首、膝、そして……という具合に（唐突では？）。それに大火事が結局はあなたをここに導くことになったのだよ（著者、涙）」

そして「大家族で育ったので、みんなで食事をするのが好きだ。ここは1年の半分が最低気温0〜5度という寒い土地だ。しっかり食べておかなければ」と、家族の食事に誘ってくれた。クロードのドメーヌから数m先で、〈ル・クロ・ド・ラ・ブリュイエール〉を興して独立している長男のジュリアンも同席した。物々交換で入手したという野生のキジの煮込みとたっぷりのじゃがいも。私事で恐縮だが、個人的に愛着をもって長年通うアイルランドの田舎の食事とそっくりだ。それを伝えると、なんとクロードから信じられない発言が。

「私はケルトの血筋をとても大事にしている」

たしかにケルト人は最終的にアイルランドにたどり着いたが、ヨーロッパ大陸の西端、とくにフランスにも大きな足跡を残した。ジェイムス・E・ウィルソン著『テロワール』によれば、フランスの歴史家アンリ・ペールは、フランスの血と骨は主にケルト人でできていると述べている。土地を耕し、家畜を育てることを何よりも愛したとされるケルト人の末裔がクロードであってもおかしくはない。

「自分の食べる分を自分で造るというのはごく普通のことだ。そして余暇でできる得意なこと、私の場合はワインだっ

新しいセラーは2階建てで、上階には友人が宿泊できるようにするという。

たわけだが、それで人が喜んでくれるのは嬉しいことだ。人生はそれだけでよいのだ」

　偉大なるワインの造り手は、全てを包み込むような笑顔で、もっと食べろと言い続け、昼食は3時間に及んだ。

　2014年に来日、フェスティヴァンにも参加してくれた。ロワールでのクロードの印象は「静」だったが、日本では「動」そのもので、飲み手と積極的に交流した。クロードが大笑いし、涙し、真剣に怒る姿を何度も見たが、なぜか醸造については、あまり語ろうとしなかった。しつこく食い下がる私に、「葡萄の都合が最優先なので、何が起こるかわからない。時間をかけて、あなたが自分で答えを見つけなさい。私自身も何も知らないのです。何も知らないまま死んでいくでしょう」と答えた。

DATA

Les Cailloux du Paradis
https://www.lescaillouxduparadis.fr
輸入取扱：ラシーヌ

エヴィダンス VdF 2007
Evidence VdF 2007

ふたつあるムニュ・ピノのキュヴェのうち、こちらは作柄のよい年のみ造られる。遅摘みで、醸造期間も長く、凝縮感あり（500㎖）。

オル・ノルム VdF 2010
Or Norm VdF 2010

涙のようなラベルも人気で、リリースと同時に売り切れる。ロワールならではのムニュ・ピノのフレッシュな魅力がいっぱい。

自分の感性を信じて造る、
けれんみのない自由な味

シリル・ル・モアン
Cyril le Moing

日本とフランスを行き来するシリル。料理が得意で、東京では彼が料理を担当する「醸し家ダイニング」なども定期的に開催している。音楽や映画も大好きで、自由な感性で独自のワインを生み出している。

シリル・ル・モアンは自由人である。

理由その1、フランスにいるのは1年の3分の2。それ以外は日本にいる。日本で出会った直美さんと結婚したのがその理由だが、日本の文化や季節ごとの自然の彩りが気に入っているそうだ。

理由その2。ナチュラルワイン最大のサロン、ディーヴ・ブテイユや、その時期に派生的に開催される若手生産者のサロンに出る気も全くない。かわりに、ワインバーやレストランで誰よりも熱心かつ楽しそうにワインバーでワインを飲む姿をよく見かける。

この人にとって、仕事と趣味の境はきわめて希薄なのではないだろうか。しかし、そもそも仕事とは本来、生活のために身をけずって働くことではなく、自分の資質を生かして人の役に立ち、なにがしかの報酬を得ることなのだとすれば、シリルはまさに正しい人生をまっとうしている。

よいワインを造りたい。環境を守るのは人としての使命。さらに自分が造るもののみならず、本物のワインの魅力を人々に伝えたい、彼が考えるのはそれだけだ。

気になるのは日本滞在中の畑仕事のこと。よけいなお世話だけれど。

「4月から7月は一日も休まず、日の出から日没までぶっ通しで仕事するよ。8月は特にすることはないから日本に来る。9月になると収穫の準備。仕込みが終われば、2週間に1回のウイヤージュ（樽熟成の際、蒸発してワインが減る分、樽内部の酸素量が増え、酸化の恐れがあるので、ワインを補充する。このウイヤージュも2014年ごろからやめた）だけ友達に頼んでまた日本に来る」と無邪気にニッコリ。

シリルの住まいとセラーは、
この城の一角にある。

彼の、ソーヴィニヨン・ブランで作る〈シスト〉の谷間の岩からしみ出るわき水のような清々しさ、ガメイの〈ル・ポンジュ〉のチャーミングな果実味ときめの細かいタンニンがしっとりのどにしみこんでいく、けれんみのないおいしさは、セラーに張り付いていなくてもできるのか?

　シリルは、ロワール中部の街アンジェから車で南に30分、マルティーヌ・ブリアン村の領主が所有するシャトー・ド・フリンという13世紀に建てられた城の門番小屋と思しき空間を住まいとして借りている。極寒の2月、彼のもとを訪れると、はたしてセラーの樽の上には、まもなく日本へ発つ間のウイヤージュの指示が書かれた紙切れとお礼のワインが1本置かれていた。母屋の台所では薪をくべた暖炉がぱちぱち音を立ててじんわり空気を暖め、コンロにはポテ(肉や野菜の煮込み)をコトコト煮込む大鍋、年代物のテーブルには、食べかけの大きな自作の田舎パン。友人たちを呼んでワイン会をするときのための、無造作に林立するリーデルのグラスだけが唯一のモダンな備品である部屋は、真っ当な暮らしの温かみに満ちている。

　よいワインを造るために彼が選んだのは、超オールドファッションなスタイルだった。車を持っていないのでセラーと畑の移動は自転車(遠出するときはバス)だ。ビオロジックで栽培する2.5haの畑はほとんどが平地にある。下草を刈り込まないから、自然の生態系が保たれ、そこは虫や鳥のサンクチュアリ。口笛を吹いて野鳥と会話するのが楽しみだという。土を固め、排気ガスを吐き出して葡萄の呼吸を邪魔するトラクターは使わず、耕作は小さな耕耘機で行う。栽培するシュナン・ブラン、ソーヴィニヨン・ブラン、グロロー・

ル・ポンジュ VdF 2017
Le Ponge VdF 2017

平均樹齢50年のガメイから造られるワインは、シリルが言うとおり、きめ細かいタンニンの主張がある。鮮やかな果実味のフレーバーと、くっきりした輪郭があり、長期熟成にも耐えるクオリティ。

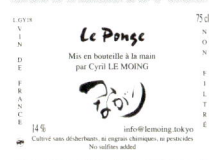

忙しくフランスと日本を行き来しながらも、4〜7月までは、一日も休まず畑仕事に専念する。

ラ・ビザルリ
VdF2016
La Bizarrerie VdF2016

シュナン・ブラン60%、シャルドネ30%、グロロー・ノワール10%。ロゼのような色味のオレンジワイン。シャルドネ由来の紅茶のアロマが広がる。

パチャママ VdF2016
Pachamama VdF2016

畑に植わる黒葡萄のブレンドで、妹のシルヴィアと造るキュヴェ。出汁のようなエキス分と華やかな余韻。

ノワール、ガメイ、カベルネ・フラン、カベルネ・ソーヴィニヨンは樹齢20〜100年の古木まである。そして2007年に植えたシャルドネは、ヴィーニュ・フランセーズ（自根）。特別な土壌でないとなかなか育たないと言われているが、砂地に石灰の交じる、この土壌に適しているのか、病気に強く、完熟させると、果皮と共に醸して造るオレンジワインに向くと気づき、ポテンシャルを感じているそうだ。馬小屋だったセラーは、小さなバスケットプレス、発酵用の木樽がふたつ。近代設備はひとつもない。「実だけでなく、種が濃い茶色に熟すまで待つことが大切だ」。

「僕のワイン造りはとてもシンプル」とシリルは言う。収穫は、お父さん、昔からの友人たち8人の精鋭チームで行う。約251/haと超低収量で、葡萄は茎まで熟してから摘むので除梗はしない。葡萄自体にポリフェノールが豊富なので、色素抽出のためのピジャージュ（櫂入れ）は2日に1回約10日間行っている。たしかに発酵中のガメイを試飲すると、果実味が豊富で軽い飲み口ながら、きめ細かいタンニンの主張がはっきりと感じられた。発酵は自然にまかせるので、時に夏を越し冬を越し、2年近くかかることもある。あまりに発酵が始まらないときには、前年のワインを冷凍保存しておいたものを"秘策"として使うこともあるそうだ。

「自分でワインが造れるとは実は思っていなかった」というシリルは、ほんの10年前までは全く違う世界で生きていた。

ロワールの東端のヴァンドーム村出身。20代前半は、お父さんがパリで営む絨毯屋で働いていたが、ワインが好きで、最初に感動したのはクロード・クルトワ＊の〈ラシーヌ1997〉。

パリでの仕事は実はあまり気に入っていなかった。そもそも都会が好きではなかったのだ。1998年に仕事を辞めて、葡萄畑で働いてみたいと思い、好きな生産者たちに片っ端から手紙を書いたところ、最初にOKの返事をくれたのがマルク・アンジェリ＊だった。最初は、深く考えずに研修を始めたが、しだいに自分が求めているのはナチュラルワインだと気づいた。仕事が暇になる冬の間は、モロッコ、エジプト、

セラーはこじんまりとして
いる。小さなガラス瓶に
入っているのは、実験的に
造っているキュヴェ。

レ・ゲン・ド・マリーニュ
VdF2016
Les Gains de Maligné VdF2016

シュナン・ブラン100%。
色合いも味わいもまさにグ
レープフルーツ、な定番
キュヴェ。2016はアルコー
ルも酸も優しめ。フレッ
シュで柔らかな余韻が心地
よい。

影響を受けた造り手とし
て、エリック・カルキュの
名が挙がった。生産量が少
なく幻のロワールといわれ
ていたが、現在はワインを
造っていないらしい。

ベネズエラなどあちこち旅をした。

　栽培から醸造までひとりでやってみようと思ったのは、マル
ク・アンジェリの元で一緒に修業していたふたりの仲間が
畑を買ってワイン造りを始めたのに啓発されてのこと。2003
年、ついに1haの畑を取得した。セラーを借りる手助けをし
てくれたのは、隣組のオリヴィエ・クザン。1960年まで実
際ワインを造っていた前近代的な設備は、まさにシリルが求
めていた伝統製法を実践するのに最適だった。

　彼が挑戦したかったのは、サンスフル（SO_2無添加）のワ
イン。その味わいが好きだったからだ。SO_2が入ると程度の
差こそあれ、微生物の自然な動きを阻害して、その結果、ワ
インから柔らかさや複雑味、緻密なきめの細やかさが失われ
る。もちろんSO_2に頼らないことは腐敗や酸化と背中合わ
せで、一歩間違えば1年の努力が水の泡（というかお酢）と
なる。

　試飲するワインのSO_2の含有量を調べて、自分がおいし
く飲める限界は30mg/ℓと判断した。醸造学的な限界でな
く感覚による判断からSO_2添加量を判断したのが、自らの
感性を大事にするシリルらしい。最初は、発酵が終わると
20mg/ℓほどのSO_2、白ワインはさらにボトリング前に10
〜15mg/ℓほど足していた。2006年、意を決してSO_2なし
の赤ワインを造ってみると断然おいしかった。翌年は、赤ワ
インは全種、そして白ワインも一部SO_2なしで造ってみた。
おいしい上に技術的にも問題なかった。2008年からは自信
をもってサンスフルにした。不純物を取り除くだけでなく果
実のエキスも削いでしまう清澄やフィルターもしない。

　「世の中では、ナチュラルワインとオーガニックワインが
混同されている。有機栽培で葡萄を育ててさえいればオーガ

ニックワインといわれるが、培養酵母を使って発酵していれば工業製品と同じだ。またナチュラルワインといっても、微生物汚染を危惧して SO_2 を少量でも添加する生産者も多い。それぞれの考え方によるワイン造りがあるが、僕は SO_2 なしのワインこそが本物のナチュラルワインだと思う」

本物のワインを伝えたいというシリルから相談を受け、彼の東京滞在中に、すべてサンスフルのワインで構成する「シリル・ワールド」と称するワイン会を開いたことがある。

会場を提供してくれた飯田橋メリメロの宗像康雄シェフとともに、ワインについて妥協がないシリルの指示（とダメ出し）にしたがい、調達に奔走したが、その甲斐あって、Facebookだけの告知にもかかわらず、70 人以上の来場者があり、シリルは「東京に本物のナチュラルワインのタネを蒔いた」と喜んでいた。それは私が自分の嗜好を確認できた体験でもあっ

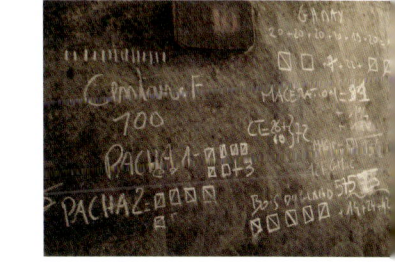

た。初めて飲んだドメーヌ・ド・モントリューの〈ル・ヴェール・デ・ポエット 2008（ピノ・ドニス）〉、ジャン・フランソワ・シェネの〈オー・デュー・ヴィーニュ 2008〉、クリスチャン・デュクリュ＊の〈パシオンス 2011〉、ミッシェル・ギニエ＊の〈ムーラン・ナヴァン・フー・ド・シェンヌ 2006〉（いずれもガメイ）、そして改めて飲んだドメーヌ・ド・ベル・エールの〈オニキス 2008（カベルネ・フラン＆カベルネ・ソーヴィニヨン）〉は、どれも葡萄と誠実に向き合った素直で緻密な味わいで、シリルのワインと共通する個性があった。

D A T A

Cyril le Moing
http://www.lemoing.tokyo/
輸入取扱：ルモアン東京

ペティヤンの研究からナチュラルワインの神髄へ。
クリスチャンの魂をナタリーが継ぎ、新しいステージへ

ドメーヌ・ル・ブリゾー／ナタリー・ゴビシエール（クリスチャン・ショサールの思い出）
Domaine Le Briseau ／ Nathalie Gaubicher

2012年9月、不慮の事故で亡くなったクリスチャン・ショサール。天才醸造家と謳えられながら、一時期はワイン造りから離れていたが、2002年に復活。「ワイン造りの哲学は、単純かもしれないが、自然界のすべてをリスペクトすること」。

　ワイン名に記憶がなくとも、ラベルに見覚えのある人は多いはず。代表的な赤ワイン〈パタポン〉は、創業者の故クリスチャン・ショサールの自画像である男が、漏斗を逆さにかぶり（フランスでは変わり者を意味するそう）、漏斗の上から飛び出た5本の線には、$C_{12} H_{22} O_{11}$（しょ糖の分子式。補糖の意味）、AOC（原産地統制呼称）、SO_2、Levures（培養酵母）、Syndicat des Vins（INAO）. つまり彼のワインに不要な5つのキーワードが頭から取り出されている。ユーモラスに見えるこのラベル、実は造り手のワイン哲学を如実に表している。
　シュナン・ブラン（白）を極めようとロワールの北端・ジャニエールにやってきたクリスチャンと妻のナタリーが、はからずも魅せられた赤品種、ピノ・ドニスで造ったこのワイン（2002）は、彼にしてみれば不当な理由でAOCに認定されず、ヴァン・ド・ターブルに格下げになった。ピノ・ドニスは色の薄い品種とみなされロゼに仕立てられることが多いなか、クリスチャンは醸しの工夫をして色にも味わいにも凝縮感を出したところ、その完成度の高さゆえに却下となったのだ。ラベルの絵は、その怒りを原動力にアートワークに仕上げた傑作である。ジャケ買いは、案外はずれがないと知ったのはこのワインが最初かもしれない。ワインはパッケージも含めて造り手の作品。そのセンスに共鳴できれば中身も気に入ることが多いのだ。
　しかし、ワインの誕生から10年後の2012年9月、生みの親は突然他界した。原因は長年思っていたがんではなく、畑仕事の最中のトラクター事故。ナタリーと共に日本を訪れた、ほんの3か月後のことだった。
　心配されたのはその年の収穫だったが、夫を亡くした悲し

日本が大好きというクリスチャンとナタリー。2012年来日時のワンシーン。多くの日本のファンと交流した。

みとワイン造りの正念場が一度に押し寄せたナタリーを支えたいと、ティエリー・ピュズラ*、ノエラ・モランタン*、ミッシェル・オジェなどロワールの40人あまりの生産者たちが、自らの収穫を後回しにして駆けつけたおかげもあって、彼女は無事に仕込みを終えた。

翌年2月、ナタリーのもとを訪れると、面やつれして体は一回り小さくなったものの、「クリスチャンの体の調子が悪くなってからは、私が中心になって仕事をしていたから、要領は心得ている。重要な決断をしなければならないとき、とまどいを感じると、不思議とクリスチャンのことが頭に浮かび、正しい判断に導いてくれる。彼はいまでも大きな存在で、私とル・ブリゾーのワインを守ってくれている」と話した。

クリスチャンの急逝は大きな損失だが、その哲学を引き継ぎながら当主となった彼女は、自らの個性を盛り込んだワインを造っている。看板ワインのひとつである〈モルティエ〉はクリスチャンとは違う個性が見えた。同じピノ・ドニスの葡萄を使っていても〈パタポン〉がフルーティで飲みやすいタイプなのに対し、〈モルティエ〉はテロワールの個性を表現しようという意図で、フルボディで筋肉質な印象だった。しかし2011は、フィネスとデリカシーがまさっている。これはナタリーの提案でピジャージュ（櫂入れ）を少なくした結果だという。

そしてクリスチャンの功績は、ナチュラルワインの多くの生産者たちにも引き継がれている。

最大の功績は、ペティヤン・ナチュール（略してペットナット。頻出するので、以降PN）の“発明”だ。メトード・トラディショナル（シャンパーニュ方式）とは違い、メトード・

パタポン VdF 2014
Patapon VdF 2014

その年によって使う葡萄を変えるパタポンは、フラッグシップでありながら作柄のバロメーターとなっている。2014年はモルティエの葡萄とロングヴィーニュの葡萄を、2カ月のロングマセラシオン。お香やスパイス、カテキンのニュアンスがあるエキゾチックな味わい。

新しい栽培方法を模索するナタリーは、ジュリアン・メイエなどに相談するという。

アンセストラル（昔の方式）と呼ばれる方法で、二次発酵に必要なしょ糖（砂糖と酵母）を加えずに、一次発酵の途中で瓶詰めをして泡を発生させる。やさしい泡加減が心地よいこのスパークリングワインは、今では多くの生産者が造っており、なかでもレ・カプリアードのパスカル・ポテール＊は直系の後継者だ。しょ糖を加えないで発泡させるのは相当に難しい仕事で、PN開発に至る道筋で彼のワイン造りの哲学も定まったそう。58歳の若さで故人となってしまったが、今もなお私たちに感動を与えてくれるクリスチャンの波乱に富んだ人生をここで紹介したいと思う。

　ロワール出身のクリスチャンは、もともと土木関係の仕事に就いていたが、ワインを造りたいという長年の夢をあきらめきれず、ソーテルヌの有名シャトーのオーナー未亡人が開いていた葡萄栽培のクラスと醸造学校で学び、卒業後はロワールに戻り、1987年、アンボワーズにある職業高校の葡萄栽培学科の教師の職に就いた。教え子にはティエリー・ピュズラや〈レ・フラール・ルージュ〉のジャン・フランソワ・ニックもいたそうだ。教職のかたわら、ヴーヴレに畑を所有しワイン造りを始めると、シュナン・ブランという品種にぐんぐん惹かれていった。

　「シュナン・ブランは酸度が高いので、長期熟成の辛口に向くばかりか、糖度をコントロールすることで甘口にもスパークリングにも仕立てることのできるまれに見る品種。また他のどんな品種よりもテロワールを表現する。ロワールという狭いエリアでも、ヴーヴレ、アンジュ、ジャニエールと所変われば全く別物だ。しかし完熟していなければ意味がない。成功するとすばらしいが、だめなときは全くだめな品種。畑でもセラーでも、少しでも気を抜いたり、いい加減な仕事をするとポテンシャルを引き出すことができない」

　クリスチャンは、シュナン・ブランの個性を表現する方法を考えるうち、1990年ぐらいからおのずと有機栽培になり、SO_2の使用量を控えるようになった。サンスフルでおいしいワインを造るというのは大きな壁だったが、1995年についに成功した。

コ・テ・クゥール

VdF 2015
Côt et Coeur VdF 2015

ガメイとコー半々のブレンド。ワイン名は「心のそばに」。クリスチャンを思うナタリーの思いがこめられている。

ル・ブリゾーVdF 2015
Le Briseau VdF 2015

シュナン・ブラン100％。樽を使わずファイバータンクで12カ月醸造。滋味深く鉱物的なミネラルが骨格を締める。

レ・モルティエ VdF 2015
Les Mortiers VdF 2015

ピノ・ドニス100％。ジューシーな果実味が優しく、洗練されたミネラルときめ細やかなタンニンが心地よい余韻へと導く。

同時に偶然にも PN の発見も！　そもそも瓶内二次発酵の際、ベースワイン（一次発酵の終わったワイン）に、しょ糖を添加することに常々疑問を抱いており、あるとき、うっかりしょ糖の添加を忘れたベースワインに少し泡が発生していた。もしかしたら発酵中のワインをタイミングよく瓶詰めすればしょ糖なしでも発泡するかもしれない。この日から研究を重ねた末の成功である。

マルセル・ラピエール＊が、ジュール・ショヴェの指導を受け、サンスフルのワインを造り始めたのもほぼ同時期だが、クリスチャンは彼らとは全く面識がなく、著名な先駆者たちの名も、ナタリー（醸造技術者でソムリエの資格ももっている）から聞くまでは知らなかったというから、すべて独学、天才というほかない。

「葡萄の果実を100％反映させながら繊細な泡を造るには、タイミングを計ることが大切だ。早めに瓶詰めしてしまえば圧力が強すぎて爆発するし、その逆では泡が出ない」

成功のカギは、最初からできあがりの状態を想定しながら仕事をすることだという。"最初"とは収穫前の葡萄の状態だというから、すごい長期計画だ。

「PN に出合うまでは、人と違うユニークなワインが造りたいと思っていただけで、自分が何をしたいかはっきりとはわからなかった。しかしこの一連の過程で、何も添加しないワインを造るという、今の私のワイン造りの土台が形成された」

さて、話はちょっと戻るが、PN を完成させたあたりから、教師としての立場があやうくなってきた。その頃学校でけいわゆる従来型の慣行農法を教えていたわけだが、自分自身はナチュラルに栽培していたので、折に触れ、それについて授業で小出しに話しいると、生徒の親たち（ほとんどがワイン生産者）からクレームが寄せられるようになった。また畑を広げてワイン造りに邁進しようとしたが、なかなか話がまとまらずすべてを手放すことに。このあたりから INAO との摩擦も生まれていたようで、フランスという国がイヤになり、活路を求めアメリカへ。ワイン造りを始めて12年がたった1999年のことだ。その2年後、たまたまヨーロッパに戻っ

ロワールの土着の葡萄品種、ピノ・ドニスの収穫。平均樹齢45年だとか。

**ペティアン・
ナチュレルバブリー VdF 2016**
Pétillant Naturel Bubbly VdF 2016

ブリゾーのネゴシアン・ブ
ランド「ナナ・ヴァン」の、
サンソー 100％ のロゼ泡。
スマートな泡立ちと華やか
で艶のある果実味。

ソー・ナット VdF 2017
So Nath VdF 2017

「ナナ・ヴァン」の白スティ
ル。テレ・ブラン 100％ で、
レモンを搾ったような酸と
洗練されたミネラルが軽快
に喉をすり抜ける。

てジュネーブの試飲会に出展したのがきっかけで美貌の喜劇
女優・ナタリーと出会い、クリスチャンがナタリーに、ナタ
リーがクリスチャンのワインに一目惚れしたことからニュー
ジーランドへ行く予定を変更し、人生の第二章が始まった。

　クリスチャンの願いは偉大な白ワインを造ることだった。
いろいろな候補地があったけれど、落ち着いたのはロワール
川の支流ロア川のほとり、マルソン村のレ・ネロン。シュナン・
ブランに負けずとも劣らない可能性を感じる品種、ピノ・ド
ニスとの幸福な出会いもあり、8ha の畑ではこの2品種に加
えて、ガメイとコー（マルベック）も少し植えた。

　「よいワインを造るためには、土壌をリスペクトすること
だというが、それにはまず品種に合う土地をピンポイントで
見つけてやることが必要だ。土を生き返らせ、むやみと機械
で荒らさないこと。シミック（化学的）なものは一切入れな
い。自分自身が丁寧に仕事をして、ひとつひとつの作業のタ
イミングを見誤らなければ、おのずとよいワインになる」

　葡萄の選果には妥協がなく、2010 年の〈ル・ブリゾー・
ブラン（シュナン・ブラン）〉は、60％ を捨てて、収量 5hl/
ha に ……。非常に凝縮感のあるワインとなったのはいうま
でもない。

　セラーワークでは、茎が十分に熟しているから基本的に除
梗しない（2008 は茎が熟しきらなかったので除梗した）。畑
の区画ごとに 4 ～ 6 時間かけてゆっくりプレスする。フリー
ランとプレスジュースは、普通は分けて発酵させ、別のキュ
ヴェにすることが多いが、クリスチャンは合わせて発酵させ
る。その方がバランスがよいと判断したからだ。何度か試し
たうえで、マセラシオン・カルボニックはしないことにした。

　2006 年からは、シュナン・ブランとピノ・ドニス以外の
葡萄品種に挑戦したいとの理由から、ネゴシアン・ブランド、
「ナナ・ヴァン」を始めた。〈バブリー！〉がロゼ、〈ソー・ワッ
ト！〉が白のペティヤン・ナチュレル。〈ソー・ナット！〉は、
テレ・ブランのスティルワインで、「ナット（ナタリーの愛称）
らしい」の意味。栽培農家の葡萄は、誠実に仕事をする生産
者のクオリティの高いものばかり。それをドメーヌものと同

じ方法で仕込んでいるが、価格はぐんと抑えめで、ナチュラルワイン入門編としてもお薦めだ。

　ワインを造るだけにとどまらず、ナチュラルワインの生産者を束ねてクオリティを上げようと、アソシアシオン・デ・ヴァン・ナチュレル L'Association des Vins Naturels（AVN）という団体を組織し、チェアパーソンになったのも、彼が果たした大きな仕事だ。葡萄は有機栽培、醸造は野生酵母で発酵させること、SO_2 以外の添加物は禁止で、SO_2 も上限を白 40mg/ℓ、赤 30 mg/ℓ、甘口 80 mg/ℓ と定めた。日本では諸外国のようなワイン法がないため、我々フェスティヴァンもこれを手本にしている。

　2016 年、ナタリーは、ロワールの生産者仲間のエミール・エレディアと結婚。彼と共に、ラングドックにも拠点を設け、〈ドメーヌ・ド・ブリソー〉はロワールで、〈ナナ・ヴァン〉は、ラングドックに入手した畑で造っている。

東京滞在中のイベントに訪れた人たちのリクエストに応え、クリスチャンが描いたパタポンの絵。上の写真は、パタポンに使われるシャペルの畑。

D A T A

Domaine Le Briseau
輸入取扱：ヴァンクゥール

未来の子供たちから借りた土地で、
エネルギッシュに誠実にワインを造る

ル・クロ・デュ・テュ゠ブッフ
Le Clos du Tue-Boeuf

ハンサムガイのティエリー・ピュズラ。環境に配慮
しながら、チャーミングなワインを造る。「今は特
に白ワイン造りに情熱を燃やしている」と語る。
※ジャン゠マリーは2018年に引退

ACトゥーレーヌ
ラ・ゲルリー 2017
AC Touraine La Guerrerie 2017

ガメイとコーのブレンド。
デリケートなアロマとの柔
らかい口当たり。以前はカ
ベルネ・ソーヴィニヨンも
ブレンドしていたが、この
地域では完熟しないので栽
培自体を中止。

ジャン゠マリー（1956年生）とティエリー（1966年生）のピュズラ兄弟が造るル・クロ・デュ・テュ゠ブッフの単一畑ワイン〈シュヴェルニー・ラ・グラヴォット〉と、〈シュヴェルニー・レ・カイエール〉は、ロワールのピノ・ノワールの最高峰だ。ブルゴーニュでは、気位の高い女王様であるこの品種、ピュズラ兄弟の手にかかるや、親しみやすい、すっぴん美人に。しかし3年も熟成させると開花する、えもいわれぬ妖艶な魅力の謎が知りたくて毎年飲まずにはいられないというコアなファンも多い。しかもブルゴーニュと比べると破格の3000円台で手に入り、巷では"下町のロマネ・コンティ"とも呼ばれている。

ジャン゠マリーはがっしりした体躯で実直な職人肌、ティエリーは、ちょっとロバート・デ・ニーロ風の味のあるハンサムで、人の気をそらさないオーラがある。すべてに対照的なふたりだが、兄弟仲は実によい。

ティエリーは、20歳年少のピエール゠オリヴィエ・ボノーム（愛称ピエロ）と共に、買い葡萄からワインを造るネゴシアン、ピュズラ゠ボノームを運営していたが、2014年これをピエロに譲り、以降ドメーヌに専念。一方イタリア、チリ、ジョージアからワインの輸入もしている。毎夜、ワインを飲む"趣

味"にも熱心で非常に多忙なのだが、常に陽気でエネルギッシュである。

ピュズラ家は、15世紀から続くロワール東部のレ・モンティ村の由緒ある農家で、栽培した葡萄を協同組合に販売していたが、兄弟のお父さんがワインの元詰めを開始した。

1990年にジャン＝マリーがドメーヌを受け継ぎ、その4年後、ボルドー、マコン、サンテミリオンで研修の後、カナダでマーケティングを修め、さらにバンドールで修業したティエリーが家業に加わった。彼の頭には最初からナチュラルワインしかなかった。

きっかけは、91年に飲んだマルセル・ラピエール*の〈モルゴン〉。そのときの感動は、「まるで聖母に出会ったようだった」そう。バンドールのワイナリーでもビオディナミにトライしていたが、マルセルのワインにはその栽培方法だけでは到達しえない魅力があった。それには醸造過程での余計なもの、とくにSO₂を排除することだと気づいた彼は、マルセルの元に通っては指導を受け、翌年初めてサンスフルのワインを造った。

「マルセルから習った一番大切なことは、葡萄の個性を表現すること。それを理解するのに10年かかった。若い頃は、自分の個性を出そうと必死になっていた。ロバート・

パーカーやミシェル・ベタンの評価にとらわれることなく、もっと正直に謙虚にならなければならない。栽培では葡萄の個性、僕たちの土地、そしてヴィンテージを表現することだけに腐心している。そしてセラーではそれを消さないようにすることに必死だ」

葡萄の力を最大限に表現するには、単にビオロジックやビオディナミで育てるだけではダメだとティエリーは言う。「2012年は霜とベト病で収穫量が半分になってしまったから、やむを得ず初めて取り引きする農家のガメイでワインを仕込んだ。もちろんビオロジックの葡萄だ。しかしできたワインはただフルーティなだけだった。情熱をもって育てた葡萄でなければ、ワインにアロマの記憶をとどめることができないと思った」。

ル・クロ・デュ・テュ＝ブッフは、畑の周りの森や休耕地も買い取り、全体をエコシステムとして大切に管理している。土地を健康に保ちたいというティエリー。「僕たちが生きている時間は、宇宙の流れからすればほんの一瞬。いまクロ・デュ・テュ＝ブッフが所有している畑も、いつどうなるかわからない。僕は、未来の子供たちからワイン造りをする権利を与えられたと思っている。きちんとした形で残していきたいんだ」

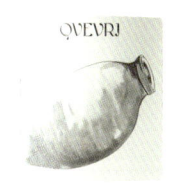

ピノ・ド・ラ・ロワール・アン・クヴェヴリ・ブラン VdF 2016
Pineau de la Loir en Qvevri Blanc VdF 2016

シュナン・ブラン100%。300年前に造られたスペイン産のアンフォラで仕込み、プレスジュースのみを発酵熟成。ふくよかな白。

ロモランタン・フリリューズ VdF 2016
Romorantin Frileuse VdF 2016

ロモランタン100%。1／3に樹齢100年を超える葡萄を使用。透明感のある艶やかな果実味と染み入るような酸が融合。

AC コトー・デュ・ジェノワ・ルージュ 2015
AC Coteaux du Giennois Rouge 2015

ピノ・ノワール 80%、ガメイ 20%。しっとりと上品な果実味と豊かなミネラルに、きめ細かいタンニンが味わいを引き締める。

ヴァン・ロゼ・ガメイ VdF 2013
Vin Rosé Gamay VdF 2013

ガメイ 100%。淡く美しい色合いと、清涼感あふれる喉ごし。2500 円とリーズナブルな価格で、思わず一本空いてしまいそう。

ネゴシアンは 2014 年に共同経営からピエロの単独経営に。2 人の強い絆は今も変わらない。

DATA

Le Clos du Tue-Boeuf
http://www.puzelat.com
輸入取扱：ラシーヌ、ヴァンクゥール

葡萄の機嫌をうかがいながら、
酸味のきれいなワインを造りたい

ノエラ・モランタン
Noëlla Morantin

キャリアウーマンから転身、ワイン造りを始めたノエラ。注目の女性生産者だ。好きな造り手として、マリー・ティボー、エロディ・バルムなど、女性たちの名が挙がった。

マリー・ローズ
VdF 2015
Marie Rose VdF2015

カベルネ・ソーヴィニヨン100％。チェリーやローズペタル、お香などの香りが交じった複雑なおいしさ。ワイン名は、敬愛する父方の祖母マリーと母方の祖母ローズを合体させた。

何の前情報もなしに飲んだとしても、女性が造ったと想像できる優しい味わいと、ハートの上にチューリップが載ったキュートなラベル（セラーの前にある古井戸の鋳鉄のポンプがモチーフ）で、パリのワインバーで大人気のノエラ・モランタン。

シェール川を見下ろすプイエ村の小高い丘の上に、ノエラが住まい兼セラーを構えたのは2008年のこと。1896年の開園以来、自然な農法を貫く名門、クロ・ロシュ・ブランシュの当主カトリーヌ・ルッセルとディディエ・バールイエが、高齢を理由にドメーヌをダウンサイズするため、9haの畑を借り受けてくれる人を探しているという話に、勤め先のボワ・ルカからの独立を考えていたノエラが飛びついたのだ。

ブルターニュ出身で、30歳までマーケティング会社のディレクターをしていたが、「もっと情熱を傾けられることがしたい」と会社を辞めて、好きなワインを学ぼうと決めた。ミュスカデの醸造学校に通いながら、時間を見つけてアンジュのルネ・モスなどで修業し、何年も職探しをして、ようやく得たボワ・ルカでの仕事だったが、一国一城の主になるのは、造り手なら誰しも思い描く夢である。

2011年に3haの畑を購入し、合計12haを

母岩は石灰岩〈テュフォ〉、表土はシレックス交じりの粘土質〈ペルッシュ〉が、主な土壌。

管理していたが、2015年に借地はすべて手放して自社畑のみに集中、現在合計6 ha（5か所）を所有する。全てシェール川を見下ろす斜面にあり、粘土とシレックスが交じる土壌は、ソーヴィニヨン・ブランとガメイに最適。

　2016年、対岸のテゼ村に、洞窟セラーを見つけ購入し、開口部につながるようにワイナリーを建て、これまで数か所に分散していたセラー＆ワイナリーを一本化した。「年間を通じて10〜16度に保たれているので、醸造するのにも、熟成させるのにも理想的。何よりすべてが一か所にまとまったのでワインも私も、ラクになったわ！」

　ワイン造りのポリシーは、栽培から食卓に上がるまで、全ての工程で、ケミカルな要素を排除すること。畑では、葡萄の機嫌を損ねないようにするときれいな酸味のある葡萄に育つそう。収穫から熟成まではSO_2ゼロだが、ボトリング直前にごく少量（10〜15mg/ℓ）を添加する。「たとえ少量でもSO_2を添加したワインは、ナチュラルワインでないと言う人もいる。それで健全なワインができればよいけれど、明らかに微生物に汚染されているワインもよく見かける。過去にサンスフルのワインを作ったことがあるけれど、それよりはほんの少しSO_2を添加したもののほうがおいしかった。たとえば私の〈シェ・シャルル（ソーヴィニヨン・ブラン）〉が、開けてから1週間経っても風味が持続するのは、ワインが酸化に強い証拠だと思うの」

　ノエラは、これまで、単一品種のワイン（異なる品種をブレンドしない）にフォーカスしてきた。加えて区画ごとの個性を出したいと、たとえばソーヴィニヨン・ブランは、〈シェ・シャルル〉、〈レ・ピショー〉〈LBL〉の3種、ガメイは〈モン・シェール〉と〈ラ・ブディヌリー〉の2種がある。

　しかし、2016年ベト病の被害で、〈ラ・ブディヌリー〉はゼロ、〈モン・シェール〉も少量だったため、前者の区画の買い葡萄と後者をそれぞれ別々に仕込み、熟成させ、ブレンド。素晴らしく上品で艶やかなガメイになった。この結果に満足し、初のカベルネ・フランとコーのブレンドとなる〈タンゴ・アトランティコ〉をリリースした。当初は別々のワインにする予定だったが、試しに樽熟中のワインをブレンドして飲んでみたところ、絶妙！　ブレンド比率を何度も調整し、2つの品種をよりなじませるために、2年熟成。しっとり柔らくしみこむようなワインに、ノエラの新境地が表れている。

モン・シェール・ガメイ VdF 2015
Mon Cher Gamay VdF 2015

樹齢35年のガメイの、小梅や黒胡椒の香りが蠱惑的。ワイン名は、「愛しい人」と、近くにあるシェール川を掛けている。

テール・ブランシュ VdF 2015
Terre Blanche VdF 2015

元・畑の持ち主、クロ・ロッシュ・ブランシュから受け継いだシャルドネに敬意を表し、キュヴェ名もそのままに。立体感が絶妙。

仕事は常に緻密で丁寧。プライベートでの気配りも細やか（写真上）。ワインとともにごちそうになったおつまみ。チーズやうずらの卵のカレーピクルスなど。

シェ・シャルル2016
Chez Charles 2016

樹齢30年のソーヴィニヨン・ブランは、王林などの林檎にほのかにミントの香り。ワイン名は元畑の所有者の名前から。

DATA

Noëlla Morantin
輸入取扱：ヴァンクゥール

運命に翻弄された天才醸造家が、
人生最後によい仕事をしたいと復活

ニコラ・ルナール
Nicolas Renard

「自分がおいしいと思う葡萄だけでワインを造る。欠陥のあるワインは、畑仕事に問題がある」と話すニコラ。セラーには、清逸な空気が漂っていた。

ACトゥーレーヌ・
リュリュ 2013
AC Touraine-Lulu 2013

繊細かつ存在感あふれるシュナン・ブランは、ニコラならでは。リュリュは、娘リュデヴィーヌの愛称。

ACトゥーレーヌ・
ジャンヌ 2014
AC Touraine-Jeanne 2014

気品あふれるソーヴィニヨン・ブランには、自身が名付け親となった、友人エリーズ・ブリニョの娘の名を。

DATA

Nicolas Renard
輸入取扱：ラシーヌ

孤高の天才醸造家ニコラ・ルナール（1964年生まれ）の人生は、波瀾に満ちている。1999年に彼が造ったワインを、ティエリー・ピュズラ（P80）がネゴシアンものとして発表、一躍その才能が世に知られたその2年後、ニコラのワインの大ファンである、一会社員のマリー・ヤニック・フルニエ（Ms.）が3億円の宝くじに当たったと噂される多額の現金を手にし、2001年、40haの畑を購入、ニコラを醸造長に据えてワイナリーをスタートした。その翌年から彼が造った一連のシュナン・ブランは、まさに神がかったようなクオリティで、なかでも〈キュヴェ・ロートル2002〉は、鉱物を越えて宝石のようなキラキラのミネラル感、やさしい喉ごし、形容しがたいオーラがあった。

しかし、2005年、ニコラは突然解雇された。やがてニコラが責任者としてリリースしたワインと、解雇後に瓶詰めされたワイン（2003年&2004年の一部）は、天と地のように評価が分かれ、ワイナリーも幕を閉じた。

ニコラ復活のニュースを聞いたのは、2015年暮れ。「最後によい仕事をしたい」と心機一転、故郷ジャニエールそばのアンボワーズの廃業したネゴシアンの洞窟付きのセラーを購入。2016年、そこを訪ねた。奇人と聞いていたが、まじめで丁寧な仕事ぶりを感じた。「畑仕事がしっかりしていれば、醸造は皿洗いのように簡単だ」との言葉が印象に残った。

新世代の造り手が選んだ
オールドスクールなクラフトワイン

マイ・エ・ケンジ・ホジソン
Mai et Kenji Hodgson

元ワイン・ジャーナリストのケンジ。日本人の妻、麻衣さんとともにワイン造りに励む。「テロワールとヴィンテージのキャラクターを表現したい」。

フェスティヴァンには毎年外国から何人かの生産者を招いているが、2011年そのゲストリストに、ケンジ・ホジソンの名前を見つけた時は目を疑った。ロワールからとあるが、旧知のカナダ人ワインジャーナリストのはず。実際のワイン造りの現場を見たくて、ワイナリーで研修していると聞いていたが、ホントの造り手になったのだろうか？ 彼のブースで試飲したワインのおいしさにまたびっくり。〈Chalan Polan（チャランポランでなくフランス風にシャラン・ポランと読む)〉というシュナン・ブラン100％のペティヤンは、黄桃のような甘酸っぱい果実味がフレッシュで、思わず1本空けてしまいそうなほど魅力的だった。

ケンジは、お母さんが日系3世、お父さんがカナダ人のハーフで、バンクーバー育ち。私はウィーンで、取材記者同士として彼と知り合った。その彼がヴィニュロンへ転身した経緯は、不思議な奇跡の連続だった。

ワインについて書くうちにワインが造りたくなったケンジは、地元の大手ワイナリーの仕事を手伝ううち、原料であるはずの葡萄の栽培に関わる機会がないことに疑問を感じた。

そんな時、ネットで自分と同じ北米圏と日本のハーフである、ユカリ・プラット（現在は結婚して坂本姓）のブログを見つけ、2005

ファイア VdF 2015
Faia VdF 2015

シュナン・ブラン100％。ワイン名は、彼らの住む村名の一部をラテン語で表したもの。ピュアでキレのある味わい。

ラ・グランド・ピエス VdF 2016
La Grand Pièce VdF 2016

アンジュ地区の土着品種、グロロー・ノワール（樹齢30〜40年）のきれいな酸味とフルーティな味わいがぎゅっと詰まっている。

シュナン・ブランの畑は、非常に排水性がよいのが特徴（写真上）。麻衣さんは横浜生まれだが、学生時代からバンクーバー暮らし。料理上手で、この日は2種のキッシュでもてなしてくれた。

年に彼女のつてで栃木のココファーム・ワイナリーで半年間研修することに。主任醸造家は、カリフォルニア出身のブルース・ガットラヴ（現在は北海道 10R ワイナリー当主）で、折しもブルースがナチュラルワインへの興味を深め試作を始めた頃。仕事が終わると、仲間たちとフランスの小さな造り手たちのワインを試飲した。カナダとは真逆の Small is beautiful の世界を発見したケンジは、2009 年、妻の麻衣さんと共にワーキングホリデイ・ビザでフランスに渡り、ブルース推薦のヴィニュロンたちと交流、そんな中からマルク・アンジェリ＊のもとで修業を積むことになった。
「マルクのやり方は、これまで習ったワインの造り方とは全く違った。まるで 100 年前に戻ったようにシンプル。質の高いワインができるか疑問だったが、それはすばらしかった」
　ワーキング・ホリデイが終わったとき、ケンジと麻衣さんはそこに残ることを決めていた。マルクの援助で、滞在許可証と「能力と才能ビザ」、1ha の畑を取得（現在 3ha＋ 賃借 1ha）。それは、アンジェの街から約 20km 南のフェ・ダンジュの小区画で、レイヨン川に面する南西向きの斜面の痩せたシスト土壌でシュナン・ブランを、それより上の粘土と石灰質の肥沃な平地でカベルネ・フランとグロロー・ノワー

ルを育てている。栽培は一部ビオディナミも採用したビオロジック。日々の仕事の 9 割が畑仕事、1 割がセラーワークである。
　畑のあるコトー・デュ・レイヨンは貴腐ワインの産地として知られるが、彼らはピュアな白ワインを目指しているため、貴腐菌は粒単位で丁寧に選果するそうだ。
「オールドスクールなワイン造りがしたい」というとおり、手動の除梗機、バスケットプレスを使うなどきわめてトラディショナル。プレスはなんと 10 ～ 24 時間かけて行うという。カベルネ・フランの青臭いテイストを避けるため、マセラシオン・カルボニックを行うが、あとは清澄も濾過もしない。グロローの〈ラ・グランド・ピエス〉、カベルネ・フランの〈オー・ガラルノー〉、どちらもピュアな果実味とフィネスのバランスが絶妙で、造り始めて数年とは信じられない完成度だ。
「ロワールというマイナーエリアだから、私たちを受け入れてくれた。人の雰囲気もどこか日本的で気に入っている」という麻衣さん。
　マルク・アンジェリらアンジュの人御所か加盟する "アンジュ・ヴァン（Anges Vins）" の若者ヴァージョン、"アン・ジュー・コネクション（En Joue Connection）" にも参加、その交流がまた、彼らのワインの世界を広げている。

オ・ガラルノー! VdF 2016
Ô Galarneau! VdF 2016

カベルネ・フランのベスト・パーセルから造られる。ダークチェリーに、オリエンタルなお香の香りが交じり、ふくよかな味わい。

D A T A

Mai et Kenji Hodgson
http://vinshodgson.tumblr.com/
輸入取扱：ヴァンクゥール

正義感に支えられた真っ当な造り手の、羽のように優雅な半甘口ワイン

ラ・フェルム・ド・ラ・サンソニエール／マルク・アンジェリ
La Ferme de la Sansonnière ／ Mark Angeli

多くの若手の生産者を育ててきたマルク。研究熱心であり、現在は火山性の亜硫酸の効果を実験しているところだとか。「日本の阿蘇山、イタリアのエトナ山のものがよいようだ」

「ワインを巡る状況を本来の姿に戻したい」。マルク・アンジェリのワイン造りの根底にあるのは、強い正義感ではないだろうか。

「ロワールでは農業のナチュール化がものすごいスピードで進んでおり、2012年には12人のワイン生産者がナチュラルワインに転向した。すばらしいことだが、ことはそれほど単純なものではない。農薬、化学肥料を排除することはもちろん大切だが、有機栽培というだけで、ナチュラルワインを名乗る生産者もいる。培養酵母を使わない、必要以上のSO_2の使用を控えるなど、きちんとした醸造を行わなければならない。しかしワインがお酢になっては意味がない。新しく参入した人たちがおいしいナチュラルワインを造るように導いていかなければならない。私たちは戦い（おそらくINAOやアンチ・ナチュラルワイン派との）に勝たなければならないのだ」

シリル・ル・モワン*、マイ・エ・ケンジ・ホジソン*など、マルクのもとで学んだ生産者は数知れず。共同研究や情報交換をするギィ・ボサールやニコラ・ジョリーなどの大御所たちに対する態度と、未知数の新人に対するそれになんの隔てもないのは、「教えることは、学ぶこと」と思っているからだそうだ。

ラ・リュンヌ VdF 2015
La Lune VdF 2015

シュナン・ブランで造るサンソニエールの看板ワイン。繊細で上品な口当たり。ちなみにラベルは、マルクのルーツ、アイルランドの神話に出てくるユニコーン。

レ・ヴィエイユ・ヴィニュ・デ・ブランドリ VdF 2014
Les Vieilles Vignes des Blanderies VdF 2014

シュナン・ブラン100%、樽熟24カ月で造るトップキュヴェ。圧倒的なミネラル感と優しい甘味が身上。

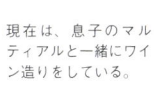

現在は、息子のマルティアルと一緒にワイン造りをしている。

　レイヨン川のほとりにあるドメーヌ、ラ・フェルム（農園）・ド・ラ・サンソニエールは、その名の通り、小麦、オリーブ、林檎、ひまわりなど様々な植物が植わり、放し飼いの鶏、牛、馬もいる、まさに理想的なビオトープ。トレードマークのハンチングを目深にかぶり、流ちょうな英語で一つ一つ言葉を選びながら話すマルクは、農民というより学者のようだ。

　このドメーヌの風景を何より印象的にしているのは、葡萄の樹を固定するワイヤーがないこと。ワイヤーを使えば樹はまっすぐ伸びるが太陽に当たる部分が制限されてしまう。また、ワイヤーを使わないと風通しがよくなり、病害も防げるのだそうだ。1989年に、プロヴァンスから移り住んで2年後にトラクターが壊れてからは、馬で耕作している。

　「SO₂や培養酵母に勝るとも劣らない問題は、機械による空気汚染。体重の軽い馬による耕作は、土を必要以上に固めず、また呼吸により排出される二酸化炭素が、葡萄の光合成に大きく貢献する」と、作業のすべてに論理的な理由がある。マルクが、誰一人知る人のないこの地でワイン造りを始めたのは、シュナン・ブランで貴腐ワインを造るため。そもそもは化学を学び、建設会社に勤めていたが、ワイン好きが高じてソーテルヌにあるワイン学校で貴腐ワイン造り（セミヨン）を学び、より酸味のあるシュナン・ブランならばもっとよいものができるだろう、とくにコトー・デュ・レイヨン地区は、湿気があるから貴腐菌が付きやすいだろうと判断したからだ。

　ビオディナミを採用したのは、ソーテルヌで習った慣行農法と比較しながら、さまざまな畑を視察した結果、こちらのほうが高品質な葡萄ができると確信したから。そしてワインを造り始めて2年めの1990ヴィンテージの〈ボンヌゾー〉が高い評価を受け、一躍時の人となったが、ワイン造りの姿勢はそれから30年近く経った今も変わらず謙虚である。

　ワインのほとんどは、アンジュとコトー・デュ・レイヨン地区の糖度の高い葡萄から造られる半甘口。なかでも完熟のシュナン・ブランから来る林檎や洋梨などの果実味に、穏やかな酸味と三温糖のような緻密な甘みが心地よい〈ラ・リュンヌ〉、桃のような透明感ある甘さに、ほのかな苦みが風格を与える〈ロゼ・ダンジュール〉。どのワインも飲む人を笑顔にする力がある。

　ラベルにSO₂量を表示するのも彼の正義感の表れ。現在約50mg/ℓ添加しているが、10～20mg/ℓを目標にしているそうだ。

　ワインばかりか林檎ジュースも絶品だ。

ロゼ・ダンジュール VdF 2016
Rosé d'un Jour VdF 2016

カベルネ・ソーヴィニヨンとグロロ・グリのブレンド。この地域特有の気候で葡萄に貴腐が付き、香り高いロゼに。軽やかで上品。
＊説明は現行ヴィンテージのもの

D A T A

La Ferme de la Sansonnière
輸入取扱：ラシーヌ

ワイン造りは、やっと手にした生活の糧。
恵みに感謝して、気持ちをこめる

レ・メゾン・ブリュレ／コリンヌ・エ・ポール・ジレ（ミッシェル・オジェの思い出）
Les Maisons Brûlées ／Corinne et Paul Gillet

ミッシェル・オジェの 7ha の農園では、はちみつも造っている。ブルーノ・アリオンが先生なのだそう。

ある日本の若手生産者に、最も好きなワインを聞くと、ミッシェル・オジェの 1 本を挙げた。「〈スアヴィニヨン（ソーヴィニヨン・ブラン100％）〉を飲んだとき、なんだこれは！と思った。醸造方法は、学校で習った知識からすれば "間違っている"。でも自分の舌が『おいしい』と言っていた。自然なワイン造りへの転機となったワインだ」と語った。

「間違っている」とは、ケミカルなものを加えないため、酵母がギリギリでいたずらしそうな（欠陥へと変わる）危うさで働いてできる蠱惑的な香りやテクスチャーのことだろう。私もこの魅力のトリコのひとり。ミッシェル・オジェはこの話に興味深そうに耳を傾け、「実験的に SO_2 の添加量を、10g、5g、0g で造ったところ、ゼロのものが、葡萄がのびのびしていて断然おいしいと思った」と話した。品種特性も教科書の知識では太刀打ちできないほど個性的。柔らかくスパイシーな味わいがシュナン・ブランかと思っていたペティヤン〈ル・プティ・ウッチェロ〉が、シャルドネ100％と聞いて驚いた。葡萄のなすがままに造る、それがミッシェルのワイン造りの哲学だ。

オジェ家は 19 世紀からワイン造りをしているが、元詰めを始めたのはミッシェルが初代で、2001 年とさほど昔のことではない。しか

エルドロー VdF 2013
R2L'O VdF2013

ポール・ジレ初年。ピノ・ノワール、ピノ・ドニス、ガメイ１／３ずつの品種構成は変わらないが、より軽やか。

プーシエール・ド・リュンヌ VdF2016
Poussiere de Lune VdF2016

「月の埃」というポエティックなネーミング。古木のソーヴィニヨン・ブランを通常より遅摘みに。うま味がぎゅっと凝縮している。

し栽培して販売する葡萄は、ティエリー・ピュズラ*など地域の生産者の間で引く手あまただった。人望の篤さから勤めていた農業協同組合では、組合長となったが、「1980 年代にワイン造りは変わった。機械、肥料、除草剤が使われ、土が硬くなり、微生物が死んだ。土地が心をなくし、葡萄に果実味がなくなった」。それを憂いて自然な農法を説いたが、受け入れられず、成功例を示すために独立した。

　ミッシェルの農園、メゾン・ブリュレは、シェール川からわずか 1 km のブイユ村にある。13 世紀の洪水で地形が変わったそうで、確かにメインロードから不自然なほど大きくカーブを描いて曲がりきった先に母屋がある。セラーは、ミッシェルの曾祖父シャルル・ゼフィーユが石灰岩をくりぬいて造ったそうだ。

　緩やかな斜面の畑は、鬱蒼としたポプラや栗が植わる森に守られている。畝間は、冬でも青々とした下草に覆われ、歩くとふかふか。草は、マイクロオーガニズムを作ると同時に湿度を保ち、土壌を豊かにするそうだ。「私の土地は、向こう岸のテゼに比べて昔から貧困だったため、土を肥やす必要があった」

　かつてロワール地方は、ブロワ王朝の都として中世からルネサンスまでの約 260 年間、フランスの政治、文化の中心だった。近くにはポンレヴォワ修道院などがあり、13 世紀、このあたりにアグロノミー（農学）を伝えたのは、修道士たちだったそう。

　「貧しい土地で、ライ麦、スペルト小麦、葡萄などの作物を得るためには知識が必要だった」

　曾祖父は、土地の所有者である修道院から、労働の対価として土地や農機具などをもらったそうだ。オジェ家の人たちにとって、ワイン造りはやっと手にした生活の糧。その恵みに感謝する気持ちがワインに込められている。

　そして探究心は、ミッシェルのワイン造りのもう片方の車輪である。ビオディナミはまだ確立されていない農法だからと周りの仲間と集まっては勉強会を開いている。醸造の先生は、フィリップ・パカレ*。彼から受けた指導のなかで最も大切なことは、野生酵母の作用は、目には見えないけれど、葡萄に含まれているメッセージをワインのなかに風味として映し出すこと。その酵母の働きを邪魔する SO_2 は使用しない。幸いセラーは常に 15 度以下で、バクテリアの繁殖を抑えることができる。

　「ワインは誰にでも造れる。でも造る人に"心"がないとそれは工業製品と同じになる」

　2013 年、ミッシェルは、アルザス出身のポール・ジレに後を託して引退したが、今も仲間の生産者たちのサポートをしている。

エレーヴ VdF 2016
Érèbe VdF 2016

カベルネ・フランとコーをセミ・マセラシオン・カルボニックで発酵。フランボワーズの香味にハーブが交じり、清涼感たっぷり。

DATA

Les Maisons Brûlées
輸入取扱：サンフォニー

あやしい揺らぎ感にはまる
ジョエラー女子急増中!?

ドメーヌ・ド・ベル・エール／ジョエル・クルトー
Domaine de Bel-Air ／ Joël Courtault

寡黙だが、仕事熱心で、ロワールの仲間たちから信頼され、愛されているジョエル。

ジョエル・クルトーの発見は、私のワイン史に残る最大の収穫のひとつである。

2013年2月、ロワール・プイエ村のノエラ・モランタンを訪ねる途中、知人からすぐそばに面白い造り手がいるからと勧められ、訪問したのだが、そのときは彼の神髄に触れるにいたらなかった。というのもドア開けっ放しのセラーは凍えるほどの寒さで（造り手本人はあまり気にしていない様子）、いろいろなワインを出してくれたにもかかわらず、香りも味もわからず早々に辞したのだった。

しかし、その数日後、ロワールの若手生産者を中心としたサロン、"アノニマス"にて、正常な状況のなかで試飲したジョエルのワインはすばらしく際立っており、一気にファンになった（"ジョエラー"と名乗る女性ファンはけっこういるそうだ）。

4〜5年を経たヴィンテージはことのほか美しい。〈エピドット2009〉、〈ペリドット2009〉はいずれもソーヴィニヨン・ブラン100%で、微生物が自由に動いて生まれた妖しいプーアール茶のような香りは共通しているが、前者は青柚子のようなキレのある酸味とじわっと体にしみこむ優しい後味、後者は、もずく酢のようなアミノ酸系の酸味と、葡萄のエキスが凝縮した塊のような質感が特徴

エピドット VdF 2006
Epidote VdF 2006

樹齢50年近いソーヴィニヨン・ブランは、収量たったの20hℓ/ha。味わいはピュアながら、エキス分たっぷり。ワイン名は、深緑色の鉱石で、「解放」と「緑の魅惑」という隠喩が。

ペリドット VdF 2011
Peridote VdF 2011

ソーヴィニヨン・ブラン100%。ペリドットは黄緑色の鉱石で、ワインの色が似ていることから命名。凝縮感のあるキュベ。

だ。ペティヤン名人パスカル・ポテール＊の薫陶を受けて造った、甘酸っぱい黄桃のような果実味とミネラリーなトーンが特徴のペティヤン・ナチュレル〈ソーダリット（シュナン・ブラン）〉、フランボワーズのチャーミングな果実味にほのかにハーブのニュアンスがある〈オニキス（カベルネ・フラン主体）〉など。

ピュアな透明感と絶対的な重量のある凝縮感を併せもつ独自のスタイルは、SO_2 を全く加えていないことも大きく寄与している。

全部のワインをサンスフルにすることに成功したのは 2006 年。たしかに若干量の SO_2 を加えたという〈アメトリン 2005（シュナン・ブラン）〉は、安定感はあるものの、酵母が揺らいでできる深淵な複雑味は感じられなかった。もちろん全てのナチュラルワインがそうではないだろうが、むしろケミカルなものを添加しないほうが穏やかで深い熟成をする好例を、ジョエルのワインで知った。

住まい兼セラーは、ロワール川の支流シェール川の右岸のテゼ村にあり、母屋のすぐ裏は、主にカベルネ・フランが植わる南向きの畑。土壌は石灰粘土質と砂地だが、かつては海だったのか、化石も見つかるそうだ。

ジョエルは鉱石蒐集マニア（ワイン名が鉱物の名前だらけなのに気づいていただけたで

しょうか？）で、「畑に出ても面白い石がないか探している。毎日土を観察しているから、葡萄の病気も未然に防げるよ」とのこと。

クルトー家は、ジョエルのおじさんの代から葡萄を栽培し、共同組合に売っていた。ジョエルは、本当はエンジニアになりたかったそうだが、数年後に引退を決めたお父さんの後を継ぐため、ボーヌの栽培・醸造学校に通った後、1999 年から家業に加わった。

このとき、近くに住むブリューノ・アリオン、ミッシェル・オジェ＊、パスカル・ポテール＊ら先輩ヴィニュロンたちの影響を受け、慣行農法を辞めて有機栽培に移行した。収量が多くてはよいワインはできないと、白約20hℓ/ha、赤40hℓ/haの低収量。畑は超がつくほどまじめに手入れした。そんなジョエルの葡萄は高い評価を受け、ティエリー・ピュズラ＊などのスター生産者が好んで使うようになった。

しばらくしてまわりのヴィニュロンたちの勧めで、7haのうちの1haの畑の葡萄を使ってワインを造り始めた。栽培の先生がミッシェル・オジェなら、醸造の先生はパスカル・ポテールだそう。

「なんのひっかかりもなく水のように体にしみこむワインが造りたい」というジョエル。折に触れて飲みたい真っ当なワインである。

オニキス VdF 2009
Onyx VdF 2009

カベルネ・フランを主体に、ガメイ、カベルネ・ソーヴィニヨンをブレンドした赤の一押しキュヴェ。漆黒のオニキスは"禅"の隠喩。

DATA

Domaine de Bel-Air
輸入取扱：ヴァンクゥール

プイィ・フュメの概念をくつがえす、
力強く繊細なソーヴィニヨン・ブラン

アレクサンドル・バン
Alexandre Bain

「ワイン造りで大切なのは、忍耐！丁寧に手を掛ければ、葡萄は必ず、お返しをしてくれるものだよ」と話すアレックス。

ピエール・プレシューズ
VdF2014
Pierre Precieuse VdF2014

「大切なピエール」という名は、葡萄を生む石（仏語でpierre）の土壌と息子の名にちなんで付けられた。

マドモワゼルM
VdF2014
Mademoiselle M VdF2014

初リリースの2007年、葡萄の収穫が娘マドレーヌの誕生日だったことから名付けた、スペシャルキュヴェ。

DATA

Alexandre Bain
輸入取扱：野村ユニソン

完熟したソーヴィニヨン・ブランから力強いワインを造るアレクサンドル（愛称アレックス）・バン。ロワール川右岸のプイィ・フュメは、酸味の強いフレッシュな味わいで知られるが、キンメリジャン、チトニアンなど中生代ジュラ紀後期の古い地層から生まれるアレックスのワインは、全く違う。除草剤や殺菌剤などの化学合成薬品は一切使わず、耕作は、土壌を踏み固めない、フェノメネ、ヴィアダク、ティズィの3頭の馬とともに。ぎりぎりまで収穫時期を遅らせるから、ときに貴腐菌がつくことも。それも含めて醸造するから、濃密な果実味と繊細な風合いが生まれる。7割はSO_2も無添加、残る3割も10ppm以下だ。しかし、そんな彼を異端児とみなしたINAOが、2015年彼のワインを「恒久的にアペラシオンから除外する」という理不尽な決定をした。この件に関し、アレックスが語ったのは、INAOへの反論ではなく、「完璧ではない部分がまだあるとしても、造り手、飲み手、地球に幸せをもたらすという信念をもって、丁寧にワイン造りを行っている」というメッセージ。多くのワイン・ファンが、これに心を打たれた。アレックスのワインは市場を失うどころか、どんどん人気が高まり、2年後、ディジョンの地方裁判所が、INAOがアレックスに科していたアペラシオン剥奪処置を取り消す決定を下した。

栽培する葡萄は全てソーヴィニヨン・ブランで、娘の名、マドレーヌから命名した、リッチでエレガントなフラッグシップワイン〈マドモワゼルM〉をはじめ、7つのキュヴェがある。

自然、手仕事、食文化が凝縮した
ワイン造りという仕事を大切にしたい

シルヴァン・マルティネズ
Sylvain Martinez

幼い頃から自然が大好きで、農業を目指したというシルヴァン。「馬で耕していると、自分が自然と調和したような気持ちになるんだ」

ガズウイ VdF 2012
Gazouillis VdF 2012

ワイン名は「さえずり」という意味。丹精した葡萄がワインになって語り始めた喜びを表しているそう。

DATA

Sylvain Martinez
https://sites.google.com/site/sylvainmartinezanjou/
輸入取扱：W

杏やオレンジの香りに青草のニュアンスが交じる、甘酸っぱくて後味のキレがよいペティヤン・ナチュラル〈ガズウイ（シュナン・ブラン100%）〉が注目されて、2010年あたりからじわじわ人気が出てきたシルヴァン・マルティネズ。

天然のカーリーヘアに、がっしりした体軀、シャイな笑顔で、いつも言葉を選びながら丁寧に質問に答えてくれる。

ロワール中部の街アンジェの東南約20kmのシュメリエ村に、ドメーヌを立ち上げたのは2006年。ボトルに vin artisanal とあるように、シルヴァンのワインは、手仕事を大事にしたアルティザン・プロダクツだ。

「ワイン造りを志したのは、自然を敬う心、手仕事、そして食文化が凝縮している仕事は他にないと思ったから」。両親は教師だったが、おじいさんは、小さな農園で、家畜や野菜に加えて少量だが葡萄も造っており、休暇のたびに訪れては畑仕事を手伝うのが好きだった。

栽培・醸造学校卒業後、マルク・アンジェリ*、ルネ・モス、オリヴィエ・クザンのもとで修業を積み、とくにオリヴィエ・クザンには、馬で耕作することの大切さを学んだ。動植物多様性を大事に、環境に配慮しながら、ワイン造りを息子たち（15歳のオーバンと13歳のエミリオ）に伝えていきたいそうだ。他に、酸味と苦みのバランスのよい〈グットドー（シュナン・ブラン100%）〉、プラムのコンフィのような果実味たっぷりの〈コルボー（グロロー・ノワール100%）〉のキュヴェがある。

葡萄の力を信じたワイン造りで、
50年前のサンセールを再現

セバスチャン・リフォー／新井順子
Sébastien Riffault

畑仕事を何より大切にするセバスチャン。葡萄へのストレスを最小限にするために、上級キュヴェ用の畑では、トラクターを使わずに馬で耕作している。

ACサンセール・
アクメニネ2014
AC Sancerre Akmenine 2014

粘土石灰質土壌の樹齢30年の葡萄を、ノンフィルターで仕上げるワインは、濃厚で力強い味わい。

サンセール・ヴィニフィエ・
パー・ジュンコ・アライ2015
Sancerre Vinifie par Junko Arai 2015

新井さんとの4年目のコラボキュヴェ。粘土石灰区画の葡萄を500ℓと225ℓの新樽で18カ月発酵・熟成。

石を嚙むような塩っぽい鉱物質な質感を丸みのあるやさしい酸味が包みこむ。セバスチャン・リフォーのソーヴィニヨン・ブランは、他のサンセールのワインと全然違う。それはマロラクティック発酵（二次発酵）の効果だそう。サンセールでは、爽やかなリンゴ酸を残す目的で一次発酵が終わった時点で SO_2 を加えて発酵を止めるのが通例だが、セバスチャンは人為的な操作を好まず、自然に任せるため、こんなまろやかさが生まれるのだ。実はこれ、50年前のサンセールのスタイル。

自然なワイン造りを志したのは、家業を継ぐ前にナチュラルワインを多く扱うパリのワインショップ、ラ・ヴィニアで働いたことがきっかけだ。実家に戻ると、徐々に有機栽培に転向、お父さんも結果に満足し、2007年にはビオディナミに。ワイン名は、リトアニア出身の奥さんのために、その母国語で畑の特徴を表したもの。〈アクメニネ〉は石だらけ、〈スケヴェルドラ〉は石の破片の意味だ。

2012年、〈ドメーヌ・デ・ボワ・ルカ〉当主で、輸入会社〈コスモジュン〉を営んでいた新井順子さんが、セバスチャンのソーヴィニヨン・ブランで仕込む〈セバスチャン・リフォー・ヴィニフィエ・パー・ジュンコ・アライ〉がリリースされた。ソーヴィニヨン・ブランの畑を全て手放した新井さんが、「馬で耕した、セバスチャンの畑の葡萄でワインを造りたい」と始まったコラボぜひ、ふたりのスタイルの違いを楽しんで！

D A T A

Sébastien Riffault
輸入取扱：ディオニー

瓶の中で研ぎ澄まされた
ナチュラルワインを造る感覚。泡はその産物だ

レ・カプリアード／パスカル・ポテール
Les Capriades/Pascal Potaire

パスカル（左）は、「ヴィニュロンにならなかったら、料理人になりたかった」と語るほどの料理の腕の持ち主。右は共同経営者のモーズ・ガドゥッシュ。

メトード・アンセストラル・ペット・セックVdF2016
Méthode Ancestrale Pet' Sec VdF 2016

シュナン・ブラン40%、ムニュ・ピノ30%、シャルドネ30%。洗練された泡と引き締まった骨格の辛口ペティアン。

ピエージュ・ア・フィーユ・ロゼVdF2016
Piège à Filles Rosé VdF2016

ガメイ75%、コー25%。「女の子への罠」という意味で、女子も飲みすぎてしまうほど美味という意味。

D A T A

Les Capriades
輸入取扱：ヴァンクゥール

パスカル・ポテールは、ロワールが誇るペティヤン・ナチュレルの名手。シャルドネ100%の〈ペパン・ラ・ビュル〉は、きりっとドライでミネラリー。トップキュヴェのこのワインは、3年瓶熟させてリリース。ペティヤン・ナチュレルの概念を超えている。〈ピエージュ・ア・フィーユ〉は白とロゼがあるが、たっぷりした果実味に優しい泡、キレのある酸味とほのかな甘みが心地よい。気楽なワインに見えながら実は、瓶詰めの微妙なタイミングをはかる職人技で造られており、特にロゼは、サヴォワのロゼ・スパークリング名人ラファエル・バルトゥッチのアドバイスを得て完成させた。

パスカルは南西部ベルジュラック出身。ル・マンの街のワインショップで働いていたとき、天才醸造家ニコラ・ルナール＊と親しくなり、店を辞め彼と一緒に1997年から2001年までジャニエールやヴーヴレの醸造所で働いた。ニコラの紹介でロワールのさまざまな生産者と出会い勉強するなかで、1999年に飲んだドメーヌ・グラムノン＊の〈メメ1989〉に感動、自分の進む道はナチュラルワインと決めたという。そしてクリスチャン・ショサール＊のペティヤン・ナチュレルを飲んで、挑戦しがいのあるテーマを見つけたのだ。その後新井順子＊さんが営むドメーヌ・デ・ボワ・ルカの栽培・醸造責任者になり、2005年に独立した。「造り手の能力は限られている。必要なことを全て知っている葡萄に任せるのが一番」と謙虚に語るパスカル。現在は、ナチュラルワインの泡の祭典「ビュル・オー・ソントル」の主催もしている。

よりパワーアップして再生した、セバスチャンのポジティヴなワイン

レ・ヴィーニュ・ド・ババス
Les Vignes de Babass

パトリック・デプラと共にドメーヌ・レ・グリオットを営んでいたセバスチャン・デルヴューが、10年を経て独り立ちする決意を固め、2011年、アンジュ地区のシャンゾー村に2.4haの畑を入手して立ち上げたドメーヌ。

ティエリー・ピュズラ*やジョ・ピトンに出合って自分の向かう方向を見いだしたというセバスチャンは、いまやアンジュ地区の若い生産者たちのリーダー的存在。"ディーヴ・ブテイユ"に派生していくつか小さな試飲会が開かれるが"アノニマス"は最も活気にあふれているもののひとつ（http://vinsanonymes.canalblog.com）。

フランボワーズにローズマリーやセルフィーユなどの香りが交じるカベルネ・フラン100％の〈ロッカブ ROC CAB 2011〉、菫の花にミントのアクセントがあるグロロー100％の〈Groll'Roll グロルン・ロール〉。

ネーミングもラベルもロックしていて、飲んでいて楽しくなるワインである。

グロルン・ロールVdF2016
Groll'n Roll VdF 2016

樹齢70年のグロロー・ノワール。アルコール度数わずか11.5度で飲みやすいのに、深みのある味わい。

マイ・スイート・ナヴィーヌ2013
My Sweet Navine VdF 2013

ナヴィーヌの畑の遅摘み葡萄を使用。甘くふくよかな香りにビターなニュアンスが溶け込み複雑な味わい。

DATA

Les Vignes de Babass
輸入取扱：ヴォルテックス

きまじめな夫と天然系の妻は、名前通りブルトン種の専門家

カトリーヌ・エ・ピエール・ブルトン
Catherine et Pierre Breton

カベルネ・フランを造るために生まれてきたようなカトリーヌとピエールのブルトン夫妻。というのも、ブルトンとは、ロワールの方言でカベルネ・フランのこと。彼らはカベルネ・フランとシュナン・ブランのスペシャリストである。

ピエールは大学で数学を専攻したものの、自然と向き合った仕事をしたいと、1985年故郷ブルグイユの隣のレスティーユ村に11haの畑を購入し、ドメーヌを立ち上げた。妻のカトリーヌはヴーヴレの葡萄農家の出身で、いくつかの畑は、彼女の実家から引き継いだ。

マルセル・ラピエール*との出合いから本格的にナチュラルワインに取り組み、1990年ビオロジック、1996年からはビオディナミに。

〈ラ・ディレッタント〉（赤・白・泡）は、カトリーヌが栽培から醸造までひとりで手がけるレーベルで、「芸術愛好家、道楽者」という意味。肩の力を抜いて造ったことが想像できる、のびやかな味わいが心地よい。

ACブルグイユニュイ・ディヴレス 2010
AC Bourgueil Nuits d'Ivresse 2010

「酔っ払いの夜」の名をもつワインは、最上の葡萄で造る特別キュヴェ。赤果実に、ミントの香りがのぞく。

DATA

Catherine et Pierre Breton
https://www.domainebreton.net
輸入取扱：ラシーヌ

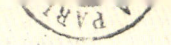

「ナチュラルワインの魅力を語る」

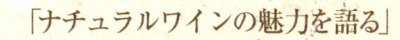

Message from Restaurants & Bars

チームフェスティヴ
レストラン、バーからのメッセージ

細越豊子

Le cabaret ／ル・キャバレ（代々木上原）店主

　フランスはよく遊びに行っていましたが、ナチュラルワインに出会ったのは、2004年のル・キャバレのオープン時。酒屋さんがすすめてくれたマルセル・ラピエール＊の〈シェナ〉。色も薄いし、すっぱいし、ジュースみたいというのが第一印象。最初は「これなに？」、でもすぐ「おいしい」に変わりました。その後、パリに研修をかねて出かけ、ヴェールヴォレのワインの供し方を見て、「わー、こんなに自由で楽しくていいんだ」と開眼した思いで帰国し、店のスタイルが決まりましたね。ナチュラルワインは陶器とかクラフトのよう。造り手の気持ちが入っていて、みんなを楽しくさせる。お金儲け第一ではなく作られたものって、感動がありますよね。

坪田泰弘

ル・キャバレ（代々木上原）ギャルソン

　僕もマルセル・ラピエールが入り口でした。2004年頃かな。その後いろいろ飲んで、ルメール・フルニエの〈ヴーヴレー セック 2002〉に出会ったときは「これだ」という感じでした。今までの白ワインと違う！ 軽い微発泡、のどごしよく、酸がきれいで、お酒であることを忘れてしまうくらいどんどん飲める。好きだな、自分に合うなと思い、ナチュラルワインに引き込まれていきました。
　フェスティヴァンを見ていて、若い人たちが楽しそうにワインを飲んでいる姿がいいなと思うんです。ワインがあるのが当たり前という感じ。ルールがないのがナチュラルワイン。思いもよらない発見があるはず。自由に楽しんでもらいたいですね。

紺野 真

uguisu ／ウグイス（三軒茶屋）、
organ ／オルガン（西荻窪）オーナー

　出会いは14年前、マルセル・ラピエール＊の〈モルゴン〉なんですが、最初はおいしいと思う自分の味覚に自信が持てなかった。常識から外れた味でしたからね。思わず職場のシェフに「どう思いますか？」と聞いてしまった（笑）。9年前にuguisuをオープンしてからはナチュラルワイン一直線。僕は、ナチュラルワインはカウンターカルチャーだと思っているんです。大資本主導に背を向けた、自己表現としてのワイン。ロックだなと思いますよ。
　彼らが醸す液体は混沌としていて有機的。ただ美しいだけではなく、時に飲み手を選ぶような独特な香りや濁りをも含む。妖艶で危険な香りに人は引きつけられてしまうのです。

すべてを葡萄に教えてもらって造る
誠実で滋味深いおいしさ

ドメーヌ・ジュリアン・メイエ／パトリック・メイエ
Domaine Julien Meyer ╱ Patrick Meyer

「偉大なワインを造るのに必要なものは何か」。ことあるごとにワイン生産者たちに聞いているが、「葡萄」「畑」「テロワール」「自然を尊敬する心」「パッション」が最大公約数だろうか。意外な答えがひとつあった。ドメーヌ・ジュリアン・メイエの当主パトリック・メイエの答えは「土」だった。

「強い土を作ることだけを考えて1年を過ごしている。土が強いと葡萄はおのずと健康になり、おいしいワインができる」

ジュリアン・メイエのワインは、アルザス・グランクリュのミュエンシュベルグ・リースリングやピノ・ノワール・ハイセンベルグ（単一畑）から、カジュアル・ラインのメール・エ・コキアージュ（リースリングとシルヴァネールのブレンド）まで、どれも高貴な気品がありながら、威圧感なく静かに語りかけるような、滋味深いおいしさ。

リースリングやピノ・グリを得意とする生産者には、アロマティックな白品種は酸化に弱いからと SO_2 の量を多めに添加する人が多いなか、パトリックは1995年とごく早い時期からサンスフルにも挑戦している。

直接訪ねて来ないとワインを販売しない気むずかしい人とのウワサだったが、会ってみると非常にフランクで、「ワインへの向き合い方は、直接会わないと伝わらないと思っている。訪ねて来た人には全てを包み隠さず話しているよ」。本物の土造りを知りたい生産者は、フランスのみならず、オーストリアや新大陸からもやってくるそうだ。

葡萄の開花を数日後に控えた6月初旬、「土」を見せてもらいに、ストラスブールとコルマールの間にあるノータルテン村にパトリックを訪れた。アルザス特有のメゾン・コロンバージュという、柱や梁を壁の外に組んだカラフルな木造建

ワイン造りに大切なのは、何よりもまず土だと言うパトリック・メイエ。「どんなワインにしようとは考えない。土のエネルギーをそのままワインに映すんだ」

典型的なアルザスの建築スタイル。奥がセラーで、右手が住まいになっている。

築の並ぶ町を抜け、10分も走るとハイセンベルグの畑に着いた。ノータルテンの町並みを見渡す標高300mの斜面は、新生代第三紀初期（約4500万年前）に始まる地殻変動により、基底部の花崗岩や砂岩が露出して断層の束が発達し、多彩な地層となったヴォージュ山麓斜面地帯に位置する。

畑はヘルシーというよりワイルドで、小麦、ライ麦、クローバーが、刈りこむことなく倒され、畝間を覆っている。「草を刈り込まずに倒すことにより、草は生きたままほどよい水分（湿度）とエネルギーを葡萄の樹に与えてくれる」と、パトリックが花崗岩の土を掘って見せてくれる。フムスがなんてよい香り。黒々した土はしっとりと水気を含みながらも、手でにぎると粒子がサラリとしている。パトリックは、土を耕さない。掘り返すのはほんの5cmほどだ。「土壌は、5cmごとに階が分かれたアパートのようなものだ。階ごとに違う人が住んでいて、それぞれの人生がある。たとえば上層階は酸素と窒素が必要だが、下の階はそれほどでもない。個人のプライバシーは保たれなければならない。しかし、不思議なことに最上階に刺激を与えると、ポンプのように下の階までエネルギーが伝わる。小さなエネルギーの移動が大きな効果を生むんだよ」

確かにロジカル。でもこんなの初めて見た。

「あなたの国でも同じことをやっている人がいるよ」とパトリック。「もしや、フクオカ？」

著書『わら一本の革命』で知られる自然農法家の故・福岡正信さんと同様の不耕起農法をアレンジしたものだそうだ。

この方法で十分土壌が活性化するため、ビオディナミで推奨されるコンポストも必要ない。土壌も人間の体と同じで、

ピノ・ブラン・レ・ピエール・ショウド 2016
Pinot Blanc Les Pierres Chaudes 2016

ハーブやハチミツのニュアンスに続き、柔らかく広がる丸みを帯びた肉厚な果実味とミネラル感に、キリッとした酸がアクセント。

健康な土で、健康に育った
ピノ・ノワールが美しい実
をつけた。

リースリング・
グリッテルマット 2016
Riesling Grittermatte 2016

グリッテルマットのリース
リングを卵型のセメント
タンクで発酵、そのまま
シュールリーで熟成。リン
ゴをかじったような味わい
に厚みのある酸が重なる。

ミュスカ・マセラシオン・オレンジ・
ド・プティ・フルール 2017
Maceration Orange de Muscat Petite Fleur 2017

ドメーヌに近い花崗岩土壌
の畑で育つ樹齢 18 ～ 50
年のミュスカを使用。レー
ズンやゼラニウムの爽やか
で甘やかな香りと裏腹なド
ライなタッチが印象的。

免疫が整っていれば、抗生物質は必要ないのだ。

すぐ上のテラス状の畑に、絶好の比較例がふたつあった。ひとつはパトリックもよく知る生産者でビオディナミ栽培をしているが、葡萄が何を欲しているかを理解せず、ただ調剤を撒いているだけという畑。もうひとつは慣行農法の畑。前者は栄養がよすぎてメタボ気味という感じに葉が膨らみ、色も異様に濃い。後者は土が砂漠のようにカチカチで、死んだものに発生するという黄色いコケが樹の根元を覆っていた。こうした畑が近くにあると、除草剤等の影響を受けないのかと聞くと、すでに免疫のあるパトリックの畑は、たとえ病気にかかっても、樹全体に回ることはないそうだ。

全てを手作業で行うことは、葡萄に負担をかけないという意味もあるが、葡萄とコミュニケーションを取るのに必要な手順なのだそう。収穫時期は、もちろん糖度、酸度などのデータを目安とするが、葡萄のフィーリングを感じ取ればおのずと、パーフェクトなタイミングがわかるという。葡萄畑にはそれぞれの多様性があり、人生がある。なんだかスピリチュアルな話だが、この畑に立つと、不思議と納得できる。パトリックは、これらの革新的な栽培方法を、ほぼ独学で、本人曰く「葡萄に教えてもらって身につけた」そうだ。

メイエ家は、1705 年からワイン造りをする旧家だが、パトリックが 5 歳のときにお父さんが他界、以降、お母さんが引き継いだ。パトリックは長じて栽培・醸造の専門学校に入学したが、教えてくれるのはケミカルな技術ばかりだったので 2 年でやめて、1982 年から当主となった。

はじめは周りの大人たちのやり方にならって慣行農法を行っていたが、肥料や除草剤で、葡萄の樹もまわりの植物もどんどんひ弱になっていくのを見て、3 年後にはビオロジック、そしてビオディナミを取り入れた。

セラーワークも「なぜ、葡萄に発酵する力があるのに、他から持ってきた酵母を加えるのか、また、葡萄に免疫力があるのに不必要なサルファーを加えるのか」。元々完全なものに、足したり引いたりしてバランスを崩すことに違和感を感じ始めて、どんどんシンプルになっていった。1985 年には、

収穫を間近に控えた、ハイセンベルグの畑。
どこかスピリチュアルな雰囲気が漂う。

ノータルテンの町の教会を見下ろす、ハイセンベルグの畑。

ナチュール 2016
Nature 2016

シルヴァネール 90％、ピノ・ブラン 10％。フローラルな香りと絞ったレモンのような酸、クリアで凝縮感のあるイージードリンキングタイプ。

母屋の裏のポタジェ（家庭菜園）。自分たちの食べる野菜のほとんどはここで採れたもの。特にじゃがいもは 1 年分を作ってストックしている。

「酸化が進みすぎない」という卵型の発酵容器は、ビオディナミ生産者がよく使うもの。効果はまだわからないが、「フィーリングが好き」とパトリック。

メール・エ・コキアージュ VdF2016
Mer Coquillages VdF2016

「海と貝殻」という名のワインはまさしく魚介類に合わせたいアロマティックなワイン。

酵素を減らし、培養酵母や補酸をやめた。

発酵容器も、ステンレス、木樽、コンクリートなど素材はいろいろだが、サイズは概して小さく、アルザス特有の大樽フードルは使わない。さまざまな区画の葡萄を個別に発酵させるためだ。ビオディナミ生産者がよく使う、通称エッグと呼ばれる卵形コンクリート発酵容器も3基ある。気密性のある素材かつ、縦横の長さが黄金比でエッジがなく滑らか、上部がすぼまっているため、空気に触れる表面積が小さく酸化が進みすぎないといわれているが、パトリックは「フィーリングが好きだから使っているだけ。ビオディナミ生産者たちが言う効果はまだわからない」そうだ。

脱 SO_2 は、まず炭酸ガスがワインを酸化から守ってくれるスパークリングワインと、同じくポリフェノールの豊富なピノ・ノワールから始め、1997年には他の白品種でもトライした。ただ宗教のように SO_2 ゼロを妄信しているのではなく、必要なときには適量（上限 20mg/ℓ ぐらい）を添加する。ワインのなかで、サンスフルのものは、ラベルの左肩に NATURE のマークが小さく入っている。

驚いたことに、2000年代に入って、ヴィニ・サーカス（Vini Circus）などのサロンに出展するようになるまで、アルザスで同様にナチュラルワインに取り組むジェラール・シュレール*、クリスチャン・ビネール*、ジャン・ピエール・フリック*ら同胞との交流は全くなかった。ナチュラルワインにたどり着いたのは、すべて葡萄に導かれてのことなのだ。
「常に葡萄と対話しながら、ワイン造りを考えているから、いまやっていることは10年前のワイン造りと全く違うんだ。きっと10年後も別のことをやっているだろう」

実験中のホメオパシーのレメディー（P50）。

いまは、ホメオパシー（P50）による効果を調べていると
ころだが、すぐに結果が出るとは思ってない。10年、20年
気長に取り組んでいくそうだ。

畑から戻ると、奥さんのミレイユが昼食に誘ってくれた。
コの字型の中庭を囲む建物は、1階がセラー、2階が住居と
オフィス。18世紀のオリジナルの建物の枠組みを生かしな
がら建て増ししたモダンなインテリアは、ミレイユの趣味だ。

チーズとハム入りのオムレツと、裏のポタジェ（家庭菜園）
で穫れたじゃがいものサラダ。食後にライ麦パンとアンパス
チャライズド（無殺菌）ミルクで作ったマンステール・チー
ズをたっぷり。信頼する人が作った素材だけを使った料理は、
誠実な味がする。ワインは、華やかな白い花の香りときれい
な酸味の〈ツェルベルグ・エルミタージュ 2012（NATURE・
リースリングとシルヴァネールのブレンド）〉、フランボワー
ズのような果実味と緻密で繊細なタンニンが心地よい〈ピノ
・ノワール・ハイセンベルグ 2012（NATURE）〉。しみじみ
と心にしみるおいしさは、一朝一夕にはできない、強い土が
造る味だ。

パトリックの家族、妻
のミレイユとティーン
エイジャーの娘たち。
とても仲が良い。

9月、収穫の間際にもう一度ハイセンベルグの畑を訪ねる
と、葡萄は相変わらず健康そうだったが、ワイルドさは鳴り
をひそめ落ち着きが出ていた。「冬はエネルギーを作るとき」
とパトリック。畝間には新しい草が植えられ、来年に備えて
エネルギーをキープする新しい命のサイクルが始まっていた。

DATA

Domaine Julien Meyer
輸入取扱：ディオニー

ブリューノ節と呼びたい存在感。
風刺の効いたネーミングも秀逸。

ジェラール・シュレール・エ・フィス／ブリューノ・シュレール

Gérard Schueller et Fils / Bruno Schueller

何の認証も取らず、我が道を行くブリューノ・シュレールが造るワインは、個性が際立っている。奥さんがイタリア人なので、イタリアの食やワインが大好きと言う。

ナチュラルワインの生産者にはユニークな人が多いとはいえ、ブリューノ・シュレールはとりわけ唯我独尊の人だ。

ピュアでオリジナリティあふれるワインを造りたい彼と、INAOとの確執はもはや伝説で、アルザスの規格に合わないからとAOCを得られず、ヴァン・ド・ターブルに格下げになることもたびたび。しかし、従来型のワインが多いアルザスにあって、培養酵母を使わず、SO₂はゼロか必要最低限。ヴィンテージごとの異なる個性を表現しようとすれば、規格外になるのは当然で、AOCマークの付いた普通のワインになるぐらいなら、ネーミングとラベルにしゃれを効かせた面白いワインを造りたいという気骨の持ち主だ。

シュレール家は、ボヘミアのプロテスタントの反乱に端を発し、ヨーロッパ中を戦火に巻き込んだ三十年戦争末期まで家系をたどることのできる旧家で、コルマールの南西、約10kmのユスラン・レ・シャトーの村で、代々葡萄栽培をしている。ブリューノの父で、80歳過ぎてもまだ毎日畑に出るジェラールが先見の明のある人で、アイヒベルグ、プフェルシックベルグ（グラン・クリュ畑＝GC）や、ビルストゥックレ（GCではないがそれに準ずる）などの優良畑をまだ値段の安いうちに

リースリング・ル・ヴェール・エ・ダン・ル・フリュイ 2014
Riesling Le Verre est dans Le Fruit 2014

低収量、大樽発酵、大樽熟成で造られたワインは、たしかに通常のアルザスとは異なる奥行きのある味わい。ユーモラスなエチケットは、アメリカの漫画から見つけたそう。

ACアルザスリースリング・フースロック 2014
AC Alsace Riesling Fuchsloch 2014

「偉大な年には、グランクリュを超える」区画フースロック。パワーの中に、肩の力の抜けた果実味が。

シルヴァネールの畑で、石灰岩に石英が混じる石を手に取るブリューノ。「光を反射して、葡萄が熟しやすい」のだそうだ。

入手したという。

アルザスの葡萄畑の大半がある丘陵地帯の西側のもう一段高いところにあるヴォージュ山麓地帯は、結晶質岩地帯ともよばれ、シュレール家が所有する7haの畑は、花崗岩、石灰岩、数十種類の変成岩がマーブル状に交じる複雑な地層と土壌を形成し、それがワインの味に奥行きを与えている。

そもそもは共同組合に葡萄を納めていたが1958年にジェラールが元詰めを始め、1982年にブリューノが栽培と醸造の責任者になった。シュレール家では、ジェラールの代から、一度も化学肥料や除草剤を使わず、自作の調剤も造っているが、ビオロジックやビオディナミの認証を得ることには興味がない。

ワインは、届いた食材の顔をみてから献立を決める料理人さながら、さまざまなキュヴェがあり、年によりリリースするワインも変わる。

たとえば、大きな桃の中から芋虫が顔を出すユーモラスなラベルのリースリング〈ル・ヴェール・エ・ダン・ル・ノリュイ 2000〉は、プフェルシックベルグGCのワインとして造られたが、あまりに個性的との理由でAOCに認められなかったことを逆手にとって、「果実に虫がわいている」というワイン名に。「あまりにおいしいから虫が食べた」と、「大き

な組織の内部には虫が湧くような体質がある」を掛けたシュールな皮肉が効いている。

〈エーデルツヴィッカー（リースリング）2004〉もまた検査を通らなかったため、リースリング100％のエーデルツヴィッカー（混醸）としてリリースした。

〈リースリング・キュヴェ・パルティキュリエール D4 2009〉は、SO_2の使用量を抑えたいとの工夫から、SO_2 1mℓに対し水99mℓで希釈し、それを41回繰り返した、ホメオパシー（同毒療法 P50）と同じ手法で、ほとんどサンスフルだ。

〈ピノ・ノワール LN012 2003〉は、SO_2の使用量が 12mg/ℓ という限りなくナチュラルなワインである。

キュヴェの数が多くて、ちょっと混乱しがちだが、ひとつひとつのストーリーを知れば、よりワインが身近になってくる。リースリングもピノ・ノワールもピュアできれいな酸味と、ブリューノ節とでも呼びたいようなわき上がる個性が楽しい。

ブリューノの革新的なワイン造りに惹かれてシュレール家の門戸をたたく新人も多く、サヴォワのジャン＝イヴ・ペロン＊やジュラのドメーヌ・ミロワール＊の鏡健二郎さんもここで修業している。

ACアルザスピノ・グリ・レゼルヴ 2013
AC Alsace Pinot Gris Réserve 2013

シュレールの白ワインの代表作。ドライでリッチ、しっとりと複雑、1本筋の通った味わいは、他の追随を許さぬ風格。

D A T A

Gérard Schueller et Fils
輸入取扱：ラシーヌ、エスポワ

繊細さとガッツを併せ持つ、
アルザス期待の星

カトリーヌ・リス
Catherine Riss

ピノ・ノワールやリースリングを栽培する、グレ・ローズというピンクの砂岩土壌のリッシュフェルドの丘。「趣味は茸狩り、料理を友人たちに振る舞うこと」とカトリーヌ。

ACアルザス・ピノ・ノワール・アンプラント2017
AC Alsace Pinot Noir Empreinte 2017

セミマセラシオン・カルボニックを取り入れたチャーミングなピノ・ノワール。ラベルの指紋にも注目を！

ACアルザス・ドゥス・ド・ターブル2017
AC Alsace Dessous de Table 2017

ピノ・オーセロワ主体の白。「とっておきのもの」というネーミングで、ラベルには女性の下着のイラストが。

DATA

Catherine Riss
輸入取扱：ヴァンクゥール

ピノ・ノワールといえば、ブルゴーニュを愛飲する人が多いと思うが、私はアルザスが好き。チャーミングで儚げな味わいは、我が家の食卓にもぴったりだ。なかでもお気に入りはカトリーヌ・リスの〈アンプラント〉。ひとつひとつのピースがきちんとあるべき位置に収まるように、ビシッと焦点が定まった安定感がある。仏語で"指紋"を表すカトリーヌの看板ワインで、印象的なラベルのイラストの女性の顔の部分は、彼女の指紋である。

カトリーヌは、両親が、アルザスの中心都市ストラスブール郊外の村、ゲルストハイムでレストランを営んでいたため、小さい頃からワインに親しんでいた。高校卒業後、ボーヌの醸造学校で学び、その際に研修を受けたジュヴレ・シャンベルタンのジャン・ルイ・トラペにて、ビオディナミ農法に興味をもった。その後ディジョン大学で、フランス国家認定醸造技師（DO）を取得。この後国内外で修業の後、エルミタージュのシャプティエがアルザスに興したワイナリー〈ドメーヌ・シエフルコフ〉で働き始め、チーフワインメーカーにまで昇進するが、安定した職を捨て、2011年1.5ha（現在3.5ha）の土地を借り、翌年自身のドメーヌを立ち上げた。実は、カトリーヌは、幼少期に事故にあい、左腕を失ったというハンデがある。それを、ガッツで補い、すべての夢をかなえてきたのだ。

ところで私は、造り手に血液型を聞くのが趣味で、RH－が意外と多いのに驚いている。さて、カトリーヌはといえば？「星座はアルザス、血液型はピノ・ノワール」。カッコイイ！

年々増していくナチュラル度。
サンスフルのリースリングに感動

ピエール・フリック
Pierre Frick

　コルマールの南西約12kmのプファッフェンハイム村に12代続くドメーヌの当主、ジャン・ピエール・フリック。12haの畑は様々な年代の地層がモザイク状に入り組み、石灰質主体の独特な土壌を構成している。シュタイナート、フォーブール、アイヒベルグのグラン・クリュは、特に優れたテロワール。1981年以来ビオディナミを実践している。

　私は、2007年のサンスフルのリースリングを飲んで感動した。根菜や胡桃などのアーシーな香りが印象的で水のようにのどを通る。これまで飲んだリースリングとは全く別物だ。「SO₂は酸化を防ぐから結果として自然な熟成を妨げる。これが本来のリースリングの香り。サンスフルで造ると果実本来の風味が生きる」と妻のシャンタルの説明に納得した。

　柔らかい果実味の〈ピノ・ノワール・ストランゲンベルク・サンスフル〉や、ピノ・ノワールの〈ブラン・ド・ノワール（黒葡萄で造る白ワイン）〉もおすすめ。

クレマン・ダルザスゼロ・
シュルフィト・アジュテ2012
AC Crémant d'Alsace Zéro
sulfites ajoutés 2012

オークの大樽で澱とともに熟成。SO₂一切無添加。瑞々しい果実味と、柔らかい喉ごし。

ACピノ・ブラン2015
AC Pinot Blanc 2015

ピュアできれいな酸味と、エキス分がみっしり詰まったテクスチャー。アルザスのお手本のようなピノ・ブラン。

D A T A

Pierre Frick
http://www.pierrefrick.com
輸入取扱：ラシーヌ

18世紀にさかのぼる名家。
畑と蔵には良い酵母が棲んでいる。

ドメーヌ・オードレイ・エ・クリスチャン・ビネール
Domaine Audrey et Christian Binner

　コルマールのすぐ北に位置するアメシュヴィール村で1770年からワイン造りをする名家。現当主クリスチャンのおじいさんは、1940年代、隣人たちに先駆けて共同組合を辞め、元詰めを始めた。お父さんは、化学肥料全盛期にあっても父祖から引き継いだ自然農法を守りとおし、1998年に畑を譲られたクリスチャンは、一部ビオディナミも導入。

　とくに専門教育を受けたわけではないが、マルセル・ラピエール＊らアソシアシオン・デ・ヴァン・ナチュレルのメンバーのサポートで、SO₂無添加のワインにも挑戦している。「ナチュラルワインにスムースに移行できたのは、畑やカーヴに、代々よい微生物が住み着いているおかげかな」とクリスチャン。

　11haの畑は、花崗岩、石灰岩、泥灰岩と多様な土壌構成で、ピノ・ノワール、リースリング、ピノ・グリなど幅広い品種を栽培。優良年には、〈キュヴェ・ベアトリス〉（各品種ごと）という限定品がリリースされる。

ACピノ・ノワール・
キュヴェ・ベアトリス2014
AC Pinot Noir Cuvée Beatrice 2014

クリスチャンの姉、ベアトリスの名を冠したキュヴェ。柔和な酸と持つキュートな味わい。

ACリースリング・グランクリュ・
ヴィネック・シュロスベルク2013
AC Riesling Grand Cru
Wineck-Schlossberg 2013

急斜面の真南の特級畑の葡萄が造る、酸味柔らか、白合のような華やかな香味がすばらしい。

D A T A

Audrey et Christian Binner
https://www.alsace-binner.com
輸入取扱：ディオニー

100歳のおばあさんの葡萄を大切にする
限りなく繊細なグルナッシュの造り手

ドメーヌ・グラムノン／ミッシェル・オベリー・ローラン
Domaine Gramenon ／ Michèle Aubèry,Laurent

亡くなった夫のワイン哲学を引き継いで、ワイン造りを続けているミッシェル。「よいワインを造るには、簡単な方法を選ばないこと。失敗を受け入れること」

セップ・セントネール・ラ・メメ VdF2010
Ceps Centenaires
La Mémé VdF2010

フィリップとミシェルが一番最初に造ったキュヴェは、多くのヴィニュロンをナチュラルワインに導いた。樹齢の高い葡萄とはなんとやさしい味わいになることか。

2013年2月、ドメーヌ・ル・ブリゾーのナタリー・ゴビシエールの自宅で試飲していたときのこと、ふいに玄関のドアを開けて親しげに入ってきたのは、ドメーヌ・グラムノンの当主、ミッシェル・オベリーだった。ふたりは仲のよい友人で、ミッシェルは、ビオディナミ団体デメーターの認証をもつ生産者たちによるサロン、"グルニエ・サン・ジャン"のためにロワールに滞在中、ちょっと顔を見に寄ったということだったが、夫を亡くしたばかりのナタリーをやさしく気遣う様子に、そういえば彼女も同じ境遇だったと思い出した。

元看護師で、ホメオパシーの教育も受けたというミッシェルは、葡萄栽培農家のフィリップ・ローランと結婚すると仕事を辞め、1978年、ふたりで南ローヌの北端にあるモンブリゾン・シュール・レ村にドメーヌ・グラムノンを立ち上げた。翌年からすぐにワイン造りを始め、大手ワイナリーに卸していたが、1990年に元詰めを開始したその9年後、夫は趣味の狩猟中に誤って転倒して銃が暴発、命を落としてしまったのだ。

ロバート・パーカー Jr. が、「ローヌ渓谷のワインのなかで、控えめな価格の偉大なワインを探しているなら、ドメーヌ・グラムノン以外のところを見る必要はない」と語るまで

に評価が定まっていたところだった。絶望のなかでミッシェルはいっとき看護師の仕事に戻ったが、夫の遺志を継ぐ決意をし、以来19年、当主としてドメーヌを営んでいる。

　畑は、合計26haと広いわりに生産量は少ない。というのもほとんどの葡萄は樹齢が高く、栽培の65%を占めるグルナッシュの中には125歳のものも！　樹齢100年以上の葡萄だけを使ったトップキュヴェ〈セップ・セントネール・ラ・メメ〉は、フィリップが、この畑の葡萄たちを愛情込めて「100歳のおばあさん」と呼んでいたことから名付けられたもの。

　2010ヴィンテージを試飲すると、カシスやプラムの香りにクローブ、リコリスなどのスパイスのニュアンスが交じり、タンニンはしっとり柔らかい。酸味がきれいなのは、南ローヌのなかでも北端にあり、標高が高いから。グルナッシュでこれほどデリケートなワインができるとは驚きだ。

　「私たちが購入する前からここはビオロジックで栽培されていた幸運な畑です。私は土地の純粋性を葡萄に結実させてワインとして表現したいと思っています。畑ごとに個性があり、混ぜるとエネルギーが切断されてしまうので、別々に醸造しています。だからどんどんキュヴェが増えてしまうの。セラーは

標高300mの石灰岩の斜面をくりぬいたほら穴で、セラー自体が呼吸しています。自然にしみ出た水が適度な湿度を保ってくれる理想的な環境です」とミッシェルは話す。発酵・熟成は木樽（大きさは葡萄の状態で異なる）だが、新樽は使わない。キュヴェによっては瓶詰め前にほんの少しのSO_2を加える場合もあるが、基本的にはサンスフルで、清澄、濾過も行わない。

　〈ラ・サジェス〉は、若い樹齢の葡萄からというが、50歳〜70歳と十分古木。それだけに収量は30hl/ha以下で、どちらもエレガントで凝縮感のある風格あるワインだ。

　「このうえなくピュアなワインを造りたいというのは、私の永遠の目標であり、果てしのない夢といえるかもしれません。でもヴィンテージごとの特性を受け入れて、テロワールと葡萄本来の魅力を表現するようにあらゆる努力をしていこうと思っています」

　2006年からは息子のマキシム・フランソワが、フレデリック・コサールの元での修業を終えて家業に加わり、ネゴシアンソフンド〈マキシム・フランソワ・ローラン〉も始めた。気持ちに余裕のできたミシェルは畑仕事の落ち着く季節には、趣味で絵を描いている。ウェブサイトでも見られるのでぜひチェックを。

**AC コート・デュ・ローヌ
ポワニェ・ド・レザン 2016**
Côtes du Rhône Poignée de Raisins 2016

比較的樹齢の若いグルナッシュとサンソーから造られる。フレッシュで飲みやすいけれど、余韻は深く、もう一杯飲みたくなる。

D A T A

Domaine Gramenon
輸入取扱：ラシーヌ

ジョージアとの出会いが、運命を変えた！
フリースピリットが生む、心を打つ味わい

ドメーヌ・デ・ミケット／クリステル・ヴァレイユ＆ポール・エステヴ
Domaine des Miquettes/ Chrystelle Vareille & Paul Estève

「モダンなものは何もないけれど、牛や豚に囲まれた、この豊かな暮らしが気に入っている」とポール。畑の一部は、馬で耕している。

2013年6月、ジョージア・クヴェヴリ（甕仕込み）ワイン協会から、産地訪問の旅に招かれた（P258）。欧米各国のジャーナリスト、インポーター、生産者と車に分乗して移動したのだが、なぜかいつもポール・エステヴと一緒で、小柄で親しみやすい雰囲気に好感をもった。生産者と名乗ったが、知らない顔だった。しかし、最終日の試飲会で、彼のサン・ジョセフ・ブランを飲ませてもらって驚いた。生き生きとした果実味とうま味の凝縮感、じんわり体にしみこむ後味は、まったく期待していなかっただけに衝撃のおいしさ。そこには、アルザスのバーンヴァルト、イタリアのヴォドピーヴェッツ＊など実力派が顔を揃えていたが、旅の最後の疲れた体が欲していたのは、ポールのワインだった。

　翌年の夏、私は、コート・デュ・ローヌのタン・エルミタージュの街から10kmほど北にあるシュミナ村にポールを訪ねた。妻のクリステルと共に、野菜を育て家畜を飼い、シャルキュトリーまで自分で作っている。1600年代から続く旧家で、4世代（ポールは3代目）が敷地内に住んでいる。祖父母は共に教師で、出迎えてくれた当時82歳の美しいおばあちゃまは、キレイな英語を話した。お父さんはフランス・テレコム（現・オレンジ）

マドロバ・アンブル
VdF 2014
Madloba AMBRE VdF2014

マルサンヌ50%、ヴィオニエ50%、約6カ月マセラシオン。色はアンバーで、滋味深いタンニンがある。

マドロバ・ルージュ
VdF 2014
Madloba ROUGE VdF2014

シラー100%。スミレのような華やかな香りに、白胡椒を思わせるスパイシーなタッチが交じる。

を引退したばかり。一族でポールが最初のヴィニュロンだ。

ポールは「フリースピリットの暮らしがしたい」と、16歳で学校をやめた。ギリシャとスイスで、羊飼い、オレンジ＆オリーブ栽培の仕事をしているうちに農業に興味をもち、1年後、故郷に戻り、ワイン協同組合カーヴ・ド・タンに職を得た。そして農薬の人体に及ぼす悪影響を知り、別のアプローチを模索。2003年、自宅に2haの畑を開墾し、シラーとヴィオニエをビオロジックで栽培し始めた。翌年、上司がもつサン・ジョゼフ AC の3haの畑（シラーとマルサンヌ）を購入。父はポールが本格的にワイン造りを始めることに反対したが、「ヴィニュロンの家系でない者が、AC の畑を買えるのは、本当にラッキーだ」と説得した。標高450メートル、最高斜度60度の斜面にあるミカシストと花崗岩の畑の葡萄は、いきいきした酸が特徴だ。慣行農法で疲弊していた畑を、時間をかけて健全な状態に戻していった。

転機は、ジョージアとの出会いと共に訪れた。「ある日テレビで、クヴェヴリでワインを仕込む様子を観て、『ワオ』と思った。2か月後に、ジョージアへ行った。言葉は通じなかったが、身振り手振りでコミュニケーションを取った」。そしてフェザン・ティアーズ・ワイナリーを営むアメリカ人のジョン・ワーデマンと知り合い、世界が広がった。

裏庭には、26個の甕が地中に埋められ、試行錯誤を経て、全てのワインを瓶仕込みで造るようになった。ジョージアのクヴェヴリではなく、ティナッハというスペイン製で、より高温の1000度で焼成するため、生地が固く、クヴェヴリのように中に蜜蝋を塗る必要がないため、クリアな味わいに仕上がる。

看板ワインは、〈マドロバ（赤・白）〉。ジョージア語で「ありがとう」の意味だ。ラベルには、甕に入っている男を、女が引っ張りだそうとしている絵が描かれている。男はポール自身だ。ジョージアを最初に訪れたとき、最後の夜にジョン・ワーデマンがパーティーを開いてくれた。ジョージアのパーティーは、10分に1回は誰かが立ち上がって乾杯の音頭を取る。歌あり、踊りありの賑やかなものだ。フランスに戻るのがイヤになったポールは、翌朝、迎えのバスには乗らず、乗る予定の飛行機が離陸するまで甕に隠れていた。数日後に帰国できたのは、またジョージアに戻ってこようと決めたから。この絵には、ジョージアのオマージュと甕でワインを造っていくことの決意が表れている。

ACサン・ジョゼフ・ルージュ2012
AC Saint Joseph Rouge 2012

樹齢40年近いシラーを、3週間マセラシオンして造る看板ワイン。豊かな果実味と深い余韻が持ち味。

DATA

Domaine des Miquetes
輸入取扱：ノンナアンドシディ

ワイン造りのほとんどの仕事は"待つ"こと。
自然なワインは、時間をかけてこそ完成する

ラ・グランド・コリーヌ／大岡弘武
La Grande Colline／Hirotake Ooka

「好きな時間は初夏の午前6時」と語る大岡弘武さん。「畑が静かで、自然をゆっくりと感じられるから」だそう。

ル・カノン・ルージュ
VdF NV 2017
Le Canon Rouge VdF NV 2017

瑞々しい果実味のワインは、仏語で「一杯やろう」の意味。シラーとグルナッシュを毎年違う割合で。

DATA

La Grande Colline
輸入取扱：ヴォルテックス

ル・カノン・ミュスカ・
ダレクサンドリー2017
Le Canon Muscat d'Alexandrie 2017

アルコール発酵後、新たに摘んだアレキサンドリアのジュースを加えて瓶詰め。微炭酸が心地よい辛口。
取扱：ラ・グランド・コリーヌ・ジャポン

日本人のヴィニュロンとして、おそらく初めてフランスで認められたのが、大岡弘武さんだ。ドメーヌ名のラ・グランド・コリーヌは、"大きい岡"のフランス語訳である。

代表的なワイン〈ル・カノン〉（赤、シャルドネ、ヴィオニエ、ロゼがある）は、北ローヌのテロワールを全て取り込んだ、うまみたっぷりの味わい。毎年違った表情を見せてくれるのも、手作りならではである。

日本の大学で化学を学んだ後、"趣味で飲んでいたワインをもっと知りたい、それには造りを学ぶことが一番の近道"と考え、ボルドー大学の醸造学部で学び、醸造栽培上級技術者の国家資格を取得した。

北ローヌでコルナスの巨匠、ティエリー・アルマンに師事した後、2001年にドメーヌを立ち上げた。2006年コルナスに拓いた畑は、森に囲まれ、周囲から孤立した花崗岩土壌の南東向きの急斜面。開墾前から一度も除草剤や殺虫剤に汚染されていない理想的な土地。生物多様性を大事にしながら、自然農法（不耕起）で栽培している（自社畑はサン・ペレーと合わせて3.8ha）。

2017年、大岡さんは、岡山・倉敷市船穂町に拠点を移し、日仏2拠点で、ワインを造り始めた。子供の教育のために、帰国を考えたとき、日本の農業の高齢化や耕作放棄地の問題に気づいたのがきっかけだ。選んだのは、かつての研修生が、有機栽培で葡萄を育てる船穂町。翌年〈ル・カノン・ミュスカ・ダレクサンドリー〉をリリース。ゆくゆくは循環型農業を発展させていきたいと語る。

モダンなテクニックでワインの質は変わらない。
大切なのは、何より健康な土壌

マルセル・リショー
Marcel Richaud

マルセルと娘さんのクレール。「良いワインに必要なものを、自然がすべて与えてくれるわけではない。ただ、自然に造ったワインは、工業製品ではない。アルチザン・プロダクツ（手仕事）だ」。

AC コート・デュ・ローヌ・ヴィラージュ・ケランス・ルージュ・サンスフル 2016
AC Côtes du Rhône Villages Cairanne Rouge Sans Soufre2016

4〜6つの品種をブレンドすることで生まれる複雑さが秀逸。SO2 無添加と微量添加のキュヴェがある。

AC コート・デュ・ローヌ・ルージュ 2017
AC Côtes Buisserons du Rhône Rouge 2017

古木のグルナッシュならではのバランス感、滑らかな質感を楽しめるキュヴェ。SO2 も無添加。

D A T A

Marcel Richaud
輸入取扱：ラシーヌ、サンリバティ、BMO

趣味や嗜好のわからない人のために何かワインを選ぶとしたら、思い浮かぶのはマルセル・リショーの〈ケランヌ赤〉である。チェリーやリコリスの果実味と、白胡椒やクローブなどのハーブ香のコントラストが絶妙で、ボリューム感とフィネスが共存するワインは、だいたいどんな人に贈っても喜んでもらえる。

抜群のバランス感の秘訣は、グルナッシュ、シラー、カリニャン、ムールヴェドルなど様々な品種を、毎年作柄によって比率を変えてブレンドするからだそう。南ローヌはケランヌ村の 55ha の広大な土地に、さまざまな時代の地層、粘土、石灰岩など多様な土壌が存在するリショー家ならではの特権である。

マルセル・リショーが、お父さんから当主を譲られたのは 1974 年、栽培・醸造学校を卒業したての 20 歳の時。それまでは共同組合に葡萄を納めていたが、組合から求められる高収量、機械収穫に反発し、元詰めを始めた。

1995 年頃、ロワールやブルゴーニュのナチュラルワインに衝撃を受けたことで、ワイン造りが変わり、ジュール・ショヴェの後継者ジャック・ネオポールに師事した醸造コンサルタントのヤン・ロエルの勧めでサンスフルのワインも造り始めた。「ピジャージュ、ルモンタージュ、マセラシオン・カルボニック、樽発酵とあらゆることを試したんだ。その結果、モダンなテクニックでは、ワインのクオリティは変わらないと気づいた。大切なのは、低収量、樹齢の古い樹、なにより健康な土壌」という。現在は、娘のクレールと息子のトマの 3 人で、ドメーヌを担っている。

自然の前で、人間はちっぽけな存在。
そのなかで、できるかぎりの仕事をする

ラングロール／エリック・ピフェルリング
L'Anglore／Eric Pffifering

細やかな畑の手入れを怠らないエリック。エチケットのトカゲは、葡萄と同じように「太陽がないと生きていけない」という意味が込められているそう。

AC タヴェル ロゼ 2015
AC Tavel Rose 2015

「おばあちゃんが飲んでいた 50 年前のロゼを復活させたい」との思いが結実。ラングロールの代表作。

キュヴェ・レ・トラヴェルセ VdF 2011
Cuvée les Traverses VdF 2011

シラーとムールヴェドルのブレンド。すーっとのどを通るのに、心地よい余韻が続くエリック味！

D A T A

L'Anglore
輸入取扱：BMO

　ロゼにはあまりそそられない方なのだが、ラングロールの〈タヴェル・ロゼ〉は別格である。色は"薄い赤"より十分濃く、ノンフィルターならではの葡萄のエキスを映した美しい濁り加減、チェリー、プラム、菫、薔薇などの香りが爆発しそうに充満している。きれいな酸味と滑らかなのどごし。グルナッシュを主体にサンソー、クレレット・ブランシュなど南ローヌの地品種のブレンドによるボリューム感はあるものの、どこかプールサールやガメイに通じる透明感も覗き、通常のロゼ観をくつがえす存在感に満ちている。

　当主のエリック・ピフェルリングが、タヴェルの 7ha の畑で、ワイン造りを始めたのは 2001 年。もと養蜂家で、副業として葡萄を育て共同組合に売っていたが、友人のレ・フラール・ルージュ＊のジャン・フランソワ・ニックの影響で、ナチュラルワインに興味を持ったそう。葡萄を育てることと、養蜂の仕事は、共通点があるとエリックは考える。

　「自然の前では人間はちっぽけな存在で、自然を受け入れることこそが農業。そのうえでできる限りの努力をするのが我々の仕事」

　樹齢115年のグルナッシュを筆頭にほとんどが古木なうえに、ぎりぎりまで葡萄の糖度が上がるのを待って収穫するから、生産量は極めて少なく、多くのファンがリリースを心待ちにしている。ラズベリーにクローヴやシナモンのスパイスが香る〈テール・ドンブレ〉、古木のグルナッシュで造る日本限定の〈ニュル・パール・アイユール〉など、ジューシーで艶のある果実味がヤミツキになる赤もぜひ。

5代前から完全ケミカルフリー。
父と娘のほのぼのコラボ・ドメーヌ

シャトー・ラ・カノルグ
Château La Canorgue

ジャン・ピエールと娘のナタリー。ナタリーは「世界を旅して、いろいろな人と会い、特別な体験をしたい」と、ジャーナリスト志望だったが、ワイン造りに関わって、すべてが実現したと言う。

ラッセル・クロウ主演で注目された映画『プロヴァンスの贈りもの』(2006) の舞台となった、コート・デュ・ローヌ最南端ボニュー村に古くからあるドメーヌ。原作者のピーター・メイルが、昔からここのワインのファンだそうだ。

当主ジャン・ピエール（以下 JP）は、葡萄農家の5代目にあたる妻のドメーヌを引き継ぎ、2001 年から娘のナタリーが家業に加わった。

開園以来一貫して自然農法を行っているのは、はからずも JP の義父が若くして他界し、化学薬品全盛期の 1960 年代は、休耕していたためだそう。ドメーヌを引き継いだ JP は、醸造学校で習った慣行農法に常々疑問を感じており、周囲の人たちからは変人扱いされながらも、正しいと思うことに賭けてみた。栽培面積は 42ha と広いが、全てが敷地内にあるので十分に手がかけられる。畑は森に守られ、ローマ時代からの天然の湧水はモルガン家の宝もので、畑はやがて命を吹き返した。

1979 年生まれのナタリーは、国際ジャーナリストを目指してアメリカに留学するなかで、自分のルーツを見直し、ヴィニュロンになる決意を固めた。その後オーストラリアで学び、白とロゼワインの収穫にはナイトピッキングを導入しているが、基本的には、昔ながらの方法がおいしいワインへの道だと話す。

マセラシオン・カルボニックで発酵させたシラーの弾むような果実味が楽しい〈ペレ・フロッグ〉、古木のシラーとグルナッシュのしっとりした質感が心地よい〈コアン・ペルデュ〉など、父と娘がコラボするワインは、どれも肩の力の抜けたやさしい味わいだ。

ACリュベロン・シャトー・カノルグ・ブラン2010
AC Luberon Chateau Canorgue Blanc 2010

クラレット、ブールブラン、ルーサンヌ、マルサンヌをブレンド。柑橘にハーブ香が交じりグッドバランス。

ACリュベロン・シャトー・カノルグ・ルージュ2009
AC Luberon Chateau Canorgue Rouge 2009

シラー7割に、グルナッシュとカリニャンを。ふくよかで厚みがあるのに、喉ごしすっきりで飲みやすい。

D A T A

Château La Canorgue
輸入取扱：ル・ヴァン・ナチュール

葡萄と天使のラベルが語る、
ポエティックな味わい

ル・レザン・エ・ランジュ／アントナン・アゾーニ
SARL Le Raisin et l'Ange ／ Antonin Azzoni

　パリ郊外で生まれたジル・アゾーニは、マコンの栽培・醸造学校を卒業すると、ポマール、ヴォルネ、バンドールなど様々な産地で働いた後、アルデッシュ地方の山間の村、レ・サルレの自然に惹かれて、ここでワイン造りを始めた。最初に職を得たのが、ロベール・ドゥトルというドメーヌで、オーナーを大変尊敬しているジルは、敬意を込めて〈オマージュ・ア・ロベール〉という透明感と滋味深さを併せ持つキュヴェを造っている。

　2015年、ドメーヌは、ジルの息子で、オーストラリアで修業したアントナンに譲られた。アントナンは、「アルデッシュ全体の有機栽培の意識を高めたい」という考えから、シラーの畑1ha（天然水の湧く井戸がある）を残し、後は売却、買い葡萄でワインを造るネゴシアンを兼ねることになったが、フィロソフィーは変わらないという。セミリタイヤしたジルは、〈ル・バトラー（魔術師）〉というシリーズで少量のワインを造っている。

ル・レザン・エ・ランジュ・
ブラン VdF2017
Le Raisin et l'Ange Brán
VdF2017

毎年ブレンド比率は変わるが、2012年は、メルロとグルナッシュ主体。チャーミングな香りいっぱい。

ル・レザン・エ・ランジュ・
ファーブル VdF2016
Le Raisin et l'Ange
Fable VdF2016

シラー、グルナッシュ主体。軽やかな味わいは、ヴィニュロンたちのデイリーワインとしても人気とか。

DATA

SARL Le Raisin et l'Ange
輸入取扱：ラシーヌ

ネオポールの哲学を受け継ぎ、
10年かけて理想のワインに到達

ル・マゼル／ジェラール・ウストリック
Le Mazel ／ Gérald Oustric

　コート・デュ・ローヌ南部の山間の村、ヴァルヴィニエールのジェラール・ウストリックは、天才コンサルタント、ジャック・ネオポールの哲学を忠実に受け継ぐ造り手だ。

　ウストリック家では、減農薬で栽培した品質のよい葡萄を共同組合に納めていたが、1984年に家業に加わったジェラールはそれらのワインがおいしくないことを疑問に思っていた。2年後の1986年、知人の紹介で、マルセル・ラピエール＊、そしてジャック・ネオポールと出合い、彼らが化学薬品に頼らずともすばらしいワインを造っていることに衝撃を受け、直々にアドバイスを受けながら10年を費やしてSO_2無添加のワインに成功したという。自然な発酵のためにセラーの衛生管理に心を砕き、15度以下の低温で発酵、長期熟成させることで、芳醇なアロマを引き出している。

　「ワインにとってテロワールは父、葡萄品種は母、そしてミレジムは運命」と語るジェラール。そのワインはワイルドでチャーミング。

キュヴェ・ラルマンド VdF
Cuvée Larmande VdF

シラー100％。6〜12度という低温で、約1年半と発酵させることで引き出した、エキスがじんわり。

キュヴェ・ミアス VdF2009
Cuvée Mias VdF2009

葡萄はヴィオニエ。発酵に2年、熟成に1年かけて、ボリューム感ある果実味と、滑らかな喉ごしを。

DATA

Le Mazel
輸入取扱：ヴォルテックス

妻が受け継いだ中世のカーヴで造るスペシャルなガメイとシラー

ドメーヌ・ロマノー・デストゥゼ
Domaine Romaneaux-Destezet

　当主エルヴェ・スオーが造る〈スーティロンヌ〉は、北ローヌのサン・ジョゼフには珍しくガメイ100％。淡い透明感と美しい酸味、柔らかいテクスチャーのスペシャル感は、樹齢80年の古木葡萄ならではのテイストである。

　樹齢の高い葡萄は、貴族出身である妻のベアトリスが、16世紀に建てられたセラー付きの屋敷と一緒に先祖から譲り受けたものだ。

　一方エルヴェはパリ生まれ。化学を専攻する学生だったときに、ワインの成り立ちに興味を惹かれ、コルナスの大御所、ティエリー・アルマン＊のもとで修業。友人のルネ・ジャン・ダール＊のドメーヌでも働いた後、1993年に、屋敷のまわりの5haの畑の葡萄からワインを造り始めた。化学薬品に頼らず、低温でゆっくり発酵させることが、葡萄本来の味を引き出す秘訣だそう。

　シラー100％の〈アルデッシュ・サンテピーヌ〉は、前出のガメイに、さらに脹長けた貴婦人のごとき魅力が加わったトップキュヴェ。

ドメーヌ・ロマノー・デストゥゼ・ブラン VdF2017
Domaine Romaneaux-Destezet Blanc VdF2017

ヴィオニエ70％、ルーサンヌ30％で造るドメーヌの定番。白桃の華やかな香りと穏やかな酸味が特徴。

ドメーヌ・ロマノー・デストゥゼ・シラー VdF2016
Domaine Romaneaux Destezet Syrah VdF2016

花崗岩土壌で育った葡萄を木樽で発酵、8カ月シュールリー熟成。フィネスな味わい。

DATA

Domaine Romaneaux-Destezet
輸入取扱：ディオニー

コルナスの価値を世界に示した、パッションと信念と努力の人

ティエリー・アルマン
Thierry Allemand

　北ローヌの巨匠と呼ばれ、フランス中の生産者から尊敬を集めるティエリー・アルマン。

　ヴィニュロンではないけれど、葡萄畑に囲まれて育った彼は、ワイン造りに興味をもち、高校を卒業するとすぐに大手ロベール・ミシェルのもとで働き始めた。ローヌ一帯の広い畑を管理するこの会社で栽培を担当するうちに、あらゆるタイプの斜面の畑の成り立ちが頭に入ったことは、自分の財産だという。「当主のジョゼフからは、仕事だけでなくパッションを学んだ」と『The wine of Northern Rhone』という本の中で語っている。1982年に1.5haの畑を入手、仕事の空き時間を利用して、ほぼ寝る暇なしで自分のワインを造り始めた。専業になったのは10年後のことだ。

　高いポテンシャルがありながら、耕作放棄されていた急斜面の畑のシラーに注力し、丁寧に育てることで、複雑味とバランス感を引き出すことに成功したティエリー・アルマン。コルナスの評価を世界的に高めた人である。

AC コルナス・シャイヨ 2014
AC Cornas Chaillot 2014

コルナスで最も優れたワインを生み出す区画のひとつシャイヨ。力強い凝縮感と気品に満ちている。

ACコルナスレイナール2012
AC Cornas Reynard 2012

コルナスにある最上の区画、収量わずか20～30hℓ/haのシラーの究極の凝縮感を堪能されたし。
＊説明は現行ヴィンテージのもの

DATA

Thierry Allemand
輸入取扱：ラシーヌ

シラーはフェミニンな品種。
概念に捕らわれず飲みやすく

ルネ＝ジャン・ダール・エ・フランソワ・リボ
René-Jean Dard et François Ribo

　ボーヌの醸造学校で出合った、北ローヌ出身のルネ＝ジャン・ダールとフランソワ・リボが、1984年ルネ＝ジャンの亡父が残した小さな畑から始めたコラボ・ドメーヌ。

　2012年来日したルネ＝ジャンは、目指すワインの味わいを「nomiyasui（飲みやすい）」と日本語で言った（元・妻が日本人）。「醸造学校で習ったワインはまずかった。1983年にマルセル・ラピエール*、ピエール・オヴェルノワ*と出会ってわかったのは昔の方法に戻ること。概念に捕らわれず自分の飲みたいものを造る。私が考えるのはそれだけ」

　ローヌ川右岸のサン・ジョセフ、サン・ペレイ、右岸のクローズ・エルミタージュを中心に合計8.5haの畑を所有する。「シラーは本来フェミニン」という彼らのワインは、年を追うごとに繊細さが増している。「日本に来て、我々のワインが和食に合うと気づいた。繊細な和食と合わせると、ワインがシミック（化学的）かどうかすぐわかるね」

ルネ＝ジャン・ダール

エルヴェ・スオー
（ドメーヌ・ロマノー・
ディストゼ）（P123）

ティエリー・アルマン（P123）

AC クローズ・エルミタージュ・
ルージュ 2013
AC Crozes Hermitage Rouge 2013
凝縮した果実味としなやかな飲み心地のバランスが秀逸なスタンダードキュヴェ。

AC クローズ・エルミタージュ・
ルージュ・セ・ル・プランタン 2008
AC Crozes Hermitage Rouge C'
est le Printemps 2008
フレッシュで滑らかな果実味の葡萄が得られる区画を選び、より軽快に楽しめるように醸造したキュヴェ。

D A T A

René-Jean Dard et François Ribo
輸入取扱：野村ユニゾン

「ナチュラルワインの魅力を語る」

ナチュラルワインを伝え、広めることに尽力する
フェスティヴァンの飲食店・酒販店チームからのひと言。

Message from Restaurants & Bars

チームフェスティヴァン
レストラン、バーからのメッセージ 4

江上昌伸

エーテルヴァイン、デュブリー〔京都〕店主

ナチュラルワインとの出会いは、ダール・エ・リボ＊の〈エルミタージュ1996〉。今でも味を覚えています。大学卒業後、商社を経て酒販店に勤めている頃でした。「おいしい」の先にある、心を揺さぶられる感じ。そこから旅が始まったのかな？ ところが、ワイン仲間の集まりに、フランク・コーネリッセン＊の〈コンタディーノ1〉を持参したところ、ブーイングの嵐。「え、これに感動しないの！」と、2006年、半ば使命感で、小さな店を開いたんです。市場を広げようと、ソムリエさんたちにどんどん紹介したら「自分はおいしいと思うが、人には薦められない」というネガティヴな反応。一方で、遠くから来店してくれる消費者の方たちには、「どこで、こういうワインが飲めるんですか？」と聞かれる。それでもっと人が来てくれるようにと、今の店が生まれました。イメージは、ワインのストーリーを伝える図書館です。この頃から、ワインを取り巻く流れが

変わった。ずっと孤独だったのですが（笑）、他の町に仲間ができて、京都も追いつきたいと思うようになりました。

ナチュラルワインは、知れば知るほど深い。手を加えるほどメッセージやパッションがこめられそうなものですが、実はそうではなくて、「手を引いて見守る」という選択をしたとたんに個性が宿る。造り手の、その決断の過程をよく考えます。こうした妄想（？）を深くかき立ててくれるワインが好きです。

2018年秋に、ワインショップのすぐ近くに、レストランを開きました。日本家屋で2階に和室ふたつとシャワールームがあるんです。ワイン生産者を訪問すると、よく家に泊めてもらっていたので、こちらも何かできることないかと思っていたら急に物件を紹介されて。妄想ばかりしていると、こういうことも起きるんですね！最初のゲストは、セバスチャン・リフォー＊でした。

岡田幸子

Yaogu／ヤオク〔神田〕ソムリエ

3年半のパリ暮らしは、ビストロノミーの先駆け「ル・シャトーブリアン」に勤めていました。ティエリー・ピュズラ＊やラングロール＊の地元勢に加え、パーネヴィーノ＊やヴォドピーヴェッツ＊（伊）、ルーシー・マルゴ＊（豪）などのワイン会をしょっちゅう開いていました。生産者と直にふれあいながら、体でナチュラルワインを吸収したのは財産です。なんといって

も造った人の"色"を感じる自由な個性は、他のワインにはない魅力。もちろん"薄旨系"もよいのですが、心底惹かれるのは、奥に秘めたウマミのあるワイン。最近だとヴェルリッチ＊や、ミラン・ネスタレッツ＊。生産量が少ないので売り時が難しいのですが、よいタイミングで提供していきたいです。

自然なワイン造りは、マインド・セラピー。
ひとつひとつの過程が、自分自身について学ぶこと

ドメーヌ・ドゥ・ロクタヴァン
Domaine de l'Octavin

アリス・ブヴォが営むドメーヌは、2人だけで作業を行える広さを守っている。「ワインは口に含んだとたんにエモーションを伝え、ストーリーを語る。自然なワイン造りは、仕事というより、人生そのもの」。

　ブルゴーニュのコート・ドールからソーヌ川沿いの平野を抜けてジュラ地方へ向かう。アリス・ブヴォが営むドメーヌ・ドゥ・ロクタヴァンのあるアルボワの街に入ると、石畳を激しく打ち付けるように雨が降り出した。畑に行くのは無理かと思っていると、ドメーヌに着く頃にはからりと晴れ上がり、それではと、アリスの案内で畑に着くと再びの豪雨。豹変する天気に驚く私たちに、地元民は、「典型的なジュラ日和にようこそ」と笑った。

　コート・ドールが長い台地が続く凸の世界なら、こちらは小さな起伏と谷が連なり、いくつもの微気候が形成される凹の連続。パリよりもスイスのローザンヌに近いアルプス山脈のふもとにあるジュラ地方は、その名のとおり、ジュラ紀の地層が残ることで知られている。なかでも特徴的なのは、マルヌブルーという泥灰岩で、約1億9500万年前のライアス期（ジュラ紀前期）のものだそう。

　アリスが大切にする、プールサールとトゥルソーのふたつの固有品種（赤）は、この土壌があってこそ独特の個性が生まれるそうだ。英国のマスター・オブ・ワインのジャンシス・ロビンソンが、プールサールを"ビロードの手袋"、トゥルソーを"鉄の拳"と例えているように、前者は色淡く味わい柔らか、後者はしっかりした骨格と、異なる個性をもつが、アリスは、どちらの品種も色の抽出よりマセレーション（醸し）による風味の抽出に重きをおいて、ピノ・ノワールに通じる透明感と凛とした凝縮感のあるワインに仕上げている。

　とくにプールサールは、その色の薄さからロゼに仕立てられることが多いのだが、〈キュロン〉、〈ドラベッラ〉のふたつのキュヴェは、いずれもしっかりした葡萄のエキスの主張

ピノ・ノワールとサヴァニャンが植えられた畑。

があり、単なるヴァン・ド・ソワフでない彼らのスタイルがある。ちなみに〈キュロン Cul Rond〉は、En Curon の畑のプールサール 100％だが、ワイン名は同じ発音の「丸いおしり」という意味。〈ドラベッラ〉は、モーツァルトのオペラ『コジ・ファン・トゥッテ』に登場する姉妹の妹の名前。クラシック音楽とアートが好きなふたりの遊び心あふれるワイン名の効果もあって、ロクタヴァンは全国のワインバーやビストロで引っ張りだこの人気である。

　目から鼻に抜けるような聡明なアリス・ブヴォが元・夫のシャルル・ダガンと共にロクタヴァンを立ち上げたのは2006 年のことである（現在、シャルルはロクタヴァンを離れ、同じくジュラでワイン造りに携わっている）。

　ジュラはふたりの故郷だが、住み慣れた土地だからではなく、他のどの地域よりも土壌の多様性が優れているという理由から、ここでワイン造りをすることを選んだという。

　アリスは、ボルドー大学で栽培、ディジョン大学で醸造の学位（ディプロム）を取得したが、「学校で醸造学は学んだものの、自分が本当はどんなワインを造りたいのか、ついにわからなかった」と、いろいろなワインの個性を産む土地を見るために、カリフォルニアのパイン・リッジ、チリのエラスリスをはじめ新世界のワイナリーを中心に研修を積んだ。3 年間、外の世界を見た後で、一生を掛けてワインを造りたいと思ったのは故郷のジュラだったのだ。

　コート・デュ・ジュラ AOC のシャトー・ド・ベタニーに管理職として採用され、そこで出合ったのが醸造責任者のシャルル。彼は、ワイン商の家に育ち、子供の頃から父とともにワインのテイスティングをしており、ボーヌの職業・栽

AC アルボワ・ドラベッラ
AC Arbois Dorabella

樹齢 40 年のプールサール100％。淡い色調と透明感のある味わいのなかに、いちごやすみれの花の香りが、淑やかに主張する。もうひとつのプールサールのキュヴェ〈キュロン〉よりもライトなテイスト。

培醸造学校で学び、エノログの国家資格を取得した。

　やがてふたりは結婚し、ワイン造りのすべてを自分たちだけで行いたいと、2005 年に最初の葡萄を植え、2006 年にセラーを買って醸造を始めた。徐々に畑を買い足すとともに、2006 年にラ・マイヨッシュ（1ha）、アン・キュロン（0.6ha）のふたつの区画で有機栽培を始め、2007 年にエコセール、2008 年にはビオディナミに挑戦し、デメテールの認証を取得した。現在は約 5 ha の畑で、ビオディナミとビオロジックを併用して栽培を行っている。ふたりだけで作業を行うには、この広さがマックスと考えた。

　トゥルソー、プールサール以外に、赤はピノ・ノワール、白はサヴァニャンとシャルドネを栽培。ワイン名は、前述の〈キュロン〉、〈ドラベッラ〉以外も、アリスが好きなモーツァルトのオペラの登場人物か、ユニークな言葉遊びで、シャルドネ 100％のクレマン・ド・ジュラは〈パパゲーノ〉。トゥルソー 100％の〈レ・コルヴェ〉は"苦役"。バケツをもった農夫の隣に穴が空いている絵が描かれている（ぜひラベルを参照されたし）。フランス語でトゥルは穴、ソゥはバケツの意味だ。コメントの「Boire du Trousseau n'est jamais une corvée」とは「（畑仕事は大変だけど）、このトゥルソーを飲むことは決してつらいことでない」という意味。栽培、醸造のみならずワイン全体をプロデュースすることを心底楽しんでいる。

　アリスに、なぜワインを造りたいと思ったのかと尋ねたことがある。即座に「オブセッション」という答えが返ってきた。育った家庭はワインとは無縁だったが、「自然に耳を傾けたいと思い、農業に興味をもった。そして、いつしかただの農作物ではなくアートとしての美しさ、完成度をもったワイン造りに惹かれていた」と話していた。

AC クレマン・ド・ジュラ・キュヴェ・パパゲーノ
AC Crémant du Jura Cuvée Papageno

シャルドネ 100％。瑞々しい酸味を得るために早めに、毎年一番最初に収穫するそう。クリーミーな泡とキレのよい後味が。

AC アルボワ・パミーナ
AC Arbois Pamina

シャルドネのフェミニンでエレガントな個性を出すため、除梗してから圧搾。シュール・リーの複雑さもあり、飲み応え十分。

AC アルボワ・レンヌ・ド・ラ・ニュイ
AC Arbois Réne de la Nuit

サヴァニャンとシャルドネをブレンド。ワイン名は、モーツァルトのオペラ『魔笛』のキャラクター、夜の女王から。

AC アルボワ・ゼルリーナ
AC Arbois Zerlina

アン・キュロンの区画のピノ・ノワールとトゥルソーを混醸。ワイン名は、『ドン・ジョヴァンニ』のコケットな村娘。

写真右が、ボジョレで買った除梗用の大きなざる。これで優しく梗を除く。

アリスはエノログの資格をもちながら、畑では糖度計より自分の舌を信用している。

「葡萄を適地に植えること、畑のなかのエコシステムのバランスを取ることが何より大切。ビオディナミは土地のバランスを助けてくれる。私たちがいちばん重要視するのは葡萄がハッピーかどうか。食べてハッピーな味がすればハッピーなワインになる」

醸造においては、毎年なにか新しいことをしようとしているため、キュヴェはどんどん増えて現在 15 ～ 18 種類。たとえば、と試飲させてくれたのはファイバータンクでいまだ発酵中のウルトラロングマセレーション中の〈ピノ・ノワール 2012〉（2013 年 6 月中旬の時点で 9 か月経過）。ボジョレで買ったという目の粗い竹のざるのような道具で、やさしく除梗した葡萄の上に、全体の 10% に当たる量の果梗付きの葡萄が載っている。オーヴェルニュ地方のラ・ボエムの当主パトリック・ブージュがやっているのをフェイスブックで見て挑戦し始めたそうだ。葡萄の粒のなかでマセラシオン・カルボニックが起こるので、ワインにフルーティかつしっかりした骨格が生まれるそうだ。たしかにいちごのはじけるような果実味と、エキス分が凝縮した奥行きがあり、シルキーなのどごしが心地よい。

2009 年からは、クレマン以外は SO₂ を添加していない。

「学校に通って勉強して試験に受かれば栽培と醸造のディプロマは取得できるけれど、ワインが感動を与えるものだということは教えてくれない。私にとって自然なワイン造りは、マインド・セラピー。ワインを造るひとつひとつの過程が、自分自身について学ぶことだと気づいた」とアリスは話す。発酵に必要な酵母も酵素もすでに葡萄のなかにあるように、ワインを造るノウハウもすでに造り手の中にある。それが醸

夕刻になると、友人たちが集まってきて、ワインを飲みながらの楽しい時間が始まる。

造の過程で引き出されていくことは、なるほど、心の気づきをうながすメディテーションに近いのかもしれない。

「造り手にとって、ボスは自然。ビオディナミを始めた2008年の収穫前に雹が畑を直撃したときは、泣きそうになった。1年の仕事が突然にして消えてしまうかと思った。自分がこれまで体験したなかの最悪の悲劇。なんとか調剤を使って対応したが、収穫量は激減。でもそれをも謙虚に受け入れていかなければならないと腹をくくった。しかし自然は偉大だった。その後、葡萄自体の免疫力が上がり、内面が強くなったのか、病害には強くなったのだから」

アリスにとってワイン造りは、仕事ではなく人生そのもの。どんどん自分の内側に入っていくことで、ワインが深みを増していく。ワインには、葡萄だけではなく造り手の悲喜こもごもがつめこまれて、醸成されていくのだろう。

新しい人生を歩み始めてから、ワインはより研ぎ澄まされた魅力を放つようになった（気がする）。

D A T A

Domaine de l' Octavin
http://www.opusvinum.fr
輸入取扱：W

造りたいのは、自己主張するワインでなく、
楽しくて、ついもう一杯飲みたくなるもの

フィリップ・ボールナール
Philippe Bornard

音楽とアートを愛するフィリップ。ギターを奏でる姿はロックスターのようであり、そして、本当は彫刻家になりたかったとも語る、多彩な人だ。

ペティアン・ナチュレル
トルシペット 2016
Pétillant Naturel 'Troussipet' VdF2016

トルソー 100%。ナシのコンポートや黄色いバラの甘やかな香り。フレッシュ＆フルーティーで泡の広がりもよく、白桃のような果実味をシャープな酸とミネラルが引き締める。

橙色の狐が葡萄を狙うラベルが印象的なフィリップ・ボールナール。フランス語でルナールは狐、ボーは「美しい」の意味で、よく見ると白ワインは狐が右、赤ワインは狐が左と凝っている。赤色は左派思想の象徴で、ラベルのなかに遊び心と反逆精神が、ユーモラスに表現されている。

「偉大なワインとは、テーブルの上で存在を主張するのではなく、飲んで楽しく、ついもう1杯飲みたくなるもの」というフィリップは、ワイン造りだけでなく、人生を心底楽しむ人。

2012年に来日した時に輸入元が主催したイベントで得意のギターをノリノリで披露する様子は、往年のロック歌手のようだった。

フィリップがドメーヌを立ち上げたのは、2005年、49歳のときと遅いスタートだった。

ボールナール家は、スイスとの国境近く、ジュラのプピヤン村に16世紀から続く名家で、地下にセラーのある堂々たる屋敷は1584年に建てられたもの。代々12.5haの畑で育てた葡萄でワインを造り協同組合に販売しており、フィリップも15歳の時から家業を手伝っていた。家族は彼がエンジニアになることを望んだそうだが、ワイン造りこそ天職と、高校を卒業すると協同組合に就職し、醸造長のポストにまで出世した。勤めのかた

地下セラーはテイスティングルームに続く。いつも誰かしら友人が訪れてにぎやか。

わら、自分でも葡萄を育て自家消費用のワインを造っていたが、それを飲んでフィリップの才能に気づいたのが、祖父の親友だったナチュラルワイン界の巨匠、ピエール・オヴェルノワ*。ピエールの薦めでドメーヌを立ち上げることを決意したフィリップは、たたき上げの自分とは違い、ブルゴーニュの醸造学校を卒業し、オーストラリア〜カリフォルニアで最新技術を学ぶ息子トニーの帰国を待ち、一緒にワインを造ろうと楽しみにしていたら、息子はネゴシアンの仕事がしたいと家を出てしまい、やむなくひとりでやることに。そんな落語みたいな話も、浮き世離れのした旦那気質のフィリップならば、いかにも起こりそうだ。しかし、人生塞翁が馬。その後、トニーは戻ってきて、父のドメーヌを手伝いながら、2013年に自身のドメーヌ〈トニー・ボールナール〉を立ち上げた。

さて、フィリップがピエール・オヴェルノワだけでなく、マルセル・ラピエール*、フィリップ・パカレ*などとの交流から、独自のスタイルを確立するのに時間はかからなかった。

畑は、ジュラ山塊の標高450mの斜面にあり、黒葡萄は日当たりのよい南面に、白葡萄は酸味を保持するべく北東向きに植えられて

いる。深い谷が南東に向いているため、冬も暖気が保たれるそうだ。栽培は一部ビオディナミを取り入れたビオロジックで、葡萄本来の個性をワインに映すためには完熟させるのが必要という考えのフィリップの収穫は、地域の誰よりも遅い。

ワインはドメーヌ名同様、遊び心あふれるかけことばの名前が付いている。はつらつとした果実味とピュアな透明感を楽しむプールサールの〈ポワン・バール〉は、「。（句点）、以上！」、つまりプールサールそのものという意味。一方「ラ・シャマード」は、「心臓がどきどきするほどすごい」という意味で、樹齢50年の古木による凝縮感を楽しむタイプ。

ペティヤン・ナチュレル（ペットナット）も、毎年様々な試みが。〈トルシペット2016〉は、黒葡萄のトゥルソーで造るブラン・ド・ブラン。トゥルソーの"トゥル"とペットナットの"ペット"、かつ発泡を「おならをする（Peter）に掛けている。〈タンミュー2015〉は、プールサールで造る、限りなく赤に近いロゼ。4日間のマセランインと上品なタンニンを引き出している。久々に豊作だったことを感謝して「それはよかった」という名前に。

ACアルボワ・プピヤン
ラ・シャマード2015
AC Arbois Pupillin La chamade 2015

樹齢約50年の古木で、通常のプールサールより色が濃いことから、この名に。スパイシーで、ボリューム感があり、余韻が長い。

ACアルボワ・プピヤンヴァン・
ジョーヌ2008
AC Arbois Pupillin Vin Jaune 2008

葡萄そのものの味わいを追求すべく、長いマセラシオンでじっくりエキスを引き出した。まさにThat's it！の言葉がぴったり。

ダイニングルームには大きな暖炉が。ここで自ら肉を焼いてふるまってくれた。良い素材をシンプルに調理したおいしさは、ボールナールのワインにも通じる。

DATA

Philippe Bornard
輸入取扱：ヴァンクゥール

生き生きしたワインこそ長熟する。
だから葡萄から命を奪うSO₂を排除する

メゾン・ピエール・オヴェルノワ＆エマニュエル・ウイヨン

Meison Pierre Overnoy & Emmanuel Houillon

現在、ワイン造りは後継者のエマニュエル・ウイヨンにほぼ任せ、パンを作ることに情熱を傾けているピエール・オヴェルノワ。「パンもワインと同様、奥が深い」と語る。

ACアルボワ・
プピヤン・プールサール 2011
AC Arbois Pupillin Ploussard 2011

標高 200 ～ 320 メートルの4つの区画のプールサールから。ジュラが誇るナチュラルワインの最高峰。

ピエール・オヴェルノワのアルヴォワ・プピヤン（赤）を初めて飲んだのは 12 ～ 13 年前だろうか。色は薄いが、熟した苺のプチプチした果実の香りに、上気した肌から匂うばらの香水のような、6 月の湿気のある夜のジャスミンの花のような妖しさが交じり、トロリと喉に落ちる質感があった。様々な微生物が活発に動くことにより、うま味と共にオイリーな口当たりが生まれるそうだが、それは、オイリーを通り越してグリセリンのような絶対量をもつ質感があった。ジュラの地葡萄プールサールがもつ全ての魅力を凝縮したワインは、飲み物を超えた崇高なアートのようだ。造り手本人もまた、全てのエゴから解脱したような佇まいで、「ナチュラルワインのレジェンド」というべきオーラを放っていた。

正確にいうとワインを造っているのは、後継者のエマニュエル・ウイヨンだ。1989 年、14 歳の時からピエールと共に働いてきた彼は、2001 年に栽培と醸造を引き継いだ。第一線を退いたといってもワイン造りはピエールにとって人生そのものだから、畑にも出れば、エマニュエルと一緒にテイスティングもする。

「趣味でやっていたパン作りのほうに情熱が傾いてしまっていてね。小麦の品種を選び、液種を起こして作るパンは、ワイン同

「植樹する際に、専門家に調査してもらったがそれよりもこの土地に昔からいる農家の人たちの知識が勝っていた」と語る。

様、発酵食品であり、フランスの食文化の象徴だからね」と、パンをこねる時間をさいて畑に案内してくれた。シャルドネの植わる南東向きの石灰粘土質にマルス・ブルーが混じる斜面の畑は、ゴッドマザー（名付け親）から受け継いだものだそう。オヴェルノワ家は、おじいさんの代にアイルランドから渡ってきた移民で、もともとは O'Vernoy という典型的なアイルランド名だったのをフランス名にして農業を始めた。4.8ha の広さに拡大し、ワイン専業にしたのはピエールだ。ボーヌの栽培・醸造学校に入学したが、近代技術を習って造ったワインは、おじいさんが造ったものより不味かったから学校は早々に辞めた。1970 年代後半にジュール・ショヴェ（P27 参照）との出会いがあり「生き生きしたワインこそ長期熟成する、そのためには葡萄から命を奪う SO_2 を排除したい」と、サンスフルのワインを造り始め、1984 年にようやく納得のいくものができたという。

サンスフルで健全なワインを造るには、全ての作業を徹底的に正確に忍耐強く行うことだとピエールは語る。その第一歩は、マサルセレクション（優秀な樹を選抜して穂木を作る）。「苗木屋に任せていたのでは個々の畑に合わせた葡萄の樹を育てることはできない」。

葡萄は未熟も過熟もダメで的確なタイミングで摘む。醸造は、自分の都合でなく葡萄の様子に合わせること。その時々で判断するから、年によりやり方は変わって当然。だが、清澄と濾過はせず、澱と共に長く置き、瓶熟にたっぷり時間をかけるのは毎年変わらない。

エマニュエルがどんな経緯で、ピエールのもとに来たのかといえば、ピエールの友達だった叔父さんに連れられて遊びに来て畑仕事を手伝ったとき、その楽しさに魅了されたから。学校の勉強は嫌いだったが、ワイン造りのセンスは光っていた。醸造学校に行くには行ったが、ピエールから教わることの方が多く、ふたりはよいパートナーになった。独身のピエールにとっては、エマニュエルと妻のアン、4 人の子供たちは、家族同然だ。

「そろそろパン作りに戻ろうかな。エマニュエルの家族は大食いだから、たくさん作らないと。パン作りは楽しいよ。今度いらしたときは、一緒に作りましょう」と言って、前日に作った田舎パンをもたせてくれた。アゴが疲れるほど固いパンだったが、噛むほどにうま味が広がり、翌日も、翌々日もおいしかった。

最後に好きな造り手を尋ねると「たくさんいるが、若手ならエティエンヌ・ティボー。ワインもいいし、人柄もいい」と答えた。

ACアルボワ・プピヤン・シャルドネ2007
AC Arbois Pupillin Chardonnay 2007

粘土石灰質土壌のシャルドネ100%。柑橘、白い花、蜜、スパイスなどの香りのバスケット。やさしく柔らく夢のような飲み心地。

ACアルボワ・ヴァン・ジョーヌ1999
AC Arbois PupillinVin Jaune 1999

6 年間、補酒することなく酸化熟成させることで、産膜酵母が発生、えもいわれぬ香りが生まれた、ジュラ人の魂ともいえるワイン。

ピエールとエマニュエルの妻のアン。ピエールは取材が終わると、パンを焼きに工房へと戻った。

D A T A

Maison Pierre Overnoy & Emmanuel Houillon
輸入取扱：ヴォルテックス、ル・ヴァン・ナチュール、
　　　　 野村ユニソン

あえて選んだけわしい土地で、
地品種の可能性に挑む若手のホープ

ジャン＝イヴ・ペロン
Jean-Yves Péron

「私は認証はいらない。認証は生産者と消費者のリンクをカットする。飲む人が自分で自由に選んで欲しい」と語るジャン＝イヴ。

IGPヴァン・デ・ザロブロージュ コート・プレ 2013
IGP Vin des Allobroges-Côte Pelée 2013

モンドゥーズならではのピュアな果実味に、ローズマリーなどのハーブや、丁字、肉桂などのオリエンタルなスパイスの香りも見え隠れする。チャーミングでエレガントなワイン。

数年前から私の好きな品種リストに加わったのがサヴォワの地場品種だ。ジャン＝イヴ・ペロンが造るモンドゥーズ（赤）の〈コート・プレ〉は、フレッシュな苺の瑞々しい果実味と透明感が、どこかピノ・ノワールに通じる香味がある。ジャケール（白）の〈コティヨン・デ・ダム〉は、色はほぼオレンジ。酸化のニュアンスが飲み手を選ぶとは思うけれど、葡萄を皮ごとマセラシオン（醸し）することで出るうま味がずしんと響く。どちらも冷涼な産地らしいきれいな酸味が特徴だ。

造り手は木訥な田舎のヴィニュロンかと思いきや、パリ生まれ、ボルドー大学卒という（主席との噂）。サヴォワの山奥でワイン造りを始めたのは、母方の祖父母の別荘があり、小さい頃からなじみがあるという以上に、地品種の可能性に挑戦したかったからだ。

ジャン＝イヴと待ち合わせしたアルベールヴィルは、スイス国境の町。アルノー川に架かる橋の向こうは切り立った崖が荒々しい岩肌を見せてそびえている。フランスアルプスの西の果て、標高2000mのタランテーズ渓谷の入り口で、九十九折れの山道を登り切ると、突然目の覚めるような眺望が開けた。標高400〜500m、約2haの南向き斜面の畑はジャン＝イヴが独占している。日照や風

IGPヴァン・デ・ザロブロージュ・ シャン・ルヴァ 2013
IGP Vin des Allobroges Champ Levat 2013

ベリー系の果実にハーブの香りが交じり、ほどよいタンニンとキレイな酸味。モンドゥーズの魅力が全開！

驚くべき急斜面ながら、自力で開墾した畑。ジャン＝イヴの親友である大岡弘武さんが手伝った区画もあるそうだ。

向きを考慮して自分で石垣を組んで作った細かい区画は、斜度約40度の急勾配。

「こんな場所をわざわざ選ぶとはよほどもの好きだ」と言うと、「ティエリー・アルマン＊の畑はもっとスゴイよ」と修業先のコート・デュ・ローヌの巨匠の名を挙げた。

パリ大学の専攻は生化学だったが、あまり興味を持てずにいたところ、おいしいワインを学べる大学があると知り、ボルドー大学の醸造科に転向、一気に醸造学に夢中になった。クラスメートだったラ・グランド・コリーヌ＊の大岡弘武さんとは大親友で、1997～98年、彼と共に試飲するうちに、ダール・エ・リボのサン・ジョゼフやエルミタージュに感動、近代技術を過信せずに、葡萄の個性を表現したワインを造ることを決めた。

ティエリー・アルマンのほか、アルザスのジェラール・シュレール＊、オレゴンやニュージーランドでも学び、2004年、ついにこの畑を取得した。冬は激寒、夏は酷暑、降水量は年間1200mmと日本並みだが、雲母を含んだ片岩の土壌は、保温性と排水性に優れ、果実味の生き生きした葡萄が採れるという。

モンドゥーズは一部樹齢100年以上。2005年に植えたジャケール、ルーサンヌ、アルテス（白）は、いずれも1万8000本/haほど

の密植で、それが若い樹でも凝縮した葡萄が採れる秘訣。収量を減らすほど病気は減った。基本的に栽培はビオディナミだが、2007年にベト病で収穫量が半分になる被害に見舞われたとき、近くに住むヴィニュロン仲間のアドバイスで、石英、アロエ、海藻を発酵させミネラルウォーターを混ぜて希釈した液体を撒いたら大成功で、以来、必要な時は使用している。

セラー兼住まいは、山の畑から車で20分ほど、湖畔のリゾート、アヌシーのそばのシェヴァリーヌ村の祖父母の家。石造りのセラーには、さまざまな大きさの発酵容器や樽が並んでいる。土壌、容器の材質、容量、マセレーション、抽出など条件の組み合わせを変えて仕上がりを比べているそうだ。

「1本のボトルで自分自身を表現したい」というジャン＝イヴ。そのワインは、科学的なデータをひとつひとつ丁寧に構築したら限りなくピュアなワインになったといえるかも。

「ワインは造り手自身によく似ている。ティエリー・アルマンのワインは、几帳面な性格が出ている。ストラクチャーがはっきりしていてクリーンだ。ブリュノ・シュレールのワインはクレージーだが奥深い」

ジャン＝イヴのワインは、サヴォワの土壌を糸にして織った1枚の美しい布のようだ。

ヴェール・ラ・メゾン・ルージュ VdF2009
Vers la Maison Rouge VdF2009

若木のモンドゥーズで造る、ジャン・イヴのデイリーワイン。フレッシュな苺の香りときれいな酸味。

DATA

Jean-Yves Péron
輸入取扱：ラシーヌ

ジュラ山塊南端、斜度45度の急勾配で、誰にも邪魔されずにピュアなワインを造る

ラ・ヴィーニュ・デュ・ペロン／フランソワ・グリナン
La Vigne du Perron／François Grinand

元プロのピアニストでアーティスティックな風貌のフランソワ（左）。バッハなどの古典を愛し、「仕事を終えた静かな夜に、ピアノを弾く時間が最も心が落ち着く」という。

レ・ゼタップ VdF 2014
Les Etapes VdF 2014

ヴィルボワ村の 0.8ha の区画の石灰質土壌で育ったピノ・ノワール 100％。派手さはないが、デリケートでなめらか、きれいな酸味と透明感ある味わいは、フランソワ・グリナンならではの個性。

インタビューを申し込んだら「日の高いうちはピアノのレッスンがあるから」と夕方の時間を指定された。ピアノを習っているのかと聞くと、教えているという。フランソワ・グリナンは、人生の 7 割をワイン、3 割をピアノ、ふたつのアートに捧げる人だ。

石畳が美しい街の中心にある家で、ピアノは 暮らしに溶け込むようにキッチンにあった。

フランソワの人生には、ピアノが先にあった。ワインが登場したのは、ピアニストとして大成することを望みながらうまくいかず悩んでいたときのこと。お父さんが所有する山間の村ヴィルボワの 2.5ha の葡萄畑の面倒を見てもらえないかと言われ、マコンの栽培・醸造学校で学び始めると、ワインに夢中になった。

生活を支えていたピアノは、それ以来、近所の子供たちに向けたレッスンと、親しい人たちのためにだけ弾くようになった。

「でもワイン造りは最初からうまくいったわけではなかった」と、フランソワは 20 年前を振り返る。理想のワインは初めから頭の中にあった。醸造学校在学中の 1992 年に飲んだマルセル・ラピエール＊の〈モルゴン〉だ。ピュアで生命力にあふれたワインを自分も造ってみたいと、翌年、SO₂ 無添加に挑戦

驚くべき急斜面ながら、自力で開墾した畑。ジャン＝イヴの親友である大岡弘武さんが手伝った区画もあるそうだ。

したところ、ひどい微生物汚染で、売れるものは2割しかなかった。これでは生活が成り立たないと、続く2年間はSO₂を添加。満足のいくサンスフルのワインができるようになったのは、1996年のことだった。

ビオロジック栽培で健康優良児となった葡萄は、病気を跳ね返す免疫力がつき、化学的な後押しを必要としなくなったのだ。

私が最初に、フランソワ・グリナンのワインに出会ったのは、2006年ごろのこと。ピノ・ノワール100%の〈レ・ゼタップ〉は、ラズベリーやブラックカラントの果実味の凝縮感もさることながら、とろりとした重みをもって喉に落ちるテクスチャーにびっくりした。ピエール・オヴェルノワ＊のワインにも感じるものだが、葡萄やセラーに棲み着く野生酵母が、化学物質にブロックされずに自由に働くと、グリセリンやタンパク質などの物質が生成されて、オイリーともいえる質感が生まれることがあるそうだ。これが密かなマイブームとなった。

が、翌年、そのワインが市場から消えた。なんと倒産したという。しかし1年後、2人のベルギー人が経営に参加し、新生ドメーヌ・デュ・ペロンとして、ワインのラインナップも改たにスタートを切った。

4か所に点在する畑のうち、ピノ・ノワールやモンドゥーズの植わるシェンヌ・ベルシュの畑に連れて行ってもらった。標高250m。良質なワインは斜面から生まれると言うけれど、歩くのさえ恐ろしい45度の勾配で、畑仕事をするとは信じられない。耕作用の小さなトラクターはウィンチで引き上げる。

「誰もここで葡萄を育てようなんて思わないから、近隣の農家の危険な農薬に悩まされることがないのが最大のメリットだよ」。

ジュラ山塊の南端にあたるこの畑は、この前の氷河期（1万年前）に流れてきた石灰岩とシルト土壌。その中のひときわ赤い土は、マンガンや酸化鉄を含んでいるそうだ。畑の背後の森は畑を北風から守ってくれるから、昼間は温かい風が循環して、葡萄に凝縮した糖が生まれ、日が暮れるとガクンと気温が下がり、きれいな酸味を作ってくれる。

デリケートな物腰に似合わず、波瀾万丈だった人生の前半が落ち着いたのか、ワインは、この頃、よりナチュラルでやさしくなった。2010年からは全てサンスフルである。

2012年、同じ村の中で新しいセラーに引っ越しし、さらに奥深さを増したワインが造られている。

ピアノともより親密につきあえるようになったそうで、時々セラーで演奏するとか。

カタリーナ VdF 2015
Katapnha VdF2015

樹齢約60年のシャルドネを使用。しっかりとした酸が果実味と調和し、旨味や味わいをしっかり口の中に留める。

DATA

La Vigne du Perron
輸入取扱：ラシーヌ、ヴォルテックス

理想の石灰質土壌を探して、
ジュラを選んだ日本人ヴィニュロン

ドメーヌ・デ・ミロワール／鏡健二郎
Domaine des Miroirs ／ Kenjiro Kagami

イノシシやアナグマもやって来るという "おいしい畑" で、鏡さんと奥さんの真由美さん。まわりは森に囲まれた美しい場所。

2011年、フランスのナチュラルワイン界に日本人の気鋭の新人が誕生した。ドメーヌ・デ・ミロワールの鏡健二郎さん。ミッシェル・ギニエやジャン゠イヴ・ペロンも、「注目している生産者」として推挙していた。

2001年に渡仏して、ブルゴーニュ、北ロース、アルザスでワイン造りを学んだ彼が、10年後に立ち上げたドメーヌは、なんのゆかりもないジュラ南部のグリュス村。勧めてくれたのは、近くに居を構える親しいヴィニュロンのジャン・フランソワ・ガヌヴァ＊だった。

6月の早朝、畑を訪ねると、グリュス村を見下ろす緩やかな起伏を描く斜面では鏡さんが、尾根の高い位置では妻の真由美さんが、雑草と格闘していた。

「探していたのは、石灰岩土壌なんです」、この3.2haの土地を選んだ理由について、鏡さんはそう答えた。6年半勤務したジェラール・シュレール＊のあるアルザスのヴォージュ山麓丘陵地帯は、約4500万年前の新生代第三紀初期に始まる地殻変動で、基底岩の花崗岩が露出し、石灰岩、砂岩が入り交じる地層・土壌が形成されたことで知られるが、ここジュラもほぼ同じぐらい古い地層だそう。

「石灰岩の岩盤がベースにあり、その上をマルヌ・ブルーと呼ばれる青みがかった泥灰

ヤ・ナーイ VdF 2014
Ja-Nai VdF 2014

アルザス語のなかでもなじみのある言葉をワイン名にしたこのワインは、初ヴィンテージのワインで、鏡さんが最も満足したもの。葡萄を浸漬、圧搾した後、ステンレス熟成。

ベルソー VdF 2011
Berseau VdF 2011

「暖かさ、落ち着き、穏やかさ、優しい陽を浴びた揺りかごの中をイメージした」。ほかに3種のシャルドネは、いまだ熟成中。

グリュス村はワインの文献にも登場する、古くからの葡萄の名産地。マルヌ・ブルーと呼ばれる青い泥灰岩と粘土に覆われている。

岩や粘土が覆い、独特の個性を持った葡萄が生まれる。それに魅力を感じました。サヴァニャン（白）、プールサール、トゥルソー（赤）と固有品種が3つあり、さらによく栽培されているシャルドネを加えると4つの品種を育てられるのも楽しい。石灰岩質土壌としてはブルゴーニュもすばらしいけど、シャルドネとピノ・ノワールの2種類だけですから」

　三方を森に囲まれた1枚の畑は、斜面の仕事の大変さと収穫量の低さから60年以上耕作放棄地だったところ。しかし幸運だったのは除草剤や化学肥料が猛威をふるう前に森林に吸収されたこと。再び葡萄が植えられた2005年以降もケミカルなものは一切使われていないから、季節ごとにさまざまな植物が芽を出し、鹿、きじ、野ウサギ、イノシシ、アナグマが遊びにやってきて、動植物多様性が育まれている。

　「ワイン造りは農業です。それは自然の一部を人が借りて行うもの。私もこの畑で仕事を始めて以来、除草剤、肥料、農薬は一切撒いていません。ボルドー液も、認定されている限度量ぎりぎりまで使うのでなく、極力減らすように努めています。天候の厳しい年も、その場しのぎに農薬を使うのでなく、自生しているイラクサなどの植物から抽出した天然エキスなどを使って、畑やまわりの環境と対話しながら、しだいに畑の免疫力を高め、サステイナブルな栽培をしたいと思っています」

　醸造では、すでに備わっている葡萄のさまざまな要素をいかに余すところなく生かし、ワインという液体に伝えられるかを考え、できるだけシンプルに。温度管理も自然にまかせ、清澄も濾過もせずに瓶詰めされる。

　ワインは3種（いずれも2011）。〈ベルソー〉は、日を浴びた揺りかごをイメージしたという優しいシャルドネ。〈アントル・ドゥー・ブルー〉は、サヴァニャン100%だが、この地方特産のヴァン・ジョーヌと違って酸化熟成させずに、果実味とミネラル感を楽しむワイン。〈ヤ・ナーイ〉は、プールサールをマセラシオンしてエキス分を十分に引き出した。ワイン名は、アルザス語で「イエス・ノー」という意味で、ジュラの既存のワインにはないタイプ（意見が分かれそう？）、また自分自身への今後の期待という意味で付けられた。

　ドメーヌ名は、造り手の姓の「鏡」のフランス語訳だが、自分たちのワインの理念を表す鏡であってほしい、また複数形にしたのは、家族、親戚などの支えによって自分たちの今があること、距離は遠くても気持ちは常に近くという気持ちが込められているそうだ。

アントル・ドゥーブルー VdF2011
Entre Deux Bleus VdF2011

「二つの青の間」とは、空と海（昔、畑は海底だった）で育つサヴァニャンを表現できればとの思いから。

DATA

Domaine des Miroirs
輸入取扱：ヴィナイオータ

17の地品種を生かすべく、毎年様々なキュヴェに挑戦

ジャン=フランソワ・ガヌヴァ
Jean-François Ganevat

　近年大注目のジャン=フランソワ・ガヌヴァは、ワイン農家の14代め。ボーヌの醸造学校卒業後、ブルゴーニュの名門ドメースに務め醸造長の地位にあったが、フィリップ・パカレ*やブルーノ・シュレール*と交流するうち、人の心に届くワインが造りたくなったという。

　実家の畑は、ジュラ紀に形成された石灰岩を泥灰土、粘土が覆う極めて複雑な土壌。父はまわりが流行の品種に植え替えるなか、17種類もの地品種を大切にしていた。理想の土地は近くにあった。実家に戻ると、栽培をビオディナミに変え、17の品種の個性を生かすべく毎年40〜50ものキュヴェを造っている。

　葡萄の樹齢は、最も古いもので100年以上で、収量は極めて少ない。自然発酵の後、白は最低2年、赤は1年熟成させる。SO₂も一部の白ワインを除いて無添加だが、これまでトラブルがないのは、澱とともに長く置くからだそう。時の流れを味方につけたワインは、確かに心を動かす力をもっている。

ジュラの魂、ヴァン・ジョーヌを、なんと4つのテロワールから

ステファン・ティソ
Stéphane Tissot

　ステファン・ティソはエネルギーの塊だ。ボーヌの栽培・醸造学校で学んだ後、オーストラリア、南アフリカで修業を積み2004年にビオディナミに転換。46haの畑をたった10人ほどのチームで管理し、約40のキュヴェを造る。「シャルドネは7種。同じ品種から別のキュヴェに仕立てるのは、土壌と品種の組み合わせでスタイルが変わるから。ナチュラルワインの面白さはそこにある。いつ飲んでも同じ味の工業製品とは違う」。なかでも粘土質土壌から造られるシャルドネのトップキュヴェ〈ラ・マイヨッシュ〉は、スパイシーでパワフル、美しい酸味の絶妙なバランス感だ。

　サヴァニャンを使ったジュラ特産の酸化熟成ワイン、ヴァン・ジョーヌも4種。完成までに6年を要し、その風味の源、よい産膜酵母が付くのはほぼ運と言ってもよいこのワインをほぼ毎年造るのは、神業。ヴァン・ジョーヌでテロワールを語れるのは、おそらくステファン・ティソだけだろう。

ACコート・デュ・ジュラ・キュヴェ・ジュリアン2011
AC Côte du Jura Cuvée Julien 2011

うまみたっぷりのピノ・ノワール。ワイン名は、祖父の名で、葡萄の一部は祖父が1951年に植えたもの。

ACコート・デュ・ジュラ・キュヴェ・マルグリット マグナム2010
AC Côte du Jura Cuvée Marguerite Magnum 2010

1902年に植樹したムロン・ア・クー・ルージュ（シャルドネの親戚）で造られる特別キュヴェ。

ラ・トゥール・ドゥ・キュロン・ル・クロ2014
La Tour de Curon Le Clos 2014

マルヌ・ブルーの土壌のシャルドネで、特に作柄のよい年だけ造るキュヴェ。力強くもエレガント。

DD 2016

プールサール主体に、トゥルソー、ピノ・ノワールをマセラシオン・カルボニックで。DDは、父の愛称。

D A T A

Jean-François Ganevat
輸入取扱：ラフィネ、W

D A T A

Stéphane Tissot
http://www.stephane-tissot.com
輸入取扱：BMO

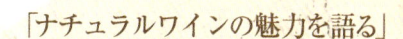

「ナチュラルワインの魅力を語る」

チームフェスティヴァン、
レストラン、バーからのメッセージ 5

林 真也

La Pioche ／ラ ピヨッシュ〔水天宮前〕オーナー

　僕も初体験はマルセル・ラピエール*の〈モルゴン〉。ヴィンテージは2002かな。とにかく衝撃で、それ以降ナチュラルワインばかり。2006年に渡仏するんですが、パリでヴェール ヴォレに通ったり、生産者を訪ねたりしているうちに、ジャン=イヴ・ペロンの畑を手伝うことに。朝4時半から日暮まで働き詰め、きつかったですけど、ワインに対する意識が変わりました。こんな手間をかけられているのかと、敬意をもって飲むようになりました。ナチュラルワインは元気になれる飲み物。環境のことなんかも肯定しながら飲めるし、僕ら都会人は特に、失ってしまったナチュラルな何かを取り戻せるような感覚があるんじゃないでしょうか。

菅野貴子

trois ／日仏食堂トロワ〔三軒茶屋〕ソムリエ

　ル・キャバレでだったかな？ティエリー・ピュズラ*のワインを飲んだのが最初でした。今まで飲んでいたワインと違う、するすると飲めちゃう。すぐに人好きになりました。トロワを開いてからは1年以内にすべてのワインをナチュラルワインに。同じワインでも毎年味が違うし、開けてみないとわからない、というのがおもしろいし、大きな魅力ですよね。だから、お客様も「このワイン飲んだことあるから」でなく、その時出会ったワインは一期一会と思って1本1本を楽しんでもらえたらと思います。ウチ飲みにもぴったり。凝った料理でなくても、家庭料理に合わせやすいですから。私も家ではナチュラルワインに野菜の煮物とか楽しんでいますよ。

柴山健矢

祥瑞〔六本木〕ギャルソン

　ナチュラルワインに本格的にハマったのは、2011年、以前勤めていたリベルタンのオープン前。ルナール・デ・コートの〈ル・クラポー・ノワール〉。これが旨かった！オーヴェルニュという産地も、ガメイという品種も新鮮だった。あとはサヴォワやジュラ産のワインが好きですね。店に生産者が遊びにきてくれたり、僕自身も訪ねて行ったりしていると、責任もって売らなきゃなという気持ちが強くなります。ナチュラルワインは生産者の子どものようなもの。それくらい愛情と手間をかけて作られている。そして1本1本個性がある。

　ナチュラルワインはジャケ買いもオススメですよ。気に入ったエチケットのワインは、たいていおいしい。迷ったらお試しを！

柴山健矢のおすすめ、ティエリー・ルナール〈クラポー・ノワール〉のエチケット。Renard（ルナール）はキツネ。遊び心満載！

偉大なワインでなくていい。
ただ誠実に、自然と自分に向かいたい

ゼリージュ・キャラヴァン／マリー・エ・リュック・ミシェル
Zelige Caravent／Marie et Luc Michel

ドメーヌを営む夫婦、リュックとマリー。「自
然なワインは生き物だから、開けてからも
どんどん変化する。それが楽しい」

ラングドックのワインは濃いというイメージを鮮やかに裏切ってくれたのは、ゼリージュ・キャラヴァンという不思議な名前のドメーヌ。2010年1月、南仏モンペリエで開催されたワインの大見本市ミレジム・ビオに出展していた約500の生産者のなかで、最も私の心をとらえたのが、リュックとマリーの40代の夫婦が造る独特なワインたちだった。〈ザズー・ア・ザンジバル2008〉は、カリニャンとサンソーのブレンド。どっしり濃厚なタイプを想像しながら試飲すると、チャーミングないちごの果実味と、ピチピチはねるような酸味。軽やかなのに、味わいは深く長い余韻が続く。〈ヴェルヴェット2007〉は、シラー主体に、年によりカリニャン、グルナッシュをプラス。ブラックベリーに、海藻やミントの香りが交じりなんともエレガント。最も気に入ったのは〈フルーヴ・アムール2006〉。グルナッシュ主体にシラーを加えたもので、ピノ・ノワールを思わせるオレンジピールの香味ときれいな酸味は、高貴な気品が漂う。

ゼリージュとは、モロッコのモザイク模様のタイルのこと。リュックがおじいさんからもらい受けた3haの畑は、モンペリエの北約30km、セヴァンヌ山脈の中腹の標高400〜600mのところにある。1億年ほど前から

アン・ポコ・アジタート
VdF 2013
Un Poco Agitato VdF2013

葡萄は、なんと食用品種で、ラングドックの地品種のシャザン100％（シャルドネとリスタンの交配）。黄金色の色調、干杏や金木犀の香り、長い余韻、ほのかな残糖のあるボリューム感は、グランヴァンの風格。

ACラングドック・ピク・サン・
ルー・ヴェルヴェット2012
AC Languedoc Pic Saint-Loup Velvet 2012

樹齢25〜30年の5つの畑のシラーをブレンド。ブラックベリーにミントの香りが交じり、しっとりしたタンニンがすばらしい。

2012年に初来日したときには、国内あちこち旅したリュックとマリー。和食も大好きで、オーガニックの緑茶を探していたのが印象的だった。

100万年前にかけて断続的に起こったセヴェンヌ山脈の造山運動により岩石群が押し上げられて砕けて滑り落ち、石灰岩や砂礫が交錯する土壌の様子はまさにゼリージュのよう。キャラヴァンは隊商の意味なので、ゼリージュの畑の葡萄でワインを造って消費者に届けたいという意味が込められているそうだ。

リュックのお父さんは、おじいさんの仕事を継がず医師という職業を選んだが、リュックは週末や休暇に、おじいさんの畑で葡萄栽培をするのが楽しみだった。長じて印刷会社に勤めるが、心が向くのは週末のワイン造りで、32歳の時それを生涯の仕事にしようと決めた。納得できる葡萄ができるまでは共同組合に納めていたが、ニコラ・ジョリのセミナーを受けてビオディナミに転換。満を持して2005年をファースト・ヴィンテージにワインを造り始めた。

現在、畑は12haに拡大した。葡萄はいずれもピク・サン・ルー地区の地品種で、黒はグリカンテ、サンソー、カリニャン、グルナッシュ、シラー。白はルーサンヌに加えてシャリンという珍しいものがある。食用葡萄だそうだが、この品種100％の〈アン・ポコ・アジタート2008〉は、色は黄金色、ドライアプリコットやプーアール茶、ナツメグの香り

が交じり、ほのかな残糖がなんともいえぬボリューム感。葡萄の樹齢は平均45年で100年のものも。15〜35hl/haと低収量だ。

「ワイン造りの全てを、クラフツのように自分たちで仕上げたい」とリュックは言う。

その仕事は、冬の剪定で、枝をどのような形にカットするかに始まる。畑仕事もセラーワークも必要以上に手を掛けないけれど、仕事はとことん丁寧に。楽しみなのはアッサンブラージュで、様子をみて品種のブレンドを変え、できたワインにふさわしい名前をつけて、ラベルのアートワークをデザインする。ちなみに、〈フルーヴ・アムール〉は、"愛の河"という意味で、リュックが愛読する作家、ジョゼフ・デルティユの小説のタイトル。ラベルはすべて画家である妻のマリーが描いたもの。最初から最後まで手仕事だ。

念願のワイン造りができるのだから楽しくて仕方ないと言うリュック。毎日畑に行くときには思わず駆け足になってしまうっ。

「ワイン造りは完璧でなくていいと思う。技術に頼りすぎると、見逃してしまうことがある。それよりも自分の心と向き合って、深いところで納得できるほうが大切だ。できるワインも人を威圧するような力などなくていい。ただ誠実に造りたいと思っている」

イケバナ2015
IKEBANA 2015

サンソー30％、カリニャン30％、シラー40％。2012年に来日した際に見た生け花に感動し、造った3種混醸キュヴェ。各品種の特徴を見事に表現。

DATA

Zelige Caravent
http://www.zélige-caravent.fr/
輸入取扱：ディオニー

149

グルナッシュで造るグランヴァンは、
造り手の豪快な人生のたまもの

ドメーヌ・ブルノ・デュシェン
DomaineBruno Duchene

「小型ボートを持っているので、暇があると家族や友人たちと、海に出る。海と山に囲まれたバニュルスの生活を楽しんでいる」とブルノ。

看板ワインの〈ラ・パスコール〉の、グルナッシュ主体とは思えない繊細な味わいが、「南仏のロマネ・コンティ」として大人気のブルノ・デュシェン。2014年5月の初来日では、「ガハハハ」という豪快な笑い声と共に、数都市を駆け巡って飲み手たちと交流。最終日の東京での飲み会ではさすがに疲れていたのか、ブラインドで出された自分のワインを当てられず悔しがっていた（！）。まわりの人を笑顔にする不思議なチカラをもつ人だ。

そのエレガントなワインの味わいは、25～30hl/haという驚くべき低収量による葡萄のクオリティにある。というのも、ブルノの畑は、ピレネー山脈と地中海に挟まれた、最高斜度45度の急斜面、土壌は熱射を浴びてカチカチに固まった岩盤にあり、機械耕作はムリ。ゆえにワインの生産をしようとする人は少なく、酒精強化ワイン（スピリッツ）"バニュルス"の産地だったところ。しかし、ブルノは、この景観を一目見たときから、「ワインを造るなら、ここだ」と思ったという。「1年のうち200日は強風が吹くから、葡萄に病気が付きにくいのも気に入った」。最初の耕作は、なんとダイナマイトで岩盤を削って行ったというから、スゴイ。

ブルノは、実はロワール出身。マッシュルー

ACラ・パスコール2017
AC La Pascole 2017

樹齢約60年の古木のグルナッシュ・ノワール、グルナッシュ・グリ主体。シルキーなテクスチャーが蠱惑的。

ラ・ルナ2017
La Luna 2017

ベリー系果実の生き生きとした果実味と軽やかな飲み心地は、飲む人を笑顔にするパワーにあふれている。

「ワイン造りは、自分のこれまで辿ってきた道が反映されている。今トライしたいのは、ジョージアで見てきた長期間の醸しかな」とブリュノ。

ムの卸販売で成功していたが、仕事でブルゴーニュなどワイン産地を回るうち、ワインに目覚め、2000年、サン・ロマンのドメーヌ・ド・シャソルネイ*の門を叩き、約9か月フレデリック・コサールのもとで働き、その2年後、自分のワインを造る土地を求め、ようやくバニュルスで、運命の土地に出会ったのだ。

ナチュラル・ワインの造り手でも、すべての畑の葡萄樹をマス・セレクション（集団選抜）で育てているのは、ブルノぐらいではないだろうか。自分自身で選んだアメリカ系の台木を3年育て、これにヨーロッパ系の穂木を接いでいる。

約5haの土壌は、すべてシストで、最も大切にしている品種はグルナッシュ。黒葡萄のグルナッシュ・ノワール、グリ葡萄のグルナッシュ・グリ、そして白葡萄のグルナッシュ・ノワールがある。

赤ワインは、グルナッシュ・ノワールを中心に、カリニャン、ムールヴェードル、シラーなどをブレンド。この比率はほぼどのキュヴェも同じなのだが、味わいは全く異なるのが面白い。

最も樹齢が低い（といっても40〜50年）葡萄で造るのが、〈ラ・ルナ〉。14年間一緒

に過ごした家族同然の犬（すでに他界）の名で、生き生きした果実味が特徴。「ぜひ、親しい人たちと一緒にグラスを傾けて」とブルノ。〈ラ・パスコール〉は、ブルノが最初に入手した畑から。樹齢は約65年で、エキス分を緻密に織り込んだような上品な味わいは、まさにグラン・ヴァンというにふさわしい。コラル・ヌー畑の選りすぐりの葡萄だけを使った特別なワインが〈ラノディン〉で、マグナムのみリリースされる。

いっぽう白ワインの〈ヴァル・ポンポ〉は、グルナッシュ・ブラン100％で、岩をなめるような硬質なテクスチャーと親しみやすい飲み心地が共存する印象的なテイストだ。「この土地でワイン造りをすると決めたとき、誰もが反対したけど、きちんとした仕事をしていれば悪い結果にはならない。そもそも農業には確実なものは何もない。私はそれこそがこの仕事を続ける面白さだと思っているよ」

バニュルスの可能性を世に示したブルノの新たな試みは、13人のヴィニュロン仲間と始めた"レ・ヌフ・カーヴ"というスペース。「ワインバーであり、道具の貸し借り、意見や笑いを交換する場。村に移住してくる若いヴィニュロンたちにも利用してほしいと思っている」。まもなくゲストハウスも作る予定というから楽しみだ。

ACヴァル・ポンポ2017
AC Vall Pompo 2017

グルナッシュ・ブラン100％。マンゴーのようなエキゾチックな香りにレモンピールの苦味がアクセント。

D A T A

Domaine Bruno Duchene
輸入取扱：ディオニー

エコシステムに配慮して造る、ラングドックのグランヴァン

ドメーヌ・レオン・バラル／ディディエ・バラル
Domaine Léon Barral ／ Didier Barral

「私が目指すのは、充実した果実味と酸に支えられたフレッシュなワイン」と語るディディエ・バラルは、ラングドックで最もエレガントなワインの造り手だ。代々フォジェール村で葡萄を栽培して共同組合に納めていたが、1993年ディディエは、尊敬するおじいさんの名前を掲げてドメーヌを立ち上げた。

畑は、野生動物が棲む森で囲まれ、コウモリや渡り鳥が害虫を食べてくれるので、殺虫剤を撒かずとも葡萄は極めて健康だそう。

耕作は、深い轍を残さない牛やロバの力を借りる。彼らの呼吸で発生する二酸化炭素も、葡萄の葉の光合成を助けてくれる。エコシステムを大事にした畑の土壌は、微生物が活発に働いて葡萄の根は9mの深さまで伸び、地中のミネラル分を十分に吸収する。

「葡萄のことだけを考えていたのでは、ナチュラルワインはできない」というディディエ。2012年に長年の有機栽培への取り組みが評価され農水大臣から最優秀賞が授与された。

ブラン・レロー2015
Blanc l'Herault 2015

テレ・ブラン＆テレ・グリ80％。VdFながら、力強い味わいは、ラングドック最高の白ワインと評判。

ACフォジェール・ヴァリニエール2013
AC Faugères Valinière 2013

ムールヴェドル主体に、シラーを加えた最上級キュヴェ。多くのラングドックと一線を画すフィネスがある。

DATA

Domaine Léon Barral
輸入取扱：ラシーヌ

土地がもつ数億年前の海の記憶が、南の品種をフレッシュ＆繊細に

レ・フラール・ルージュ
Les Foulards Rouges

"赤いスカーフ"をモチーフにしたラベルは、当主ジャン＝フランソワ・ニックの"精神上の革命"を表している。なんと醸造学校時代の級友、ティエリー・ピュズラ＊の元奥さんがデザインしてくれたそうだ。

10年間醸造長を務めたローヌのエステルザルグ共同組合では、ワインの品質を飛躍的に向上させた。1991年からSO_2を極力抑えることに努め、1996年にサンスフルに成功。小さなドメーヌではなく、大型ワイナリーでその偉業を成し遂げた天才醸造家である。

自分のワインを造りたいと組合を退職し、ふと訪れたスペイン国境のアルベル山麓にある土地を見たとたん、理想の地はここと決めた。数億年前には海だったロッシュ・メールは、シスト、石英、花崗岩など多様な土壌がモザイク状に入り組み、複雑味のある葡萄が採れるそう。グルナッシュやカリニャンなどタニックになりがちな品種を、フレッシュでデリケートなワインに仕上げる手腕が見事。

ACコート・デュ・ルーション ラ・ソアフ・ド・マル2017
AC Cote du Roussillon La Soif du Mal 2017

シラー100％。6〜12度という低温で、約1年半発酵させることで引き出した、エキスがじんわり。

グルナッシュVdF2017
Grenache VdF 2017

赤いベリーやチェリーに、アニスや柑橘系のニュアンスも。きれいな酸が果実味を引き締め優しい味わい。

DATA

Les Foulards Rouges
輸入取扱：BMO

南仏のガリーグに覆われた土地で、野草の知識をもとに、超自然なワイン造りを

ル・プティット・ジミオ／アンヌ＝マリー＆ピエール・ラヴェイス
Le Petit Domaine de Gimios/ Anne-Marie & Pierre Lavaysse

「母から受け継いだワイン造りを着実に続けたい」と話すピエール。個人的によく飲むものは、ピエール・フリックなどアルザスのワインだそう。

ルージュ・ド・コース
VdF2017
Rouge de Causse VdF 2017

「コース」とは、仏語でカルスト台地。アリカント、アラモンなどの地場品種が凝縮。ワイルドかつエレガントな1本。

ルージュ・フリュイ
VdF2017
Rouge Fruits VdF 2017

葡萄はミュスカ・プティ・グレン、サンソーなど。海藻やミントを思わせる香りは、ガリーグ土壌ならでは。

D A T A

Le Petit Domaine de Gimios
輸入取扱：ヴァンクゥール

樹齢150年を越す古木16種以上の葡萄を混醸した〈ルージュ・ド・コース〉のきめ細かいタンニン、ほのかに甘い余韻が美しい〈ミュスカ・セック・デ・ルマニス〉などチャーミングなワインを造るサン＝ジャン・ミネルヴォワの母＋息子チーム。母アンヌ・マリー・ラヴェイスがワイン造りを始めたのは1995年。それまで30年、果樹園を経営していたが、大火事にあって全てを失い、耕作放棄地だった葡萄畑を入手。醸造については全くの門外漢だったが、ビオディナミによる果樹栽培の経験が、超自然な葡萄栽培につながった。「私の土地は、ガリーグ（この地方独特の石灰岩と粘土の荒れ地）で、葡萄畑の周りには様々な草木が茂っているけれど、野草は決して病気にならないの」。自分や家族が病気になっても、化学薬品でなく煎じた野草で治していたという彼女は、「野草が葡萄樹にも効く」と直感、野草を使ってベト病、ウドンコ病など個々の問題を解決し、確信を深めている。

葡萄の樹齢が高いので、収量は自ずと低くなり、樹齢約100年の畑のワイン〈ルージュ・ド・フリュイ〉は、ときに9hl/haになることも！ 醸造においても、一切の化学物質を排除し、甘口でさえもSO_2無添加だ。

幼い頃から母の仕事を手伝っていたピエールは、2008年から家業に加わった。2016年が初ヴィンテージとなるミュスカ種の中甘口のペティアン・ナチュレルは、親友、ラ・ボエム（P157）のパトリック・ブージュのアドバイスで完成した。甘みと酸味の絶妙なバランスに加え、ほのかなうまみが和食にも◎。

自らのアイデンティティを探して、
人気カフェオーナーからヴィニュロンに

ニコラ・カルマラン
Nicolas Carmarans

ワインを供す仕事から造り手へ転身。パリから南西部山奥へやってきたニコラ。「山奥とはいえ、仲間の生産者がよく訪ねてきてくれるから寂しくないよ」

ワイン愛好家なら誰もが抱く「ヴィニュロンになりたい」という究極の夢を実現させたニコラ・カルマラン。もっとも彼はただの愛好家ではなく、カルチェラタンの人気店、カフェ・ド・ラ・ヌーヴェル・メーリを20年間営んできた人。扱うワインの生産者たちは、仕入れ先というよりは長きにわたる友人で、彼らとの交流のなかから、ワインを造りたいというパッションがわき上がってきた。

夢を叶えた場所は、AOCの生産地域としては認定されていない南西地方オーブラック山中の人里離れたカンプリエス村。ニコラのおじいさんがパリに移住するまで住んでいたところで、いわばカルマラン家のルーツだ。

いまでこそ斜面の畑での労働の厳しさから廃れているが、1930年代には1000ha もの栽培面積があったポテンシャルのある土地。ニコラは、2002年、200年前に開墾された、標高450～500mの畑を買い取り（合計3.3ha）、カフェを手放して、山奥の庵に移り住んだ。ワイン造りは、マルセル・ラピエール*、フィリップ・パカレ*などの友人たちのアドバイスのほか、地元の篤農家との交流から土地に合った方法を模索しているそう。

看板ワインの〈モヴェ・タン 2010〉は、フェル・サルバドール、ネグレ・ド・バンアールなどの地場品種に、カベルネ・フラン・カベルネ・ソーヴィニヨンをブレンドし、セミ・マセラシオン・カルボニックで仕込んだもの。ジューシーなプラムの果実味に、クローブやタイムのような香りが交じり、パワフルでエレガント、活気に満ちたワインだ。

セルヴ VdF 2015
Selves VdF 2015

シュナン・ブラン 100%。近くを流れる川の名を付けたこのワインは、ニコラが最も力を注ぐ白。年間650ケースの限定生産。豊満でパワフル。

モヴェ・タン VdF 2016
Mauvais Temp VdF 2016

赤の定番ワインの名は、急斜面にある区画から。いつものうまみたっぷりスパイシーな個性に加え、2011 は、漢方のようなオリエンタルなテイストも。

D A T A

Nicolas Carmarans
輸入取扱：イーストライン

AOC圏外をさかてにとって、
"ほぼ絶滅品種"でユニークなワインを

ドメーヌ・コス・マリーン
Domaine de Causse Marines

パトリスとヴィルジニー。ドメーヌ名は、すぐ下を流れるマリーン川と、コスと呼ばれる石灰質土壌に敬意を表して付けたという。

AC ガイヤック・ルージュ・レ・ペイルゼル 2016
AC Gaillac Rouge Les Peyrouzelles 2016

ブランコル、シラー、デュラスなどをブレンドしたワインは、パンチのあるベリー系の香味が特徴。

AC ガイヤック・ブラン・レ・グレイユ 2016
AC Gaillac Blanc Les Greilles 2016

モーザック、ロワン・ド・ロレイユなどの地品種をバランスよくブレンド。厚みのあるふくよかな白。

DATA

Domaine de Causse Marines
http://www.causse-marines.com/
輸入取扱：ル・ヴァン・ナチュール

2012 年のフェスティヴァンに参加してくれたショートカット、小顔の美人ヴィルジニー・マニャン。試飲用ワインの品種は、モーザック、オンデンク（白）、デュラス、ブロコル（赤）など、どれも初めて出合うものばかり。

というのも、ボルドーの醸造学校を卒業した夫のパトリス・レスカレは、世界中で生産されているものではなく、土着品種を求めて、1993 年に南西地方のガイヤックに移り住んだ。

彼らが栽培する品種のほとんどは AOC に認められていないから、ヴァン・ド・フランスになるが、それを逆手にとって、毎年新しいキュヴェに挑戦している。

「たとえば〈ダンコン〉に使用しているオンデンクはほぼ絶滅品種。世界中で 5 ha ぐらいしかないうちの 84 アールを私たちがもっているから、なんと世界一なの。どうしても単一品種にしたいけど、それではガイヤックでは AOC に認定されない。どうせなら面白い名前にしようと Ondenc を 2 語に分けて逆さにして Dencon と名付けたの」。かりんや干し杏の香りと、穏やかな酸味、柔らかい質感。初めて飲むのにどこか懐かしい味は、土着品種の古い樹（樹齢 85 年）から来るのだろう。

12ha の畑は、まわりを森に囲まれた鳥や虫のサンクチュアリ。病害が葡萄に集中せず、ビオディナミもやりやすいという。

「ビオディナミは、葡萄を信頼して真剣に向き合う方法だと思う。私たちはどんどん『自分』というエゴを消して丁寧に仕事をするようになった。それが理由なのか、ワインが純粋性を表現するようになったような気がするわ」

葡萄がミレジムの個性を出す手助けがしたい。
ポジティヴな空気感が魅力的

シモン・ビュッセ
Simon Busser

キュートな二枚目のシモンは 1981 年生まれ。ポリシーは「畑を観察しながら耕すこと」。馬での耕作をしている。

ナチュラルワインのサロン、ラ・ディーヴ・ブテイユ会場で、造り手のとびきりキュートな笑顔に惹かれて試飲した〈オリジネル〉。南西地方カオールの、マルベック 7 割、メルロ 3 割というブレンドから、濃厚なタイプと思いきや、瑞々しい酸味がなんともチャーミング。〈プランタン（マルベック 100%）〉は、ラベルの愛娘の手形のモチーフが、手作業で造ったことを表しており、果実味の抜けるような透明感が心地よい、のびやかな味わいだ。

ポジティヴな空気感を詰め込んだワインを造るシモン・ビュッセは 1981 年生まれ。生家は葡萄栽培農家で共同組合に葡萄を納めていたが、2007 年父の所有する最古の区画のある 3 ha をもらい受けて、ワイン造りを始めた。

醸造の知識はなかったが、農業が好き、ことに馬が好きで、友人の紹介で知り合ったオリヴィエ・クザンに馬での耕作の指導を受けたことが、ナチュラルワインの道につながった。尊敬するヴィニュロンとしてもうひとり、やはり馬で耕作するラングドックのディディエ・バラル＊（レオン・バラル）の名を挙げた。

エコセールの認証を取得し、やがて畑を 5ha にまで拡大。土壌は石英、酸化鉄を含む粘土質で、「収穫の朝、畑にエネルギーが満ちていると全てうまくいく。清澄、濾過はせず、SO_2 もほとんど加えない。葡萄がミレジムの特徴を出し切る手助けをするためだけに自分が存在する」。収穫には、シモンを応援する友人たちが大勢参加。ファーストヴィンテージのバックラベルには、感謝を込めて彼ら全員の名前が書かれていた。

オリジネル VdF 2015
Originel VdF 2015

マルベック主体の「根源」という名のワインは、シモンが初めてワイン造りを始めた畑の葡萄から。

プランタン VdF 2015
Printemps VdF 2015

お父さんお気に入りの区画で、粘土石灰質の明るい土の色から、この名が付いた。マルベック 100%。

D A T A

Simon Busser
輸入取扱：ヴォルテックス

エリート・エンジニアからの転身。
古木でエネルギッシュなワインを

ドメーヌ・ラ・ボエム
Domaine la Boheme

パリのワインバー、ヴェール・ヴォレにて、魚と野菜に合う薄い赤が飲みたいと言う私たちに店主が薦めてくれたのが、ラ・ボエムの〈Brutal〉。オーヴェルニュのピノ・ノワールは淡く柔らかく、楽しい気分で造ったと思しきエネルギッシュな味に、場が華やいだ。

造り手パトリック・ブージュは、元 IBM社員のエンジニア。ワイン好きが高じて2004年、ついに午前中だけ勤務する契約社員になりドメーヌを立ち上げた。ワインにハマったきっかけはかつての恋人からピエール・ボージェ＊を紹介されたこと。ドブロクを造っては彼にアドバイスをもらい修業を積んだそう。

「オーヴェルニュはマイナーと言われているが、古木葡萄が他の産地の何分の一かの値段で手に入り、きちんと手入れをすればすばらしいワインができる」というパトリック。365日年中無休、収入激減でも毎日が充実している。“お祭りしよう”という意味のスパークリング〈フェスティジャール〉も気分が上がる。

ペティアン・ナチュレル
フェステジャール・
ロゼ VdF 2017
Pétillant Naturel
Festéjar Rose VdF 2017

買い葡萄 75％ と自社葡萄 25％ のブレンドの新生ノェメァジャールは、以前より落ち着いた印象に。

ルル VdF 2016
Lulu VdF 2016

火山性土壌の古樹のガメイ・ド・オーヴェルニュで造られたエネルギッシュな味わい。ルルは、パトリックのおばあちゃんの愛称。

D A T A

Domaine la Bohème
http://www.domainelaboheme.fr
輸入取扱：ヴァンクゥール

157

既成概念をはずせば見えてくる、
不思議で楽しいマジカルワールド。

ドメーヌ・ピエール・ボージェ
Domaine Pierre Beauger

「欠点を修正しようとするワイン造りには、疑問を感じる。ワインは、お化粧や "フォトショップ" で造るものとは違う」と話すピエール。

ル・シャンピニオン・
マジック VdF 2012
Le Champignon Magique VdF 2012

「はちみつレモン」のような甘酸っぱさに、海藻のようなうま味、パワフルで複雑で不思議!? で美味。

ピエール・ボージェは、品種や AOC にとらわれていては楽しめない造り手だ。たとえば、微発泡でほのかな甘みと凝縮感、海草のようなうま味が不思議な存在感を放つ〈ル・シャンピニオン・マジック〉は、これがシャルドネ？　と驚くこと必至。収量 20hl 以下の古木のガメイで造る〈ヴィトリオル〉は、トルコのスパイス、スマックのような不思議な甘酸っぱさに鉱物的なトーンが印象的だ。

クレルモン・フェランの街から車で 30 分の山間の村ジュサの出身のピエールが、こんな独特の世界観に到達したのは、醸造学校卒業後、ソノマ、バンドール、南ローヌのマルセル・リショー＊で修業を積み、様々な造り手を見てきた経験から。2001 年に入手した 1.5ha の畑は、ジュゴルビー高原にある標高 600m の斜面。もちろん栽培・醸造における一切の化学物質は不使用。納得するまで瓶詰めしないから、どれも生産量極小。ホントに貴重なワインゆえ、見つけたら即注文を。

D A T A

Domaine Pierre Beauger
輸入取扱：ディオニー

日本を離れ、葡萄畑で学んだ「自分自身を信じること」。それを、ワインを通じて表現したい

井ノ上美都
Mito Inoue

「小さくてもエネルギーがある畑にしたい」と美都さん。3年前に始めた気功の効果も自ら葡萄畑の中で実感。今後、畑の中でレッスンすることも考え中だそう。オーヴェルニュのナチュラルワイン生産者を集めた書籍にも紹介されている（写真左：『ENTRE LES VIGNES ♯2 avec les vignerons nature d'Auvergne』texte de Guillaume Laroche & photos de Harry Annoni）。

オーブ2016
Orbs 2016

90%ガメイ。オーブは「見えない小さな光」のことで、このワインが誰かの光になればとの思いを込めて。

ヴェスペルティンヌ2014
Vespertine 2014

フランスに蔓延したスズキというハエの被害で、ガメイの収量が激減。混醸したピノ・ブランとのブレンドで神秘的な味わいに。

D A T A

Mito Inoue
mitomito19@hotmail.com
日本未輸入

オーヴェルニュでワインを造る日本女性がいると聞き、クレルモン・フェランから車で30分ほどのシャンペ村のセラーを初めて訪れたのは、2014年の冬。大人4人入ればいっぱいのこぢんまり空間。そこで樽から試飲した、ガメイ・ド・オーヴェルニュにピノ・ブランを3割ほどブレンドした清らかな味が心に残る。生産量は年間約300〜600本。副業として、友人の果樹園などでも働いている。「ワイン造りは大変だけど、様々な出会いと学びがあり、やりたいことができるのは幸せ」と美都さんは笑顔で語る。

ワインとの出会いは、2003年パリに語学留学したとき。「頭痛がしないワインがある！」と興味がわき、様々なワイナリーやショップで働いた。ナチュラルワインを学びたいと思ったのは、帰国した際に、オーベルニュのピエール・ボージェ＊のワインを飲んだとき。「その瞬間を今でも覚えている」。その後コート・デュ・ローヌのジル・アゾニ（P122）のもとで白ワインを造る機会を得て、「飲み手」以上に「造り手」になりたいと思い立つ。2011年よりワイン造りを始め、現在は自宅のあるモンテギュ・ル・ブランにセラーを構え、7600㎡の畑でガメイ・ド・オーヴェルニュ（樹齢70年）とガメイ・ド・ボジョレ（樹齢50年）のワインを造る。「フランスでワインを造ってきて、一番の学びは？」と聞くと「自分を信じること。こちらの造り手たちは、人生を逞しく生き、常に前向き。私も、この土地のポテンシャルや、畑や自然に対する思いを、ワインを通して表現していきたい」。

自然に身を任せれば、思いもしない 面白いワインが生まれる！

マリー＆ヴァンサン・トリコ
Marie & Vincent Tricot

「オーヴェルニュのワインが世界中で飲まれるようになったのは、すばらしい。地域の仲間たちと助け合って、その魅力を伝えたい」と語るヴァンサン。

オーヴェルニュに草鞋を脱いで15年のヴァンサンは、実はロワールのアンジェ出身。大学卒業後（専攻は文学）に定職に就かなかったのは、世界を旅して回るためだった。しかし、生活費は稼がねば。そこで季節労働者として葡萄の収穫に参加したとき、運命の歯車が動き出した。畑仕事は、旅を越えるほど面白かったのだ。25歳のとき、ワイン造りを本格的に学ぼうとボジョレの栽培・醸造の学校へ。休みの日に働かせてもらった親方がなんとマルセル・ラピエールと懇意にしていた。「あるとき、サンスフルのワインのテイスティングに行った。その頃は、ナチュラルワインという言葉はなく、ヴァン・サンスフルと呼ばれていた。マルセルのワインは、感情に訴えかけてきた。ショックだった」

その後南仏のワイナリーに職を得た。そして妻のマリーの親戚のいるオーヴェルニュを訪ねたときに知り合ったのが、1970年代初めからオーガニックでワイン造りをするクロード・ブルナール。1年後、クロードはヴァンサンの仕事ぶりを高く評価し、高齢である彼のドメーヌを引き継いでほしいと申し出た。2003年に引き継いだ4.5haの畑に0.5ha足して今は5ha所有する。はじめから野生酵

エスカルゴ VdF 2017
Escargot VdF 2017

標高の高い粘土石灰質土壌のシャルドネならではの、ミネラリーなトーンが持ち味。ラベルのイラストは、娘のオルネ作。

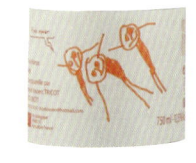

トロワ・ボンノム VdF 2017
Trois Bonhommes VdF 2017

ラズベリーやハーブのチャーミングな香りは、オーヴェルニュのピノ・ノワールならでは。

カーヴの入り口。畑は、火山灰土壌。ガメイ・ド・オーベルニュ、ピノ・ノワールなどの品種に最適だそう。

母で発酵、補糖もしなかった。完全にサンスフルに切り替えたのは2011年。「葡萄が十分な抵抗力をもっているという確信がもてたとき、サルファーは必要ないとわかった。最初は、サルファーなしでワインを造ることは、リスクが伴うものだと思っていたが、やがてサルファーを使うことなど考えもしなくなる。もちろん畑は、十分なケアが必要だ。自分自身と葡萄を信頼すること。自然がくれるものに自分をまかせると、ものすごい満足感が得られる。ナチュラルワインは、造り手によって、年によって驚くほど味わいが変わる。ひとつとして同じものはないのが面白い。毎日が発見だ。私たちは、自分が飲みたいものしか造らない。飲むのも食べるのも好きだからね。それを仲間たちとシェアする、こんなにすばらしいことはないよ」。

「エモーショナルなショックを受けた、マルセルのワインがすべての始まりだった」と語るヴァンサン。

レ・ミラン VdF 2017
Les Milans VdF 2017

15日間醸したピノ・ノワール（60％）と、マセラシオン・カルボニックのガメイのブレンド。

DATA

Marie & Vincent Tricot
輸入取扱：ディオニー

伝説のドメーヌで培った
独自の世界がますます気になる

ジャン・モーペルテュイ
Jean Maupertuis

　1999年に登場し、惜しまれながら2006年にクローズしたドメーヌ・ド・ペイラ。いまや伝説となったドメーヌを、仲間ふたりと営んでいたのがジャン・モーペルテュイだ。

　ペイラ解体後は、それ以前から取り組んでいた自分自身のワイン造りに邁進している。ジャンは元コンピュータ技師。ワインが好きで、マコンの醸造学校へ通い始めたとき、級友からマルセル・ラピエール＊を紹介され、一気にナチュラルワインの道へ。技師の仕事も辞め、約3haの土地を得て、師にならってセミマセラシオン・カルボニックを導入、SO2も使わず醸造している。品種もボジョレと同じガメイだが、ガメイ・ド・オーベルニュは、粒が小粒でフェノール分が多く、特に〈レ・ピエール・ノワール〉の畑は、火山性の玄武岩の土壌の葡萄のため、黒胡椒のようなトーンが出るそう。ピノ・ノワールの〈ネイロウ〉、シャルドネの〈ピュイ・ロング〉、いずれも葡萄が語りかけてくるような余韻が魅力的。

ピンク・ビュル VdF
Pink Bulles VdF

ガメイ100％、ロゼのペティヤン・ナチュレル。いちごの弾ける果実味とやさしい泡でするする飲める。

レ・ピエール・ノワール2015
Les Pierres Noires 2015

玄武岩土壌のピエール・ノワール畑のガメイを、マセラシオン・カルボニックで生き生きとした味わいに。

D A T A

Jean Maupertuis
輸入取扱：イーストライン

ジュラの蔵をたたんだ天才醸造家、
佐渡で始めた新たなワインに期待

ジャン＝マルク・ブリニョ
Jean Marc Brignot

　ジュラで活躍していたジャン＝マルク・ブリニョが、日本人の妻＆子供とともに佐渡に拠点を移して早6年。「土地の人に自分が何者か知ってもらいたい」と開いたビストロ〈ラバルク ドゥ ディオニゾス〉には、全国からナチュラルワイン・ファンが訪れる。
「佐渡だからこそできるワインを模索中。自根の葡萄を植えるところから始めたい」と、いまはじっくり土地と葡萄の相性を探っているところ。「ワインが造れるようになるのは、息子のエメ（6歳）の時代かも」と話す。

　コペンハーゲンの有名レストラン〈ノーマ〉の元ソムリエが営む食材ブランド〈フォクシー・フォクシー・ネイチャーワイルドライフ※〉のワインは、ジャン＝マルクが、2015年まで醸造を担当。葡萄はコート・デュ・ロ―ヌ〈ル・マゼル〉のジェラール・ウストリック（P122）のもので、ジャン＝マルクも収穫に参加した。※現在は〈アンダース・フレデリック・スティーン〉の名前で販売。

ACアルボワ・
プレファス2004
AC Arbois Preface 2004

「序章」という名のワインは、まさにジャン・マルクの最初のワイン。プールサールのフレッシュ感最高。

ラ・コンブ VdF
La Combe VdF

区画が窪んでいるため、この名に。日差しを浴びたサヴァニャンの時間と共に変わる味わいを楽しんで。

D A T A

La Barque de Dionysos（ラバルクドゥディオニゾス）
新潟県佐渡市真野新町327-1
http://labarque.net/　※〈アンダース・フレデリック・スティーン〉の輸入取扱は、ヴォルテックス。

Message from Restaurants & Bars

チームフェスティヴァン
レストラン、バーからのメッセージ

宮内亮太郎

Meguro Un Jour ／
メグロ・アンジュール（目黒）オーナー

　パリに渡ったのは30歳の時。住まいの近くにナチュラルワインを扱う酒屋があって、ピエール・オヴェルノワのワインとか、結構気軽に買えたんです。ピュアな味わいのワインだな、いいなと思い飲んでました。その後、ジャン＝イヴ・ペロン＊の畑に行く機会があり、意識が変わりましたね。彼らは「ナチュラルワインを造りたい」のではなく「自分のワインを造りたい」と思っている。厳しい中で闘っているプライドがある。「ナチュラルワイン」という言葉でひとくくりにできないな、と。外国人として初めてパリのヴェールヴォレで働くことになって、たくさんの生産者に会いました。今は東京で、ワインとともに彼らのストーリーを伝えられたらと思っています。

大山恭弘

Winestand Waltz ／
ワインスタンド ワルツ（恵比寿）オーナー

　1999年頃、地元の兵庫でクロード・クルトワ＊の〈ラシーヌ1997〉、それから〈オル・ノルム〉を飲んで、「変わったワインだなあ」と思ったのが最初です。〈オル・ノルム〉は涙のしずくのような形のエチケットで、それがとても気になりましたね。その頃かな、料理専門誌で勝山さん、フランソワさん、合田さんの鼎談を読んだのは。ナチュラルワインの未知の部分、今までのワインと違う「何か」に魅かれて、旅をするように今に至るという感じです。僕は「ワインは与えられるものじゃなくて、つかみとるもの」と思っています。ジャケットが好き、とか、行ったことある地域だとか、理由はなんでもいいから、自分で選ぶことが楽しいと思うんですよ。

齊藤輝彦

アヒルストア（富ヶ谷）オーナー

　僕はもともとはビール党だったんですが、料理の店を始めようと思った時に、「食中酒でワインははずせないだろう」と修業に入ったのが、恵比寿の「トロワザムール」。ナチュラルワインの世界が、今まで自分が思い描いていたワインの世界とまったく違うのに驚きました。ワインはバブルを引きずっているイメージだったんです（笑）。オリヴィエ・クザンの〈グロロペティアン〉を飲んだ時、「ああ、出会っちゃったなぁ」と思い、大げさでなく泣けてきた。おいしいし、哲学があるし、かたくるしさがない。ナチュラルワインに出会って、アヒルストアのイメージが決まったんです。教科書的なワインの勉強もしましたが、それを打ち破るような出会いでした。

ナチュラルワインの
生産者を訪ねて
Part 2

Natural Wine

AUSTRIA
オーストリア

ITALY
イタリア

CZECH
チェコ

SLOVENIA
スロヴェニア

SPAIN
スペイン

GERMANY
ドイツ

CROATIA
クロアチア

Wien

Burgenland
ブルゲンラント

AUSTRIA

Südsteiermark
ズュートシュタイヤーマルク

Trentino Alto Adige
トレンティーノ・アルト・アディジェ

Friuli-Venezia Giulia
フリウリ・ヴェネツィア・ジューリア

Veneto
ヴェネト

Piemonte
ピエモンテ

Emilia Romagna
エミリア・ロマーニャ

Toscana
トスカーナ

ITALY

Roma

Lazio
ラツィオ

Campania
カンパーニャ

Sardegna
サルデーニャ

Sicilia
シチリア

日々の恵みに感謝して、使命を遂行すれば
自然は必ずごほうびをくれる

マリア・ウント・ゼップ・ムスター
Maria und Sepp Muster

オーストリアのナチュラルワインの造り手で真っ先に名前が挙がるのが、スロヴェニアと国境を接するシュタイヤーマルク州のゼップ・ムスターだ。ロンドンで行われるナチュラルワインの祭典、RAW には毎年出展、いま世界で最も注目されるレストランで、ナチュラルワインのセレクションに定評のある、デンマークの NOMA などのレストランにもオンリストされている。

私にとっては、新しいオーストリアワインの扉を開けてくれた恩人である。出会ったのは 2008 年 6 月。2 年に一度ウィーンで開催されるワインの大試飲会、ヴィエヴィナムに派生して行われた、ビオディナミの認証団体デメーター・オーストリアの野外試飲会だった。世界でも類を見ない、王宮ホフブルクを 3 日間開放しての豪華絢爛な催しとは対照的な、名もない小さな造り手たちのこぢんまりと温かみのある試飲会に出ていたのは、ニコラ・ジョリーと並ぶビオディナミの伝道師ニコライホーフのニコラウス・サース Jr. を除けば初めて見る面々ばかりだったが、彼らのワインの、果実味がストレートに表現された味わいは、これまでこの国で出会ったことのない生き生きした魅力に満ちていた。

ワインライターとして仕事を始めた 2000 年、専門誌の仕事でオーストリアを訪れて以来、グリューナー・ヴェルトリーナーやリースリングの凛とした気品あるミネラリックなワインのトリコになった。ヴァッハウやカンプタールの偉大な白ワインは、強烈な磁力があると（今も）思う。しかし2005 年ぐらいからそれらのワインに疲れるようになっていた。ちょうどフランスやイタリアのナチュラルワインに、自分が本来求めていた味を発見した頃だった。

オーストリアのナチュラルワインを牽引する存在のゼップ・ムスター。地元シュタイヤーマルクで、志を同じくする仲間の生産者 5 人と共に「シュメクト・ダス・レーベン（人生を味わう）」というグループを作っている。

枝が縦横無尽に伸びるワイルドな畑。この地方に適した仕立て法だという。

オーストリアの生産者たちは、ヨーロッパ一の有機農地率（約20％）を誇り、1985年のジエチレングリコール液混入事件（オーストリアの一部の甘口ワインから、人体に極めて有害な液体が検出。一夜にして世界の市場からオーストリアワインが消えたという）に立脚した厳しいワイン法を遵守する、世界一の「自然な」ワイン国を自認する。しかし生産者の8割が行っている栽培法は、KIP（キップ Kontrollierte und Integrierte Produktion）というリュット・レゾネ（減農薬農法）に相当するEU主導の農法プログラムで、化学合成肥料や農薬を使用するのだから、自然農法ではない。この国のワインは、私が思うナチュラルワインではないのではないかという思いがふくらんでいた。

野外試飲会場で、それを口に出すと、「KIP is nothing」と、穏やかな笑顔で切り捨てたのがゼップ・ムスターだった。その一言で、私の数年来の疑問は解消された。

そのとき彼がもってきていたソーヴィニョン・ブランは、香りは青林檎のように清々しいものの、ずっしりとした濃縮感とうま味が印象的な後味を残す。〈ツヴァイゲルト（赤）〉は、オーストリアの南の産地ならではの赤果実が爆発するような豊満な香味と、はつらつとした酸味、のどに沁み渡るようなめらかなのどごし。共通するのは、透明感と凝縮感の微妙なバランスだ。その味わいに感動するとともに、8年もこの国に通いながらいったい何を見てきたのか、ただブランド力に飲み込まれて「偉大な」ワインを追いかけていただけなのではないかと、（天から）頭を殴られた瞬間でもあった。

相反する個性が融合したワインは、「オーポク」というシュタイヤーマルク独特の土壌に由来するという。石灰岩、粘土、

グラーフ・ソーヴィニョン2015
Graf Sauvignon 2015

農園の元々の名であるグラフ（伯爵）と名付けられたワインは、ゼップの定番ワイン。果実味の充実感とスパイシーなアロマ、凛とした骨格は、ソーヴィニョン・ブラン？　と思うかもしれないが、これぞゼップの個性。

ソーヴィニヨン・ブラン・フォム・オーボク 2015
Sauvignon Blanc vom Opok 2015

ソーヴィニヨン・ブラン、シャルドネなど、オーボクの土壌で栽培する白品種のブレンド。瑞々しさと凝縮感が共存する。

ツヴァイゲルト 2013
Zweigelt 2013

高品質なワインになりにくいとされる赤品種だが、フレッシュな果実味と酸味のバランスが絶妙の、ベスト・ツヴァイゲルト。

土を掘り起こすとミネラル豊富なフムス（腐植土）がいっぱい

シルトなどが堆積して押し固められたものだそう。この人の畑を見てみたい。そう思った半年後、私はゼップのワイナリーを訪れていた。どういうわけかその経緯をすっかり忘れてしまったのだが、このためだけに渡墺したようで、時間やお金をどうやって工面したのかもナゾである。

　記憶は、いきなり 2009 年 4 月の肌寒い朝、オーストリア第二の都市グラーツの隣の小さな駅ライプニッツに始まる。迎えに来てくれたゼップの車で、コアアルペと呼ばれる山地へ続く道をのぼり始めると、小さな丘陵地の連なりに、まっすぐな糸杉が重なる光景は、なるほどよく言われるようにトスカーナのようだった。この起伏のある地形に山岳地帯と地中海の二方向からの風が吹き込んで、ズュート（南）シュタイヤーマルクの微気候をつくるという。上りきったところに、このあたり特有の建物である、れんが色の屋根にたまご色の壁のゼップの住まい兼醸造所があった。標高 500m。降雨量は年間 1100mm もあるが、高地にあることから病害も付きにくいそうだ。

　18 世紀後半に建てられた家を、ゼップのお父さんが 1978 年に買い取ってワイン造りを始めたそうで、家のすぐ裏は 10ha の畑、まわりは森に守られた小さな有機体を形作っている。澄み切った空気のなか、ゼップが北の方角にある教会の尖塔を指さし、2 km 先はもうスロヴェニアだと教えてくれた。

　葡萄畑は、もっとも急なところは 60 度という斜面で、180 cm ぐらいだろうか、ほぼゼップの身長と同じぐらいの高さに仕立てられた葡萄の樹が整列している。新梢が自重でたわんで四方八方に伸びている、初めて見る独特の光景だ。

「新梢の先を切るのは首を切るみたいでいやなんだ。それにひとつの梢を切ると、それ以外が一方向に伸びてしまう。いっぽう自然に任せると重力でいろいろな方向に伸びるし、枝数が多い分、長さが短くなってエネルギーが凝縮する。妻のマリアの父が考えたもので、湿気を回避し、葡萄のアロマをキープする、この地方に適した仕立て法だ。ビオディナミも教科書通りにやればよいというのでなく、土地の特性を生かしてアレンジしていくことが大切だ」

　そして我々の足の下にあるのがオーボクだ。スコップで掘り起こすとスレートのような塊で、混入した雲母や貝殻がきらきら光っている。手でもつとぱかっと容易に割れるように、水がよく浸透し、根も下に伸びる。このオーボクがワインに丸みと火打ち石のようなミネラル感という相反しながらも協調する独特の個性をつくるのだ。葡萄の根はまるでごぼうのように太く、根粒がたくさんついている。これがフムスで、根はここから窒素を吸収する。畝間も広く、植栽は 2800 本/ha とゆったりだ。

　「みんなは密植がいいと言うが、どんなものにもスペースが必要で、葡萄は自由にのびのび育つのがいい」

　ちなみに、葡萄の樹を支えるポールは、周りの森で育った栗の木だ。木は約 20 年間、呼吸しながら酸素を葡萄畑に供給し、その後支柱としてまた 20 年を過ごす。その役目を終えると暖炉の薪として使われる。その間にまた新しい木が育

奥さんのマリアと次女のフローラ。ワイン造りは家族のライフスタイルと密着している。

つという完璧な循環が保たれている。電力はソーラーシステム、飲料やワイン醸造に使用する水は、地下水、妻のマリアの農園では家族で食べる分の野菜が季節ごとに育っている。

　醸造もできる限り自然にまかせ、葡萄と酵母が起こすいかなる変化も妨害しない。清澄、濾過もしない。SO₂ の添加は瓶詰め前のみとはいえ、この 2009 年時点では、52 ～ 80mg/ℓ と、ナチュラルワインとしては多いなと思った。が、翌年からはツヴァイゲルト、そして白のフラッグシップワインであるスガミネック（シャルドネとソーヴィニヨン・ブランのブレンド）、ソーヴィニヨン・ブラン、ヴェルシュリースリング、シャルドネなどの複数の葡萄を、赤ワインのように果皮とともに醸した「オレンジワイン」のエアデも、ノンサルファー（サンスフル）かそれに近い少量で、しっとりと体にしみる味わいに仕上げている。

　ゼップが限りなく自然な方法でワイン造りをしようと思ったのは、1994 年に高速道路のトレーラーの事故に巻き込まれ足に大けがを負ってしばらく休養したのがきっかけだという。当時お父さんと一緒にワイン造りをしていたけれど、人と違うワインを造りたいと思っていた彼は、ビオディナミのセミナーを受講した。講師は、農薬多用により疲弊したインドの農地をよみがえらせるプロジェクトを指導したことで知られるニュージーランドのピーター・プロクター。彼の勧めで妻のマリアとともにインドへ行ったときに全てがクリアになった。生きていること自体が奇跡で、トラブルはチャンスと思えるようになったという。

グレーフィン（オレンジワイン）
2014
Gräfin (Orange Wine) 2014

ソーヴィニヨン・ブランを果皮ごと 2 ～ 4 週間醸し発酵の後 2 年間寝かせたもの。色はオレンジ。深遠なアロマが存在感あり。

「ビオディナミは、単なる栽培方法ではなく自然との共存。農場はひとつの有機体。全ては葡萄が教えてくれる。何かを造りたいと考えると逆に道をふみはずす」

　2004 年からビオディナミに転換し、2007 年デメーター認証を取得した。

「私のワインは、自然と共存して造るハンドメイドのクラフツだ。賞を取ることを目指したり、顧客を満足させるために毎年同じスタイルをキープするワインとは別物だ。受け入れられない人もいるだろう。実際父も最初は反対だったよ。こういうワインを造るには、勇気を持つこと、筋道だった意味を考えながら仕事をすること、自分はいま正しい選択をしているのか、常に問いかけることが必要だ。日々の恵みに感謝して、自分に与えられた使命を遂行すると、必ず自然がごほうびをくれるものだ」

　いまや彼のワインは都内のレストランでも人気で、最難関のお父さんは、息子のワインしか飲まなくなった。

　彼の畑を訪ねた朝は、何かを始めるのに最適なタイミングと言われる新月だった。もちろん単なる偶然には違いないけれど、私にとってはオーストリアのナチュラルワインについて、この人から学んでいくことを決めた日だった。

DATA

Maria und Sepp Muster
https://www.weingutmuster.com
輸入取扱：ラシーヌ

グラーフ・モリヨン2012
Graf Morillon 2012

シュタイヤーマルク地方ではシャルドネをモリヨンと呼ぶ。グラーフ・シリーズは、ムスターの上級キュヴェ。

ナチュラルワインの新世界？
オーストリア注目の兄弟ワインメーカー

ヴァイングート・ヴェルリッチ／ブリギッテ＆エヴァルト・チェッペ
Weingut Werlitsch/ Brigitte& Ewald Tscheppe

ヴァイングート・アンドレアス・チェッペ
Weingut Andreas Tscheppe

　ナチュラルワイン・ファンの間で "New Old world wine" として注目されているオーストリア。農地の有機栽培率は、約20％とEU一ながら、野生酵母での自然発酵や、人的・化学的介入をミニマルに抑えた醸造が「普通に」語られ出したのは、ここ10年以内ではないだろうか。ウィーンに、この国初のナチュラルワイン専門ワインバー〈オー・ブーフェズ〉ができたのも2015年のこと。このバーおよび、その隣りにあるミシュラン2つ星のレストランのオーナーシェフ、コンスタンティン・フィリピウと共に、オーストリアのナチュラルワインを牽引してきたのは、南部シュタイヤーマルクにある生産者グループ〈シュメクト・レーベン（命の味）〉の5人のメンバーである。2014年、ナチュラルワインのイベントRAWが、初めて本拠地ロンドン以外で開催されるきっかけを作ったのも彼らだ。なかでも、ここ数年、日本でも注目されているのが、アンドレアスとエヴァルトのチェッペ兄弟。じつは、兄弟の長姉は、前ページのゼップ・ムスター*の妻のマリア。別々のブランドで、それぞれが個性的なワインを造る、最強の3兄弟である。

三層の斜面の個性を
異なるキュヴェに落とし込む
エヴァルト・チェッペ
（ヴェルリッチ）

　17世紀から続くチェッペ家の農園〈ヴェルリッチ〉を、2004年に他界した父から引き継いだのは、長男アンドレアスではなく、末子のエヴァルトだった。

「私は、畑の管理人、あるいは葡萄という子供のスキルを伸ばす先生のような存在でありたい」と語るエヴァルド。

「オーストリアの中のトスカーナ」とも呼ばれるシュタイヤーマルク地方。スロヴェニア国境まですぐ。

「アンドレアスはすでに自分のブランドでワインを造っていた。私たちはそれぞれのやり方があるので、一緒にワイナリーを運営するのはムリ。でもセラーは古くからあるものを共同で使っており、大きな意味ではチームだ」と話す。2017年7月に訪ねた〈ヴェルリッチ〉農園は、まるで鬱蒼とした森で、8 haの急斜面の葡萄畑に向かうと、野の花を束ねたブーケのような香りと鳥のさえずりが追いかけてきた。2009年に、初めてゼップ・ムスター*の畑を訪ねたとき、摘芯せずに伸ばしたままの新梢が風に揺れる様子に驚く私に、「マリアの父が考えたものだ」と教えてくれた、その光景が目の前にある。「フェノリックバランスが整うと、梢は自然に地面に向けて折れ曲がることで葉の生長が止まり、実の成熟が始まる。とても理にかなった仕立て方だと思う」。

　シュタイヤーマルクでは、農民の個人名でなく、農園の屋号をワイナリー名にする習慣があり、エヴァルトもそれに倣っている。

「そのほうが土地とつながっている気がする。祖先に経緯を払い、その名を絶やさないのが受け継いだ者の責任だ」

　エヴァルトは、農園から車で30分ほどのライプニッツの町にある栽培・醸造の専門学校を卒業した後、オーストラリアやニュージーランドで研修し、ビオディナミによる栽培を学んだ。その核になるのは、調剤（プレパラシオン）が、土壌に適度な湿度を与え、微生物の動きを活性化させ地力を高めることだという。斜面の畑の下部に立ったエヴァルトが畑の土をシャベルで掘り返すと、太い根が現れた。土に顔を近づけて匂いをかぐと、何とも言えぬホッコリした匂いがする。その根は、葡萄畑の脇に植わる栗の樹のものと聞いて納得。

エクス・ヴェッロI 2006
Ex Vero I 2006

シャルドネ主体の硬質なミネラリティにあふれたトップキュヴェ。凛とした骨格と、溌剌とした酸味が共存。

173

エクス・ヴェッロⅢ 2012
Ex Vero Ⅲ 2012

蜂蜜やナッツの香りが濃
厚。石清水が体にしみこむ
ような穏やかな飲み心地。

**ソーヴィニヨン・ブラン 2015
フォム オーポク**
Sauvignion Blanc 2015 vom Opok

顧客のレストランの要望で
誕生した初の単一品種は、
シュタイヤーマルクならで
はの品種で。

たしかに栗の匂いだ。トラクターを入れていないので土が生
きているのだ。このテロワールを表現したいと思ったエヴァ
ルトは、単一品種でなく、ひとつの区画の品種をブレンドす
る、オーストリアで"キュヴェ"と呼ばれるワインにフォー
カスすることに決めた。

ソーヴィニヨン・ブランとシャルドネを基本に、他に少数
の白品種が交じり合って植わる斜面の畑は、標高により、大
きく3つの性質に分かれるという。岩がごつごつした上部の
痩せた土壌は、この地方独特のオーポク（石灰岩、粘土、シ
ルトなどが押し固められたもの）含有率が高く、最もフルボ
ディな〈エクス・ヴェッロⅢ〉となる。斜面下部が最も肥沃な土
壌でオーポク率が低い〈エクス・ヴェッロⅠ〉。その中間が〈エ
クス・ヴェッロⅡ〉。エクス・ヴェッロとは、ラテン語で「本物」
という意味だそう。

葡萄品種のブレンド比率は年により異なり、最低22か月
と長い熟成期間を設けるのが特徴だ。飲み頃と判断した時点
でリリースされるので、現行ヴィンテージが、キュヴェによ
り異なるのも面白い。たとえば〈エクス・ヴェッロⅠ〉は2006。
グレード的には最もベーシックだが、シャルドネ率8割か
つ10年以上の熟成を経ているので、まるで石をなめるよう
な鉱物の質感があり、ブラインドで飲むと、ブルゴーニュの
ハイクラスのシャルドネのよう。いっぽう〈エクス・ヴェッロ
Ⅲ〉は、2012。ソーヴィニヨン・ブランが9割で爽やかな
酸味と軽やかな飲み心地がある。

スキンコンタクトのワインを造り始めたのは2014年。「私
のワインは色が濃いので、よく『スキンコンタクトをしてい
るのか』と聞かれ、興味をもったのがきっかけ」。
〈グリュック〉は、2週間の軽い醸しで、山椒のようなスパ
イシーな香りが特徴だ。〈フロイデ〉は、1年じっくり醸し

畑は、南から南東に向く。
1985〜91年にかけて父が植
えたものが中心だが、なかには、
1960年代のゲミシュタサッツ
（混植）も。

畑の土を掘って見せてくれた。団
粒がたくさんついたオーボクは、
ヴェルリッチのワインの魂だ。

ワインと共に出してくれた湧き
水のおいしさに驚いた。「ボト
ルに入って売られている水には
命がない」とエヴァルト。

チェッペ家のなかで、いちばんお茶目なアンドレアス。4人の兄弟のうち3人がワイン生産者だが、妹のバーバラはオーガニックコスメを作っている。

ブラワー・リベル（青トンボ）2016
Blue Libelle Blanc 2016

オーボク土壌の個性が、存分に表現されたソーヴィニヨン・ブラン100％のワイン。柑橘や青リンゴの香りに、ほのかなハーブのアクセント。

サラマンダー（トカゲ）2016
Salamander 2016

二つの区画のシャルドネをブレンド。レモンの香りに、火打ち石のようなミネラル感が充満。

醸造したもので、プーアール茶や干し杏などオリエンタルな香りが印象に残る。

ワイン造りは、仕事というより暮らしの一部と話すエヴァルト。「人間は木、虫、動物と同じ自然の一部。それらと共存していきたい。どんなにがんばっても自然が成し遂げるような立派な畑仕事はできない。醸造についてはまだ学ぶことだらけだが、ゴールを決めずにワインを造る」。

葡萄栽培の仲間である
昆虫のラベルが印象的な
アンドレアス・チェッペ

エヴァルトの畑の延長の、標高500mの所にあるのが、アンドレアスの畑だ。もともと叔父の畑で、アンドレアスが受け継いだのが2006年。このあたりは、昔深い海だったところで、コーラルリーフなどの堆積物が土壌を形作る。「一度も農薬を使っていないのはラッキーだった」。栽培・醸造学校で教えられた教科書通りの慣行農法によるワインにしだいに疑問を感じていた彼は、オーガニックによる栽培を模索していた。2003年、自然栽培に挑戦し始めた義兄ゼップのワインを飲んで感動したことも大きな転機となった。

ワインのラベルを、4種の昆虫をモチーフにしているのは、「彼らは、畑にいる仲間だから」。ソーヴィニヨン・ブランの〈ドラゴンフライ（トンボ）〉、ゲルバムスカテッラの〈バタフライ〉、シャルドネの〈サラマンダー（トカゲ）〉、ソーヴィニヨン・ブランとシャルドネの醸しの〈ビートル（カブト虫）〉がある。〈ヴェルリッチ〉のワインが力強いのに対し、アンドレアスのワインは、フローラルな香りのデリケートなテイストが特徴だ。標高が高いこともあるが、オーボクよりも石灰質の比率が高く、小さな区画ごとに適地栽培をしているのが理由だそう。エヴァルト同様、最低2年熟成の後にリリースする。「栽培は、自然のサイクルに従い、人間は一歩引くのが大切。そして醸造は、スイスの時計職人のように精密な仕事がしたい」。「2007年に植えたピノ・ノワールがそろそろ成木になるので、ワインを造りたいと思っている」。

シュタイヤーマルクで、本格的なピノ・ノワールのワインを造るのは、アンドレアスが初めてでは？楽しみ！

シュタイヤーマルク最高峰（？）の、ドラウ川に向かう谷間の畑では、川のせせらぎが聞こえる。朝は、東からの風が朝露を払ってくれる。

好きな生産者を聞くと、＊パトリック・メイエ、＊クリスチャン・ビネール、＊セバスチャン・リフォーを挙げた。

DATA

Weingut Werlitsch
http://www.werlitsch.com/
輸入取扱：CROSS WINES
Weingut Andreas Tscheppe
輸入取扱：BMO

ハンガリー国境の村に100年前の葡萄が蘇る、ワインのアンプラグド・プロジェクト

モリッツ／ローラント・フェリッヒ
Moric／Roland Velich

Moric は、ハンガリー式に発音するとモリッツ。「僕はナチュラル・ワインを造っているとは思っていない。ただ、"ナチュラルなもの"からワインを造っている」と語るローラント。

ローラント・フェリッヒに出会わなければ、ブラウフレンキッシュという品種の魅力に気づくことはなかっただろう。オーストリアワインに詳しいドイツ人ジャーナリスト、フィリップ・ブロムが、『The Wines of Austria』の中で「1990年後半以降、ブラウフレンキッシュの高級ワインを目指す造り手の中に、力強い葡萄の個性に合わせて、新樽のバリックを多く使うという手法がよく見られた」と記したように、果実味がマスキングされた野暮ったいワインしか知らなかったからだ。それを再び飲んでみたいと思ったのは、「ワインアドヴォケイト」誌の記事がきっかけだ。

「ローラント・フェリッヒは、ブラウフレンキッシュを、ブルゴーニュのグランクリュのように造る」。試してみるとブルゲンラント地域北部ネッケンマルクト（村）・アルテ・レベン（古木）（'06。ちなみにパーカーポイント95）は、ダークチェリーや白胡椒、ハーブの香りが特徴的で、海藻を思わせる凝縮したうま味がある。南東部、ルツマンズブルク（村）はチャーミングなフランボワーズの香りに、心地よい酸味、しっとりとまとまるバランス感。確かにブルゴーニュのようだ。一見ニヒル、でも笑顔がチャーミングな造り手は、ブルゴーニュに比較されることに慣れて

ブラウフレンキッシュ
ブルゲンラント 2007
Blaufränkisch Burgenland 2007

「ベーシックなワインが、そのワイナリーのすべてを語る」というローラントの入門編。〈Moric〉はリザーヴ、〈Neckenmarkt〉は単一畑もの。

ブラウフレンキッシュ モリッツ
2007
Blaufränkisch Moric 2007

ネッケンマルクトとルツマンズブルク、両畑の葡萄のいいとこ取りをすべくバランスよくブレンド。

スタイリッシュなインテリアのリビングには、ワインとグラスがずらり。来客の多さを物語る。

いるのだろう。「前者がヴォーヌ・ロマネで、後者はニュイ・サン・ジョルジュ。リアリスティック vs リリックだ」。そして、日本人の私のために「北斎 vs 広重？」と付け加えた。

屋号の Moric をハンガリー式にモリッツと読むように、ローラントが合計 15ha を管理するブルゲンラントは 1921 年までハンガリー領だった地域。ヨーロッパアルプスの最東端に位置し、古生代の結晶質岩やシストと、新生代のライタ石灰岩や堆積層が交じる複雑な地層を形成する。ローラントはこの地の最も古い財産でありながら、本当の魅力が伝えられていない葡萄を使って何にも邪魔されずに本来の個性を表現するワインを造ろうと、2001年、「ブラウフレンキッシュ・アンプラグド・プロジェクト」を立ち上げた。ブルゲンラント州アペトロンの実家のワイナリーを離れ、10 年間ヨーロッパ各地を放浪した後のこと。なにゆえブラウフレンキッシュを育ててもいないところに勉強に行ったのかと聞けば、「私がブラウフレンキッシュを選んだのは、土地のアイデンティティを表現したいから。だからその先駆者であるジョルジュ・ルーミエ、ジャン・ルイ・シャーヴ（北ローヌ）、ジャコモ・コンテルノたちを訪ねて教えを請うた。ワイン造りは至極シンプルだ。すばらしい葡萄と過去の遺産に学べばよいのだから」と。

ブルゲンラントに戻ったローラントは、土壌の構成と土地の歴史を掘り起こし、「古木は賢い老婦人のように、過不足ない情報をワインに与えてくれる」と、樹齢の高い葡萄の植わる畑を選んだ。中には 100 年を超えるものもある。「収量が多いとタンニンがラフになる」と 25 〜 39hl/ha。もちろん肥料や除草剤は一切なし。肥料も自分で造るが、ビオディナミを妄信せず最善の方法を探っている。

醸造で重要なのは、せっかくの完璧な葡萄を台無しにしないこと。抽出は少ないほどよく、大切なのはワインに量的にも時間的にも余裕を与えること。500ℓ の大樽で、発酵は自然に任せるから、1 年以上かかることも。できるだけ長く澱に接触させ（澱はワインにとっては羊水のようなものだそう）、その後約 2 年寝かせ、瓶詰め時に SO₂ を必要に応じて（最大 20mg/ℓ）添加してリリースする。

「私が目指しているのは、世間の評価ではなく、自らの出自を語るストーリーのあるワイン。探求は終わることがない。樹齢 100 年といえば 4 世代の人が関わっていることになる。会ったこともない 4 世代前の人の畑の古い葡萄品種を甦らせて新しい未来を造る、ワイン造りとはそういう仕事だと思っている」。

ブラウフレンキッシュ アルテ・レーベン・ネッケンマルクト2006
Blaufränkisch Alte Reben Nekenmarkt 2006

ブラウフレンキッシュの最高峰は、収量 25hl/ha、清澄、濾過なし、SO₂ 微量。なんと高貴な味だろうか。

D A T A

Moric
http://www.moric.at/
輸入取扱：ヘレンベルガー・ホーフ

これぞジャケ買い正解！の証明。
スタイリッシュな"家系図"ワイン

グート・オッガウ／
ステファニー＆エデュアルド・チェッペ゠エーゼルブュック
Gut Oggau/Stephanie & Eduard Tscheppe Eselböck

互いに尊敬し合うエデュアルド
とステファニー。彼らが造るワ
インは、NY や北欧のトップク
ラスのレストランでも人気。

ベルトルディ
Bertholdi

ブラウフレンキッシュ 100%。第
一世代にあたるベルトルディは
「自信に満ち、分別のある、根っ
からのブルゲンラント人」。

オランダ人アーティスト、アニェ・ヤー
ヒャーによるヒトクセありそうな「顔」のラ
ベルでおなじみのワイナリー。

「同じ葡萄園のワインは、共通の DNA をも
つファミリー。そしてそれぞれのワインには
独自のパーソナリティがある」と、ワインの
ラインナップを、三世代の家系図に見立てて
ストーリー仕立てで展開するのは、ファッ
ション誌の表紙になってもおかしくないよう
な美貌のカップル、エデュアルド・チェッペ
とステファニー・エーゼルブュックの夫婦だ。

エデュアルドは、南部シュタイヤーマルク
州出身、実家はワイン農家で父の仕事を手
伝っていたが、専門的にワイン造りを習った
ことはない。いまとなってみれば、慣行的
なワイン造りを学ばなかったことはかえっ
てよかったと話す。ステファニーの実家は、
ハンガリーとの国境近く、ノイジドラー湖
のほとりにあるオーストリア屈指のレスト
ラン（Forbes 誌の The 16 Coolest Placees to
Eat2016 にも選ばれた）「タウベンコーベル」
で、幼い頃から美食やワインに囲まれて育ち、
フランス・ローザンヌのホテル学校や、オー
ストリア南部グラーツの写真学校で学んだ。
ふたりは、ウィーンのワイン試飲会で出会っ
て結婚。何か面白いことをしようと思ってい

たときに、ステファニーの実家にも近いオッガウ村で 17 世紀に建てられた、20 年間空家だった、味のある古い屋敷に出会って引っ越した。古いセラーとプレスもあったので、ワインを造ってみようかと思い立った。2007 年のことである。

ちょうどオーストリアでも、ナチュラルワインを造る人がぽつぽつ現れ始めた頃で、畑を入手しビオディナミで栽培を始めた。「正直最初はうまく行かず、慣行農法を行う地元の生産者たちからは、クレージーと言われていた（笑）」とステファニー。「悪夢だった！」とエデュアルド。

しかし「ビオディナミは、最初は手段だったが、いまは私たちのライフスタイルそのもの。100％パッションだ」というとおり、畑の地力がしだいに高まると共におのずと自分たちの方向性を信じられるようになってきた。

デメーターのメンバーとして、ニコラ・ジョリーの本拠地、仏ロワールで毎年 2 月に行われる大試飲会「グルニエ・サンジャン・ア・アンジェ」にも毎年参加し、フランスの生産者たちとの交流の中で多くを学んだという。

"家系図ワイン"のアイディアを思いついたのは、文章を書くのが好きなエデュアルドだ。

祖父母の世代に位置づけられる〈メヒティ

ルト（グリューナー・ヴェルトリーナー・白）〉と〈ベルトルディ（ブラウフレンキッシュ・赤）〉は、バスケットプレスを使って手作業で圧搾して造られる。

ふたりの 3 人の息子である第二世代のワインは、十分に日照を得た葡萄で造られた凝縮感のあるワイン。長男の〈ヨシュアリ（ブラウフレンキッシュ）〉は、カリスマティックな人物だが、妻の〈ヴィルトルード（甘口）〉は、浮気性で留守がち（作柄の良い年のみの限定生産）。極楽鳥的存在の次男〈エメラム（ゲヴュルツトラミネル）〉と短いけれど情熱的な浮気をしていたことも！　三男の〈ティモテウス（グリューナー・ヴェルトリーナー＋ヴァイスブルグンダーの醸し）〉の妻はしばらく前に蒸発し、〈ヨゼフィーネ（ブラウフレンキッシュ＋ローズラー）〉というセクシーな熟女と結婚したばかり。

第 3 世代は、カジュアルで飲みやすいタイプ。ヨシュアリとヴィルトルードの長男〈アタナジウス（ツヴァイゲルト＋ブラウフレンキッシュ）〉は、イケメンでモテモテ。その妹の〈セオドラ（グリューナー・ヴェルトリーナー＋ウェルシュリースリング）〉は、実はエメラムの娘では？　ドラマチックなキャスト設定は、ワインの個性と重なって面

ティモテウス
Timotheus

「オープンマインドで新しいことに挑戦する人」という設定のこのワインは、スキンコンタクトを行っている。

ヴィニフレッド
Winifred

ブラウフレンキッシュとツヴァイゲルトを半量ずつブレンドしたロゼは、「珍しいほどシャイな女の子」。

白い。

なかでも、私が大好きな〈ティモテウス〉用に栽培しているヴァイスブルグンダーの畑に連れて行ってもらった。昔、海岸だったという南東に向いた石灰岩土壌の畑は、夜の間に葡萄に付いた露を朝日が適度に乾かしてくれる。畝間に自然に生えた雑草は、乾燥が心配される季節（7月）は、刈り取らずに根本から倒す、福岡正信方式だ。葉はよい光合成をしている証の薄い緑色で、葡萄はバラ房だ。いっぽうグリューナー・ヴェルトリーナー用の畑は、85歳のおじいさんが、ステファニーを気に入って貸してくれたもの。「後継者がいないので耕作放棄地になるはずだったけれど、自然な栽培をしたいという私たちの考えと一致した」。開園以来農薬や肥料を使用していないそうだ。

セラーはもともとこの家に付いていた、恐ろしく古いものだ。この10年で、ワイン造りはずっとシンプルになり、それははからずも、このあたりの人たちが昔からやってきた方法とよく似ているという。発酵も熟成も木樽で、ステンレスタンクは使わない。ビオディナミの調剤も自分たちで作る。SO_2 は、最初の頃はボトリング前に少し加えていたが、いまは、ほとんど加えていない。

自然のサイクルに沿って夏は畑で働き、冬はリラックスする。夏の間、中庭は、ホイリゲとなり、ステファニーが腕をふるう。

本人たちの華やかな外見や、キャッチーなラベルから、インパクトの強いワインを想像しがちだが、「ディーセント（慎ましい）なワインが好きだ」というふたりの仕事ぶりは、真っ当な農民というにふさわしい。

ティモテウスの葡萄が採れる、この畑ではマサル・セレクションにも挑戦している。

「丁寧に地球に接することで、土地のフットプリントを残したい」と話す二人。

「すべてがオールドファッションな、この蔵を入手したことから、人生が変わった」という。

ワインショップもオープンした。フランスやイタリアのナチュラルワインの魅力的なセレクション。

本格的に料理を学んだステファニーは、夏の間だけホイリゲ（居酒屋）をオープンする。

D A T A

Gut Oggau
http://www.gutoggau.com/
輸入取扱：CROSS WINES

チャレンジ精神にあふれた、
ブラウフレンキッシュ新世代

クラウス・プライジンガー
Claus Preisinger

「ワイン生産者でなければ、シェ
フか建築家になりたかった。自
然の素材を使って、文化を表現
する仕事だ」と話すクラウス。

カルクウントキーゼル・
ヴァイス2017
Kalkundkiesel Weiss 2017

ワイン名は「石灰岩と小石」。グ
リューナー・ヴェルトリーナーと
ピノ・ブランの二つの葡萄の生ま
れる土壌のこと。エレガントなオ
レンジワイン。

2017 年、7 年ぶりに会ったクラウス・プラ
イジンガーは、いい感じに貫禄がついていた。
初めて会ったころはまだ 20 代ながら、彼が
初めて造ったワイン〈パラディグマ 2000（ブ
ラウフレンキッシュとメルロのブレンド）〉
が、権威あるワイン雑誌『フォールスタッ
フ』のブレンドワイン部門の 2 位に入賞、「時
の人」だった。ワイナリーは、畑のど真ん中
に建つ、宇宙船みたいなコンクリートのビ
ル。直筆で Claus と名前を走り書きしただけ
の真っ白なラベル。細マッチョな体に腰ばき
ジーンズ。すべてがカッコイイ。でも、こう
いう場合、ワインは期待はずれなものと思っ
て試飲すると、これが果実味弾ける新鮮な味
わいだった。

2010 年、オーストリアワインの祭
典「ヴィーヴィナム」会期中に、モリッ
ツ＊のローラント・フェリッヒが企画し
た「Blaufränkisch tribute to a great wine
variety "ブラウフレンキッシュ－偉大な葡萄
品種へのトリビュート"」と題した、オース
トリア固有の品種にフォーカスした試飲会
に、クラウスは、ブルゲンラント州北東部ノ
イジドラーゼー・ヴァイデン村で造る〈ビュー
ル〉をもって現れた。畑の標高は約 180m と
ノイジドラーゼーで最も高く、南西向きで斜

度は 20 度、かつ湖からの風が害虫を防いでくれるため、葡萄が最も早く、かつ健康に熟す恵まれた畑から、作柄のよい年のみ造られるトップキュヴェ。新世代のブラウフレンキッシュの造り手登場にうれしくなった。

ブルゲンラントの州都アイゼンシュタット出身、実家は酪農を中心とする農家で、約3ha の葡萄畑ももっていた。クラウスは、「家業とはちょっと違うジャンルの農業、かつ家から離れられる」という理由から、ウィーン近郊のクロスターノイブルク醸造学校へ進学。その後、ノイジドラーゼーの重鎮ハンス・ニットナウスのもと 3 年アシスタント・ワインメーカーとして働き、この間に、件の『フォールスタッフ』のアワードでスターになったのだ。しかし、独立したのは、その 4 年後、この間に技術習得だけでなく資金も貯めた。「自由にワインを造るには、経済的に自立していなければ」。見た目がカッコイイので何をやっても派手に見えるが、実は堅実な人なのだ。

畑は、ノイジドラーゼー以外に、湖の北東部のライタベルクにあり、前者がサンディロームに小石やチョークが交じる土壌のパワフルなワイン、後者がライムストーンやシスト土壌でエレガントなワインになる。2 地域

合計 20ha を所有するほか、20ha 借りている。区画は、葡萄の多様性を求めて区画は 60 か所以上（7 a ～ 2 ha）で、毎日ランドローヴァーで駆け回っている。

有機栽培に興味をもったのは 2005 年ごろ。灰色カビ病が広がり、対策を研究すると、近隣の生産者のうち、有機栽培をしている人は被害が少ないことがわかり、これがビオディナミへの転向につながった。酪農家の父が、一度も合成肥料や飼料を使ったことがないというのも大きかった。2006 年、加入したのは、デメーターでなく、オーストリアの生産者からなるビオディナミ団体リスペクト（Respekt）だ。理由は「デメーターは、国によりレギュレーションが違う。たとえばオーストリアでは培養酵母が認められていないが、ドイツでは認められている。そしてデメーター・オーストリアは官僚的だ」。

さて 2017 年夏再訪すると、「超」ストイックな仕事ぶりに改めて驚いた。彼が「オレの黒い"金"」と呼ぶのは、父の農場の馬と国立公園の牛の糞、それに湖の葦を混ぜて造ったコンポスト。1ha もの空間にある 3 つの小山は、熟成 1 年目、2 年目、3 年目。2 か月に一度混ぜながら 3 年寝かせる。クラウスに促されて 2 年めの小山のなかに手を入れてみ

ピノ・ノワール 2015
Pinot Noir 2015

知る人ぞ知るピノ・ノワールの適地で、繊細な透明感＋ハーブのニュアンスがチャーミング。

ると、熱い！　約90度でいまだ発酵が進んでいるそうだ。3年目になると、量は半分に減り、「前世」の状態がわからないほどかぐわしい香りに変化して使用可能となる。「葡萄は自分でバランスを取りながら生きているので、問題がある時だけ使う」とのこと。「伝統にしがみついて退屈なワインを造るより、どんどん新しいことにチャレンジしていきたい」と語るクラウス。なかでも2009年からジョージアのクヴェヴリを使って、ライタベルクのエーデルグラーベン畑のピノブランを醸したエルデルフトグラスウントレーベン（ErDELuftGRAsundreBEN）は、新境地ともいうべき深淵な味わい。今後もウォッチングを続けていきたい造り手だ。

美しいビュールの畑。畝間にはヒメジョオンが植わる。斜面は、ノイジドラー湖に向かって下っている。

クラウスが「黒い金」と呼ぶコンポスト。3年熟成のものは、ものすごいパワーがあるそうだ。

友人であり同志であるフランツ・ヴェニンガー Jr. に紹介された建築家集団プロペラ Z によるワインセラー。

クヴェヴリを使っての発酵＆醸造とスキンコンタクトが、新しいテーマ。

グラヴィティシステムのワイナリーの 2 階部分は，テイスティングルーム。「葡萄のライフサイクルは、葡萄自身が知っている。僕は必要以上に助ける必要はない」。

D A T A

Claus Preisinger
http://www.clauspreisinger.at/
輸入取扱：CROSS WINES

反骨精神と美意識を味方に、
オーストリアワインに新風を！

クリスチャン・チダ
Christian Tschida

「シュレール*のピノ・ノワールが、クレージーなほど好き。最近飲んで感動したのは、ラディコン*やオヴェルノワ*」と話すクリスチャン。

ヒンメル・アウフ・エアデン2017
Himmel auf Erden 2017

樹齢55年のショイレーベを主体に、ヴァイスブルグンダーをブレンド。まるで神聖な音楽を聴いているような深い余韻が。

　ＮＹや北欧で高く評価されているクリスチャン・チダ。初ヴィンテージは2003年だそうだが、私が、その評判を聞いたのはごく最近のことだ。

「コンヴェンショナルなワインが王道とされるこの国で、自然発酵、無濾過、添加物なしでワインを造るのはスキャンダル。こっそり造っていた」と、「デカンタ・ワールド・ワイン・アワード」の審査員などで知られるデレク・モリソンがMCを務めるYouTubeの番組『BRING YOUR OWN』で語っていた。様々なインタビュー記事の答えも秀逸だ。「自分のワインをどう評価するか？」の質問には「語るなど退屈だ。飲むほうがいい」。「畑が面しているノイジドラー湖の影響は？」「影響は多少あるかもしれないが、『ない』場合と比較できない。湖は昔からそこにあるのでね」「あなたは醸造家か、農民か？」「どちらかといえば農民。暗くて寒いセラーよりは、緑あふれる明るい大地が居心地いい」。

　2017年7月、教えられた住所をたよりに、表札もない白壁の家のドアをノックすると、モジャモジャ頭にロック歌手風の黒Tシャツ姿の男が出てきた。ワイン生産者というよりアーチストだ。そいえば元グラフィックデザイナーだったっけ。

ヒンメル・アウフ・エアデン・ロゼ2017
Himmel auf Erden Rosé 2017

繊細で力強いカベルネ・フランのロゼは、この品種が好きだったお父さんのために造られた。

「ワインの輸出先のなかでも、日本は大事。私のワインは、巨大なステーキには合わない。旨味のあるデリケートな日本食なら、ぴったりだ」。

どうやって自然なワイン造りに辿り着いたのかと尋ねると、「朝起きて突然、『さあ、ナチュラルワインを造ろう』というのはヘンだろう。全てはひとつのまとまりだ。畑がオーガニックでも、培養酵母を使えば、すべての個性を失う。モダンなスタイルは私の目指すところではない。『レッセ・フェール』、人間が一歩ステップバックすることで、ワインはクオリティがアップするのだ」

本格的にワイン造りを始めたのは、10年前。ワイン農家だった父が他界し、「遺産相続がうまくいかず、全てを失った」が、偶然、近所でセラー付きの家が売りに出されていたので購入、畑も樹齢30年以上のものを入手することができたという。現在、20か所合計10haを所有している。

「オーストリアには見るものがなかったから、ヨーロッパ中を旅したよ。そこでラディカルな栽培方法が、葡萄のクオリティを損なうと知った。ラディコンやオヴェルノワなどに感心した。ワインが健全な葡萄からできるものだと初めて知った。父は、工業製品のように造って売っていたからね」

反骨精神と美意識を味方に、オーストリアの正統派を疑うことから始めたワイン造りは、たとえば〈ノン・トラディション〉に表れている。オーストリアの固有品種グリューナー・ヴェルトリーナー100%だが、この品種の特徴とされる若草に白胡椒の風味ではなく、夏みかんのような熟した果実味と瞑想を誘うような深い余韻がある。

チダ家の古くからの友人という著名な彫刻家アルフレート・フレドリチュカの素描をラベルにした〈ヒンメル・アウフ・エアデン（独語で大地の上の天国）〉は、白やオレンジもあるが、私が好きなのはカベルネ・フラン100%のロゼだ。ロワールを旅したときにこの品種のトリコとなったクリスチャンが10年前に入手した畑のなかに、売り主が「変なメルロ」という葡萄があった。なんと調べてみるとこれがカベルネ・フランだった。葡萄のエキスの結晶ともいうべき気品あるテクスチャー、スパイシーなアクセントもよい。

全てのワインに共通する、凝縮感と飲み心地のよさは、古いバスケットプレスで「握手するように柔らかくプレスすること」で達成されるそうだ。

毎年、収穫した葡萄の10%で新しいアイディアを試しており、結果がよければボトリングする。2015年には、フィールドブレンドの葡萄にシラーをプラスして1年間醸したワインを、〈ブルタル＊〉としてリリースした。

ノン・トラディション 2015
Non Tradition 2015

大きな権力に組み込まれずにワインを造りたいとの考えから生まれた自由なワイン。

D A T A

Christian Tchida
http://www.tschidaillmitz.at/
輸入取扱：ラシーヌ

世界中の生産者がその動向に注目。
常にチャレンジを続けるヴェネトの巨匠

ラ・ビアンカーラ／アンジョリーノ・マウレ
La Biancara/Angiolino Maule

ベテランながら若々しく、常にチャレンジングなアンジョリーノ。「経験が増すにつれ、ワイン造りのメソッドは変化するが、フィロソフィーは変わらない」。

サッサイアIGT2012
Sassaia IGT 2012

ガルガーネガ95％、トレッビアーノ5％。畑にSassi（石）がごろごろしていたことから、この名に。評価本『ガンベロロッソ』でも認められたヴィーノ・ナチュラーレのお手本

アンジョリーノ・マウレは、ヨーロッパ中の生産者から尊敬を集める存在だ。

もとは腕のよいピッツァ職人だったが、店が大繁盛して、念願だった葡萄畑を購入、1988年に、故郷ヴェネト州のガンベッラーラでワイン造りを始めた。

「最初はコンサルタントを雇っていたけれど、その教科書通りのやり方に不満を感じ、「もっと土地の個性を詰め込んだワインが造りたい、でも、どうすれば…」と悩んでいたころ、近隣のヴィツェンツァの町で何気なく飲んだワインに衝撃を受けた。それはフリウリ・ヴェネツィア・ジューリア州のヨスコ・グラヴナーのリボッラジャッラ。以降、時間を作っては、ヨスコのもとに通うように。そこには、思いを同じくするスタンコ・ラディコン（P206）、ダリオ・プリンチッチ、ラ・カステッラーダのニコロとジョルジョのベンサ兄弟、エディ・カンテ、ヴァルテル・ムレチニック（P225）らが集い、刺激し合いながら自然なワイン造りを目指すようになった。2003年、それは生産者団体「ヴィニ・ヴェリ」に発展するが、2005年にアンジョリーノは脱退し、翌年、イタリアのみならず、フランス、オーストリアなどの生産者から成る（現在7か国、約170人）"ヴィン ナトゥール"というグループを組

織。ナチュラルなワインを造ることとともに、環境を守ることを目的としたもので、メンバーたちがリリースしたワインを研究機関に送り、化学肥料や除草剤の残留度をチェックしたりもしている。

「会則に合わない人を罰する目的ではなく、いかにケミカルなものを使わずに、よい葡萄を造ることができるかを指導するため」と、ヴィンナトゥールのインタビューで語っていた。

ダヴィデ・スピッラレ（P192）、ダニエーレ・ピッチニン（P94）など、アンジョリーノの薫陶を受けた若手の躍進もめざましい。60歳を越えているが、大御所の地位に寄りかからず、常に向上心に燃えている。

土壌は、ミネラル分に富む火山岩質で、南東・南西向きの畑は、地品種であるガルガーネガに向いており、開園以来、無施肥。イタリア最大規模のパダーナ平野に面した湿気の多いエリアのため、病害が発生しやすく、農薬なしの栽培はかなり冒険的なことだそう。ビオディリミとEM農法（Effective Microorganisms 有用微生物群を用いた農法）にもトライし、地力を高めている。農楽は、有機農法で認められているボルドー液さえ排除しようと模索中だ。

最もベーシックな〈サッサイア〉は、どんな人も笑顔にするようなピュアな味わい。値段も2000円台と良心的で、イタリアのナチュラルワインのお手本だ。ガルガーネガに数パーセントのトレッビアーノを加えることで、若いうちから飲みやすい味わいに仕上げている。年によりSO₂ "あり"、または "なし（センツァSO₂）" がリリースされる。ワインはいずれも同じタンクで発酵させているが、底のほうは澱が沈殿し白濁しやすいので、清澄の目的でSO₂を加えることがあるため（2016は、"あり" と "なし" の両方がある）。

白のトップキュヴェは、標高250mの3つの区画のガルガーネガを使用した〈ピーコ〉。標高が高いため、葡萄がゆっくり成熟するそうだ。〈ピーコ〉の畑の最良の区画のガルガーネガから、作柄のよい年だけ造られる遅摘みのワインが〈タイバーネ〉。貴腐菌のついた葡萄を甘口に仕上げるのでなく、完全に発酵させた、とてつもない凝縮感のあるワイン。近年では2000、2007、2008、2011のみ造られている。さらにSO₂無添加の極上甘口〈レチョート〉というスゴイワインも。残糖により再発酵の危険性のある甘口ワインに、この手法を採用するのは世界広しといえどもアンジョリーノぐらい？　少量生産ゆえ、見つけたらぜひお試しを。

ロッソ・マシエリ IGT 2016
Rosso Masieri IGT2016

メルロ50％、トカイ・ロッソ40％、カベルネ・ソーヴィニョン10％。葡萄の生命力が感じられる味わい。余韻には清涼感も。

DATA

La Biancara
http://www.angiolinomaule.com/
輸入取扱：ヴィナイオータ

昔ながらのワイン造りを踏襲する、
ミレニアル世代の10年選手

ダヴィデ・スピッラレ
Davide Spillare

「剪定の時から葡萄が実り、ワインになった姿を想像しながら仕事をする。自然なワインが作るハッピーな世界をめざし、まずは自分の土地を健全にしていきたい」とダヴィデ。

1987年生まれ、31歳の若さだが、ワイン造りのキャリアは16年。なんと初めてワインを造ったのは14歳の時だそう。2017年4月、イタリアのナチュラルワインの試飲会、ヴィラ・ファヴォリータで会ったダヴィデに、畑を見せてほしいとお願いすると、「僕は人見知りですが、ワインについて話し始めると止まりませんよ」と快諾してくれた。

スピッラレ家は、ヴェネト州ヴィチェンツァ近く、ガンベッラーラの兼業農家で、栽培した葡萄は近くの醸造所に販売していたが、自家用レチョートスプマンテ（陰干しした甘口ワインを二次発酵させたもの）を造っていた。

ダヴィデは、花が好きで農業学校へ進んだ。お父さんがラ・ビアンカーラ＊のアンジョリーノ・マウレと幼なじみで、彼が独自路線のワインを造っていることに興味をもち、放課後はアンジョリーノのもとへ通ってはワイン造りの手伝いをするようになった。

「アンジョリーノから教わったのは、自然なワイン造りへの情熱。そのうち自分でも造ってみたいと思うようになった」

スピッラレ家は、とくに自然農法を謳ってはいなかったが、合成化学肥料、農薬は使ったことがなかった。「両親は、常々『土地は、神から借りている。健全な形で借りたので健

ビアンコ・ルーゴリ
IGT2016
Bianco Rugoli IGT 2016

ガルガーネガの7割をスキンコンタクト。期間が短いため、うまみがあるのにクリアで飲みやすい。

ロッソ・ジャローニIGT2016
Rosso Giaroni IGT2016

メルロ100％のワインが、こんなに穏やかで、奥ゆかしいなんて！ダヴィデの人柄を表す優しい味わい。

「10年経って、いまは自分の土地、土壌のことがよく見えるようになった。失敗も必要だったとわかる。いまは自然なワイン造りという選択をしたことに自信を持っている」とダヴィデ。

全なまま返しなさい』と言っていた」。

　祖父が植えた樹齢70年、伝統的なペルゴラ棚仕立てのガルガーネガはダヴィデの宝物だ。2006年、お父さんから2haの葡萄畑と元詰めの権利を譲り受け、数百本のワインを造った。その1年後が本格的なデビューとなる。しばらくは、アンジョリーノのところで醸造させてもらっていたが、2010年、家の敷地内に小さなワイナリーを建てた。

　新しく挑戦しているのは、スキンコンタクトで、〈ビアンコ・ルーゴリ2016〉は、ガルガーネガの7割を通常通りプレス後に発酵、残り3割を、5日間醸し発酵、別々に木樽で10か月熟成ののちブレンドしたもの。
「スキンコンタクトは、フリウリ・ヴェネツィア・ジューリア州の伝統で、ガンベッラーラでやっている造り手はほとんどいない。僕がこの方法を取り入れようと思ったのは、自分のワインに何かが足りないと思ったから」

　タニックなワインにしたくないので、醸し期間は短めに、プレスはゆっくり丁寧に行うそうだ。生き生きとした酸味と葡萄のエキスが詰まった奥行きがある。できばえには非常に満足しており、SO₂も無添加だ。
「本当によいワインは、SO₂を必要としない。最初は、酸化したり、揮発酸が高くても、し

だいにバランスが整っていくと信じている」

　500年前からこの地で育てられているガルガーネガは、火山灰土と粘土質土壌が交じる土壌に最も適した品種。「土地に合った品種を選んだら、丁寧に観察しながら見守ること、剪定を始める段階から、完成形を想像しながら仕事をすることが大切だ」。畑は8haに増えたが、ワイン用葡萄を栽培するのはその半分、それがひとりでしっかり管理できるリミットだそう。残りの半分は食用葡萄だ。

　畑から戻って家のキッチンで試飲した。最後に出てきたのは、14歳のときに造ったパッシート（陰干し葡萄の甘口ワイン）。蜂蜜のような香りときれいな酸味、人柄がにじみ出る素直な味わいだ。
「この10年で学んだ一番大切なことは何？」と聞くと「自分の土地のことなら、誰よりもわかるようになったことかな。たくさんの間違いを経験してよかったよ。周りからは、『ナチュラルワインを造るなど、ばかなことだ』と言われたけど、自然に造ったワインでなければ僕は満足できない。すべてを自分で選択したことも、自信につながった」
ビオディナミなどの新しい方法（彼らにとっては）を取り入れるつもりはなく、昔ながらの畑仕事を真っ当に踏襲していきたいそうだ。

ビアンコ・クレスタン IGT2016
Bianco Crestan IGT2016

ビアンコ・ルーゴリに使われなかった葡萄で造るセカンドライン。すっきりとしてクリアな飲み心地。

D A T A

Davide Spillare
http://www.davidespillare.it/
輸入取扱：ヴィナイオータ

"活きているワイン"に出会い、方向転換。
常に高みを目指す、元ソムリエ

ダニエーレ・ピッチニン
Daniele Piccinin

畑は5カ所にある。ほとんどが火山灰土と石灰岩で、ミネラルバランスがよい。自分なりの方法で始めた土作りが、軌道に乗り始めたところ。

何の集いだったかは失念したが、場所は銀座のグレープガンボ（残念ながら閉店）。2011年頃、インポーター、ヴィナイオータ社長の太田久人さんから、アンジョリーノ＊・チルドレンとして薦められたのが、ダニエーレのワイン、そしてドゥレッラなる酸味のきれいな地場品種（白）との出会いであった。それから6年後、実際に会ったダニエーレは、ものすごく背が高くカッコイイ。完璧な英語で弾丸のように的確なコメントを連発、しかしその手元にはガラケー、「Facebook のアカウントはあるけど、仕事が忙しくて投稿するヒマはない」というアナログぶりもステキである。

そもそもはレストランの共同経営者兼ソムリエだったダニエーレが、ワイン造りに興味をもったのは、店でアンジョリーノのワインを扱うことになったとき。「初めて『生きている』ワインに出会った」。アンジョリーノに、手伝いをさせてもらえないかと頼みこみ、休みの日には早朝から夕暮れまで畑とセラーで働き、ついに2006年、経営者の地位を捨て、故郷、ヴェネト州ヴェローナそばのサンジョヴァンニ・イラリオーネでワインを造ることになった。開墾したムーニ地区は、おじいさんが生まれたところで、自家用のワインを造っていた。家族思いのダニエーレは、いつか、

アリオーネIGT2015
Arione IGT2015

ドゥレッラで造るスプマンテ。2年間シュールリー、かつ陰干ししたモストをプレスし加えることで、干し柿のような香りと凝縮感が。

モンテ・マーグロ IGT2016
Montemagro IGT2016

ダニエーレが最も大事にする品種ドゥレッラの魅力全開。蜜のような華やかな香りに、海藻のようなアクセントと深い甘みが持ち味。

後ろ姿は、妻のカミッラ。料理は彼女が。ワインと食後のチーズは、ダニエーレがサービスしてくれた。「葡萄は私たちよりもずっと長く生き、多くの知識を蓄えている」とダニエーレ。

ここに家を建てたいと言う。

　火山灰土の玄武岩と粘土の土壌が交じる土地に植えたのは、件のドゥレッラである。現地では、非常に酸味が強いため「怒り狂った」を意味するラ・ラッビオーザとも呼ばれる品種で、シャルドネなどの国際品種に植え替える人が多いなか、彼は地場品種を大事にしたい、完熟すればきっと偉大な白ワインになるに違いないと信じたのだ。

「ヨスコ・グラヴナーのリボッラ・ジャッラ、パオロ・ヴォドピーヴェッツ（P208）のヴィトフスカ。偉大な造り手はみな、土地固有の品種を表現している」

　ドゥレッラの畑より標高の高いところ（約500m）にはピノ・ネーロを植えた。これらが成木になるには時間がかかるので、シャルドネ、ドゥレッラ、メルロ、カベルネ・ソーヴィニヨンが植わる、1.6haの畑を借りて、造り始めたのがカジュアルラインの〈ビアンコ・ディ・ムーニ〉と〈ロッソ・ディ・ムーニ〉である。現在、畑は5区画、7haに増えた。ドゥレッラは、標高が低いところのものは、スパークリング・ワインの〈アリオーネ〉に、それより熟度の高いものは〈ビアンコ・ディ・ロッソ〉に、選りすぐりの葡萄は、看板ワインの〈モンテ・マーグロ〉になる。

　ダニエーレは、より高みを求めて、常に試行錯誤を繰り返している人だ。

　セラーの2階には大量のドゥレッラが陰干ししてあるが、これは甘口に仕上げるのでなく、プレスして保存し、ドゥレッラで造るスパークリングワインの〈アリオーネ〉のスターター（発酵を促す）として使うそうだ。

　畑では、独自に開発した植物由来の製剤を導入している。「有機栽培で、ウドンコ病対策に使用が認められているボルドー液に常々疑問を持っていた。これは硫酸銅と消石灰の混合溶液だが、重金属である銅は土壌や地下水に蓄積する」。ボルドー液に代わるものはないかと模索していたところ、偶然、ヒトの真菌感染症ケアのスペシャリストと出会い、彼の知識とダニエーレのビオディナミの経験を合わせることで、製剤が完成したのだ。原理は、ワインを蒸留してオードヴィーを作り、これにハーブや花を1か月ほど漬け込んでプレスして液体と固形分を分ける。固形分は、ピッツァ用オーヴンに入れて加熱し、灰にする。植物のミネラルソルトが凝縮したこの灰を液体に戻し半年寝かせる。これを使い始め、明らかに葡萄の木に耐性ができたと胸を張る。

　飲み頃に仕上がるまでボトリングしないという希少な〈ピノ・ネーロ〉も秀逸だ。

ビアンコ・ムーニ IGT 2016
Bianco Muni IGT2016

ドゥレッラとシャルドネのブレンド。トロピカルフルーツのような香りがあり、クリアで親しみやすい味わい。

DATA

Daniele Piccinin
輸入取扱：ヴィナイオータ

195

祖父のやり方に戻して再生した、
正直にテロワールを表現したワイン

メンティ／ステファノ・メンティ（ヴェネト）
Menti / Stefano Menti

ステファノは、畑仕事を愛する一方、SNSを駆使して自らワインを発信していきたいと語る、サイバー・ネイティブ。

ロンカイエ・スイ・リエーヴィティ
Roncaie sui Lieviti

一次発酵の後、ガンベッラーラのレチョート（陰干しワイン）を加えて再び発酵させた贅沢なスプママンテ。

ヴィン・サント・ディ・ガンベッラーラ・クラッシコ2004（ハーフ）
Vin Santo di Gambellara Classico 2004 (Half)

ガルガーネガのデザートワイン。果実味と酸味のバランスがよく、ほのかにアニスのフレーバー。

DATA

Menti
https://www.giovannimenti.com/
輸入取扱：ラシーヌ

火山灰土壌で育ったガルガーネガのミネラリーで石清水のような味わいが和食によく合い、価格もリーズナブルなことから我が家の食卓に頻出するメンティの〈パイエーレ〉。造り手のステファノいわく、「スプマンテの〈オモモルト〉は脂身のソーセージに、〈モンテ・デル・クーカ〉は、肉でも魚でも、クセのあるチーズにも」。ほんと、フードフレンドリーなワインである。

ガンベッラーラ地区にあるメンティ家は、19世紀まで家系をさかのぼることのできる農家。貿易会社の敏腕社員だったステファノが、お父さんの頼みで家業に戻ったのが2000年。ワイン造りを専門的に学んではいなかったが、葡萄栽培は体になじんでいた。全責任を任された彼の最初の改革は、祖父の時代のやり方に戻すこと。父は、畑もセラーも化学薬品の力に頼っていた。まわりの生産者を訪ね歩き、父のワインと比較した結果、祖父がやっていた自然農法を基本に葡萄を育てることが、よいワインに結びつくと気づいたのだ。

「自分は実利的な人間」というステファノのワイン造りは、PDCA（Plan,do,check,action）サイクルに則っている。ビオディナミの調剤は約半年で効果が出たから採用。次に野生酵母と培養酵母を半々で醸造し1年後に試飲すると前者に軍配が挙がった。陰干しした葡萄から造る甘口ワイン、ヴィン・サントにも挑戦している。「毎年実験の連続で、成功もあれば失敗もある。でも、うちの家族はミスを責めないんだ。正直にテロワールを表現したワインは、どんなものでも価値があると思っているからね」

仏・伊の巨匠に学んだ経験をもつ、実験精神あふれる若手のスター

レ・コステ／ジャン・マルコ・アントヌーツィ（ラツィオ）
Le Coste / Gian Marco Antonuzi

　ゴクゴク飲める1ℓ瓶の〈リトロッツォ（赤・白）〉が大人気のレ・コステは、2004年、ローマ育ちのジャン・マルコ・アントヌーツィが、お父さんの故郷のイタリア中部ラツィオ州グラードリ村に開いたワイナリー。カルデラ湖であるボルセーナ湖のほとりにある畑は、礫岩と凝灰岩で構成されたミネラルと鉄分を豊富に含んだ土壌で、葡萄に芯のあるしなやかさが生まれるそうだ。

　おじいさんが植えた葡萄に加え、新しく3haに植樹。その1/3はピエーデ・フランコ（自根）。アレアティコ（赤）の苗は、なんと、かのマッサ・ヴェッキアから入手したそうだ。

　栽培はビオディナミ、醸造に化学薬品は一切使わないが、ディディエ・バラル、ブリューノ・シュレールら数々のナチュラルワインの巨匠のもとで働いた豊富な経験から、凝り固まった考え方に陥らず、葡萄の状態に即して、発酵容器の種類、除梗の割合、醸し期間の調整など様々な方法にチャレンジしている。

ビアンコ・クリュ・レ・コステVdT2014
Bianco Cru le Coste VdT2014

レ・コステの畑の葡萄のみを使用し、貴腐をまとったプロカニコを60%使用したヴィンテージ。

アーレア・ヤクタ・エストVdT 2014
Alea Jacta Est VdT 2014

黒葡萄のアレアティコを実験的な手法を盛り込みながら仕込むワイン。オリジナリティを味わって。

D A T A

Le Coste
輸入取扱：エヴィーノ

創業者の精神を受け継ぎながら、若者チームの新MassaVecchiaに

マッサ・ヴェッキア（トスカーナ）
Massa Vecchia

　トスカーナのマレンマ地区に1985年に誕生した循環型農家兼ワイナリー。創業者のファブリッツィオ・ニコライーニは、「いつも自然と共に働く」ことをフィロソフィーとし、2003年に仲間たちと、生産者グループ "Vini Veri" を立ち上げたヴィーノ・ナトゥラーレのパイオニア。ファブリツィオは2009年に当主を娘のフランチェスカに譲り、醸造責任、酪農、野菜、穀物栽培は彼女と若いチームに任せ、本人はワイン造りに専念。

　敷地6haのうち、葡萄3.6ha、オリーブ1.5ha、穀物0.8ha、酪農も行う循環型農業だ。

　トップキュヴェは、ファブリッツィオのお父さんが植えたクエルチョーラの畑のサンジョヴェーゼ＆アリカンテのトスカーナらしいブレンドで造る〈ラ・クエルチョーラ〉。ヴィンテージ2014は、日照に恵まれなかったとはいえプラムの果実味が特徴的でじんわりやさしい味わいだ。

ビアンコVdT
Bianco VdT

特に人気の白。ヴェルメンティーノ主体だが、年により品種構成が変わり、全く異なるテイストに。

ラ・クエルチョーラIGT2009
La Querciola IGT2009

葡萄のエキスが充満しているのに驚異的に飲み心地がよい。マッサ・ヴェッキアの神髄。

D A T A

Massa Vecchia
https://www.massa-vecchia.com/
輸入取扱：ヴィナイオータ

ワインとは、自然の力で人に語りかける手段。絵のように、音楽のように、詩のように

パーネヴィーノ／ジャンフランコ・マンカ
Panevino / Gianfranco Manca

ジャンフランコが大切にしているのは、型にはまらないこと。「自分が生きている瞬間のすべてが、エネルギーと刺激をもたらしてくれる。自分の時間は常に"自由"だ」

ウーヴィーエー 2016
U.V.A. 2016

3種の別のワインの余剰分主体で造る希少アイテム(赤)。UVA はイタリア語で「葡萄」だが、ほかにも多様な意味があるそう。

「パンとワイン」というユニークな名前のサルデーニャのワイナリー。ジャンフランコが当主を務めるマンカ家は、代々、無農薬小麦と、先祖から引き継いだ自然酵母のたねを使って薪窯で焼くパンを売るかたわら、葡萄を栽培しワインを造って、量り売りをしていた。

6 ha(うち1 ha は賃借)、5つの区画に分かれた畑の葡萄から元詰めを始めたのは2004年。土壌は、火山灰質、粘土、片岩と多様で、カンノナウ、ムリステッル、カニュラーリ(以上赤)、モスカート、ヴェルメンティーノ、セミダーノ(以上白)など、サルデーニャの地品種を大事に栽培している。畑では一切施肥をせず、ボルドー液さえも使わずに、細かい粉末状の土と硫黄を混ぜたものを必要に応じて使っている。醸造過程でも、葡萄以外の助けを一切借りず、清澄。濾過、SO_2 も無添加。

ジャンフランコが提唱するのは、「自由なワイン」。ワインは一ヴィンテージ限りのリリースのものが多く、ワイン名はかなり独特。全く型にはまらないワイン造りである。

「ワインの名前が毎年同じである必要はない。それよりもその年の特徴を表した名前のほうが、ずっと記憶に残ると思わない?」と、ラベルには、その年に考えたこと、感じたことを表現している。

初年度にリリースした〈スキストス 2004〉は、サルデーニャ語で片岩という意味で、自分のルーツがこの大地にあることを表明している。翌年の〈ペラコッドゥーラ 2005〉は、ワイナリーと畑のある古い区画の名で、よりミクロな視点、つまりジャンフランコという人物によって造られることを伝えるためにつけた名前だ。〈オグ 2007〉は、炎、芽、目を意味する言葉。2007 年の夏、カンノナウとムリステッルの畑が山火事にあい（炎）、熱風で枯れてしまった樹が、その暑さを「春が来た」と勘違いして、本来翌年に出るはずの芽が数か月後の秋に出て実が付いたという。人間が犯した愚かなできごとにもかかわらず、葡萄が生命を育む様子を観察する（目）というイメージだ。

「ワイン造りは、自然の力を借りて、人々に語りかける手段。絵を描くように、歌を歌うように、あるいは詩を書くように」というジャンフランコ。彼にとって葡萄は、絵の具であり音符であり、言葉。アートを完成させるべく、畑仕事に力を入れているのだ。

2010 年は、思い描いていた絵が描けなかったからと、造ったワインに名前を付けず、通常のルートでなく、友人知人に安く販売した。2011 を普段通りにリリースしたのでは食いつなげないので、半年早く瓶詰めするため

に、驚いたことに樽をセラーから引っ張り出して太陽に当て、ワインに夏だと勘違いしてもらうように祈ったそう。信じられない話だが、ワインは造り手の意をくんで春には瓶詰め可能な状態に！　その奇跡のワイン〈C.C.P.（チー・チー・ピー）2011〉は、コルテムーラス、クッグシ、ペルダコッドゥーラの 3 つの畑の頭文字をとって名付けられた。先祖から伝わった樹齢の高い（100 年を超えるものも）葡萄だったためか、バクテリアの繁殖により発生する、本来欠陥となる揮発酸が絶妙に奏功した、限りなくチャーミングなワインだ。

〈ボジェ　クロジェ 2016〉は、別々に仕込んだワインをプレスしたものをブレンド。ワイン名は直訳すると「皮の声」となる。「プレスには、圧搾の他にジャーナリズムの意味がある」とジャンフランコ。前者が、プレスワインに存在する力強い味わいを得るためのものとすれば、後者は、上っ面のイージーなことばかりを語っているというメッセージが込められているそうで、後者側に身を置く立場としては、耳がいたい……。

自らのワインを「自由で、センチメンタルで、慈愛にあふれ、社会的で、アナーキーであってほしい」と語るジャンフランコ。次はどんな手で驚かせてくれるのか楽しみだ。

ジロトンド 2016
Girotondo 2016

木樽の醸し発酵。パオロにとってオリージネ（原点）となる手法をとったワインを、2009 年からこの名でリリース。

DATA

Panevino
輸入取扱：ヴィナイオータ

カルト？ カリスマ？
宇宙の力を味方につけたシチリアの鬼才

フランク・コーネリッセン
Frank Cornelissen

葡萄畑のまわりは、伝統的な
野菜、果物、アーモンド、オリー
ブが植えられている。発酵容
器は、様々な実験を経て選んで
いる

コンタディーノ9
Contadino 9

ネレッロ・マスカレーゼ
を主体に、畑に植わる
様々な葡萄を一緒に、屋
外の桶で発酵、熟成。

DATA

Frank Cornelissen
http://www.frankcornelissen.it/
輸入取扱：ヴィナイオータ

初めて飲んだフランク・コーネリッセンの
〈ロッソ・デル・コンタディーノ1〉は、開け
て10日めのグラスワインだった。エトナ山
麓の畑に混植される葡萄を混醸したというそ
れは、クランベリーの濃厚な香りに根菜や鉄、
土、酵母、オヴェルノワのワインによく感
じる人肌から香る薔薇の香水のような香味、
瑞々しい酸味、緻密なタンニンが十分に保た
れ、まだまだ持続しそうなパワーがあった。

ベルギー人の元・ワイン商、フランクは、
「攻めた」造りで知られるシチリアの鬼才。
これほどまでに化学物質を一切使わず（自然
農法で認められるボルドー液さえもほぼ不使
用）造る人も稀で、そのワイルドな味わいは、
コンヴェンショナル・ワインを飲み慣れた人
が「ムリ」と拒否する場面を何度も見たが、
逆にワイン初心者でも、野菜の味がわかるお
いしいもの好きなファンが多い、ある意味試
金石的造り手だ。

土地は、「病気が葡萄に集中するのを避け
る」目的で、20haの葡萄畑のほかに、オリー
ブを植え、まわりはブッシュに囲まれている。
「私の目標は、惚れ込んだテロワールを最大
限に表現すること。人間が偉大な自然を理解
することは到底無理。唯一それに近づけるの
は、従順に従うこと。私は畑から学んでいる」

単一畑のネレッロ・マスカレーゼから良年
のみ造るトップキュヴェの〈マグマ〉は、葡
萄を果皮とともに長時間醸して、陶器の甕で
発酵熟成させる。宇宙の流れを味方につけて
生まれる、圧倒的な存在感漂うワインである。

毎年造るワインは、生まれた土地と自分を表現するための誓いの言葉

アリアンナ・オッキピンティ
Arianna Occhipinti

「ワインは、私の人生そのもの。趣味？生産者を訪ねてワインの話をして、一緒にワインを飲むのが何より楽しいかな」とアリアンナ。

イル・フラッパートIGT2015
Il Frappato IGT2015

樹齢40年のフラッパートで造るしなやかなタンニンを持つワイン。エネルギッシュでエレガントな個性は、まさにアリアンナそのもの。

シッカーニョ IGT2014
Siccagno IGT2014

しっかりと熟したネロ・ダヴォラで造るこのワインは、ベリーやカシスの鮮やかな果実味にハーブのニュアンス。

D A T A

Arianna Occhipinti
http://www.agricolaocchipinti.it/it/
輸入取扱：ヴィナイオータ

1998年、「14歳でワインを造る人になる」と決意した信念の人である。アリアンナの叔父ジュースト・オッキピンティは、当時すでに有名だったコスの醸造家。ヴェローナで行われた試飲会の助手として同行したアリアンナは、ワインの世界に魅了され、ミラノの栽培醸造学校へ。しかし、そこで教わるのは、叔父の哲学とは真逆の工業生産型ワイン。彼女が、ワイン雑誌『ヴェロネッリ』に宛て、「ワインに本質を取り戻そう」と訴えた手紙が全国的に注目を集め、一躍有名人に。1年後に1haの葡萄畑で、実験的に造った4000本のワインは、知名度も手伝って完売になった。

しかし、この後彼女は、叔父には頼らず、葡萄を植え、それが成木になるまでは、樹齢の高い葡萄樹をもつ老農夫の畑を借り、廃墟だった醸造所を改築し、自力で道を切り開いていった。「ナチュラルワインは、はじめは私のミッションだったけど、しだいに土地を尊敬し、すべてを受け入れて表現することが重要だと思うようになった。そのための最も効果的な手段がナチュラルワインメーキング。ワインは、土地の歴史や性質、その年の天候、そして私という人間の感受性を含んでいる。毎年できるワインは、その『宣言』です」。

フラッグシップワインは、シチリアで補助品種とされるフラッパート100%の〈イル・フラッパート〉。繊細だけど、芯の強さを感じる。「向こう見ず、個性的、反骨精神に満ちた私自身に似ている」とアリアンナ。好きな生産者を問うと、イタリアの同朋に加え、仏ロワールのステファン・ベルノドーを挙げた。

葡萄の本来の役割は、種を残すこと。
それを感謝していただく"クロカンテ"なワイン

ダミアン・ポドヴェルシッチ
Damijan Podversic

「ワインというのは、1年に1回しか造れない。34年で34回だ。人生は短い。目標をもって行動することが大切だ」とダミアン。娘のタマラとヤコブも重要な働き手。

カプリャ IGT2013
Kaplja IGT2013

単一品種を大事にするダミアンの、白で唯一のブレンドで、シャルドネ、マルヴァジーア、フリウラーノを3カ月醸し＆発酵、40カ月熟成。リリースまでに5年をかけた偉大なヴィンテージ。

　ダミアン・ポドヴェルシッチのワインに共通する重厚な存在感は、特徴的に使われる貴腐葡萄の力ではないだろうか。白ワインに、貴腐葡萄を使うのは、フリウリ‐ヴェネツィア・ジューリア州ゴリツィア地方の伝統とはいえ、50〜60%というのは、よほど丁寧に選果しないと健全なワインに仕上げるのは難しい。彼がこの手法を極めたのは、ワインを造り始めてから15年が過ぎた頃だという。

　17歳で醸造学校を卒業した1980年代半ばは、近代技術を駆使したフレッシュ＆フルーティなワイン全盛で、ダミアンは、貴腐菌のついた葡萄からはよいワインは造れないと思い込んでいた。食堂を経営していた父の「おまえは、一番大事なものを捨てようとしている」の言葉を、「学校で習ったやり方で造る。親父は黙っていてくれ」と拒絶した。「自分を天才だと思っていた。結局父が正しかったと知るまでに、ずいぶんかかったよ」。

　祖父はワイン農家だったが、畑と醸造所は長男である伯父が受け継ぎ、父はできたワインを売るための食堂を開いた。しかし伯父は、ワインを愛していなかった。祖父が他界した後、伯父は0.5haを残して畑を売った。その0.5haと父がお金を工面し手に入れた合計2haのサンフロリアーノの畑でワイン造りを始めたダ

畑の様子。「日本の友人が言った。ワイン造りは大きな穴から入って小さな穴から出るようなもの。出るのは本当に至難の業だ」とダミアンは話す。

ミアンは、すぐに高い評価を受けた。近代技術（培養酵母、フレンチバリック）を駆使した〈リボッラ・ジャッラ1999〉が、パーカーポイント94点を獲得したのだ。

そんな彼に、大事なことを気づかせてくれたのは、ほかでもない父の友人、ヨスコ・グラヴナーだった。「彼から学んだのは、ワイン造りよりも、フィロソフィー。植物、動物をひとつのエコシステムとして敬意を払うこと、家族を大事にすることだ」。

ヨスコのもとに毎日通ううちに、「自分が向かっているのは本質的なワイン造りではない」と気づき、自然なアプローチを模索するようになったのだ。「葡萄は、ワインになるために生まれてきたのではない。種を守り、次の世代に子孫を残すのが葡萄のつとめである。それを我々がいただいて（収穫し）、ワインを造るということを忘れてはならない」。

ダミアンが目指すクロカンテ（かみ応え）のあるワインになるには、収穫前の30日間の葡萄の完熟度が最も大切。種の成熟度がその指標になる。雨が少ない年には、11月まで樹上に残して収穫する。こうして繁殖した貴腐菌のうち、健全なものだけを丁寧に選果し除梗して、ピジャージュを繰り返しながら、60〜90日醸し発酵の後圧搾、大樽で2年以上

熟成させる。葡萄のエキスを全てワインに詰め込むためにフィルターをかけないので、微生物汚染の恐れのあるコルクから、合成コルクDIAMに変えた。確実にワインのフレッシュ度は上がり、SO₂使用量が減ったそうだ。

ダミアンは、品種の特性をよく女性にたとえる。「トカイフリウラーノの〈ネカイ〉は、アロマティック。200メートル先から見ても、すごくキレイな人のようだ。〈リボッラ・ジャッラ〉は、すれ違ったときにはとくに目を引かれないが、一緒に食事をすると、話題が豊富で、内面の美しさに夢中になってしまうような魅力がある。どちらも素晴らしい」。そして、ワインは、ヴィンテージにより、ふたつのタイプに分けられるという。「気温がマイルドで、適度に雨が降った年（2005、2008、2010、2012）は、ベートーベンのシンフォニーのようにしっとりまとまる。一方、太陽が燦々と輝く年（2007、2009、2011）には、ダイアストレーツやACDC（！）などのようなヘビメタのような、力強いものになる」。

ワインを造るのは、12歳のときからの夢だったというダミアン。「もうひとつ夢が叶うのなら、トリエステの海を見下ろす畑を買って、最高のリボッラ・ジャッラを造りたい。60歳になったら本を書くのもいいね」。読みたい！

リボッラ・ジャッラ IGT2013
Ribolla Gialla IGT2013

リボッラ・ジャッラ貴腐葡萄約50％！気品と力強さを併せ持つ印象的なワイン。

リボッラ・ジャッラ・セレツィオーネ IGT2005
Ribolla Gialla Selezione IGT2005

ほぼ全ての葡萄に貴腐菌が付いた驚きの年で、丁寧に選果、瓶詰め。7年を経てリリース。

「ワインを造るには、土地を愛し、葡萄を愛し、地球を愛すること。その関係がうまくいくとよいワインができる」とダミアン。

フランスでは、赤ワインが人気だそうだが、ダミアンは、白葡萄とピノ・グリ（白ではないという）のワインが好きだそう。

普通の人ならあきらめてしまう貴腐葡萄だが、ダミアンは、気の遠くなるような選果を経て、偉大なワインを造る。

醸造所内の様子。人生で3人の師に出会ったというダミアン。ニコラ・マンフェラーリ、マリオ・スキオッペット、コスコ・グラヴナーの3人の造り手、そして父と祖父。

プレリットIGT2013
Prelit IGT2013

メルロー主体の、ダミアン唯一の赤。キレイな酸味でグッドバランス。

DATA

Damijan Podversic
https://www.damijanpodversic.com
輸入取扱：エヴィーノ

偉大な父の仕事を、自然体で継承。
ラディコン第二章が始動した！

ラディコン／サシャ・ラディコン
Radikon / Saša Radikon

「オレンジワインと呼ばれることが正しいのかどうか、私にはわからないけれど、白ワインではない、新しい名前が必要なのは確かだと思う」とサシャ。

「才能ある醸造家。最も勇敢で唯一無二の精神をもった人」、2016年9月、英国の権威あるワイン雑誌『デカンタ』は、最大級の言葉で、スタンコ・ラディコン（享年62）の死を悼んだ。スキンコンタクトのワイン、いわゆるオレンジワインは、ヨスコ・グラヴナーとこのスタンコが世に知らしめたといえる。白葡萄を、赤ワインと同じように果皮に浸漬させることで、色素やタンニンが抽出され、色はオレンジに、味わいには深みが出る。肉にも魚にも合うワインとして、ここ数年ブームである。

　しかし、スタンコは、人目を引く新しさを狙ったのではなかった。彼の意図は、「イタリア北部フリウリ＝ヴェネツィア・ジューリア州コッリオ地区オスラーヴィエの地葡萄、リボッラ・ジャッラに光を当てたい」かつ、「白ワインより赤ワインが格上という風潮を払拭したい」。そこで、赤ワインのように複雑味のある白ワインを造るべく、1995年、葡萄を果皮とともに仕込む方法に辿り着いたのだ。奇しくもこの手法は、彼の祖父の造り方だった。スタンコが当主になって16年めのことである。果皮には酵母が多く含まれているから培養酵母は必要ない。タンニンのおかげで、SO_2にも頼らずにすむ。2002年にはリネアS（後述）以外の全てのワインをSO_2ゼロで仕込むようになった。ス

ヤーコット IGT 2009
Jakot IGT 2009

力強いリボッラ・ジャッラに対して、フリウラーノはピュアでエレガント。現行ヴィンテージは、なんと2009だが、その若々しさに驚く。

ピノ・グリージョ IGT 2016
Pinot Grigio IGT 2016

オスラーヴィエにも使われるピノ・グリージョ。鮮やかなロゼ色とほどよいタンニンがあり、肉にも魚にも合う。

趣味はバイクで遠出することだが、「今はアダム（4歳）とダヴィデ（2歳）の二人の息子との時間を大事にしている」と話すサシャ。

タンコの長男サシャ20歳、栽培＆醸造学校を卒業したのは、ちょうどこの頃だった。

「父から『本気で一緒にワインを造る気があるか』と聞かれ、僕は『はい』と答えた。このときに運命は、決まった。よい決断だったと思う。それから父は、僕に仕事をまかせてくれるようになった」。スタンコにとっても、大きな節目の時期だった。サシャは、いくつかの造り手のもとで研修を積んだ後、2009年、本格的に家業に加わった。

「父から学んだ一番大事なことは、収穫においても、醸造においても忍耐強く待つこと。ナチュラルワインを造るには、自然な精神をもっていなくてはならない。飲む人は、それを造り手の魂として感じるだろう。ケミカルなワインでは、それを表すことはできない。ただナチュラルである前に、健全な液体でなければならない。醸造上の欠陥を、自然任せだから、と言い訳にする生産者もいるから」

ラディコンでは、もともとリボッラ・ジャッフと、フリウラーノを単一品種で仕込んできた。後者は以前トカイフリウラーノと呼ばれいいたが、ワイン産地トカイと紛らわしいと申し立てたハンガリーの主張をEUが支持し、この名は使えなくなった。スタンコは、これにウィットで対抗、Tokayを逆さまにした〈Jakot

（ヤーコット）〉と名付けた。シャルドネ、ソーヴィニヨン・ブラン、ピノ・グリージョは、混醸にして、土地の名前〈オスラーヴィエ〉と付けた。スキンコンタクトの期間は「ワインが決めるから」一定ではなく、樽熟、瓶熟も十分時間を掛けるため、8割のワインは、収穫からリリースまで6年近くかかる。キャッシュフローを心配して、サシャが提案したのが、「リネアS（Sレンジ）」で、シャルドネとフリウラーノのブレンドの〈スラトニック〉と〈ピノ・グリージョ〉がある。樽熟、瓶熟が合計20カ月と相対的に短いので、瓶詰め直前に少量のSO_2を加える。

サシャに好きな造り手を聞くと、面白い答えが返ってきた。「〝私たちのエリア〟では、ダリオ・プリンチッチ、パオロ・ヴォドピーヴェッツ（P208）、マテイ・スケルリ。〝イタリア〟では、アリアンナ・オッキピンティ（シチリア。P201）、ラ・ストッパのエレナ・パンタレオーニ（エミリア・ロマーニャ）、アルフレードとルーカのロアーニャ兄弟（ピエモンテ）」。イタリアは地方の集合体というが、ピエモンテやエミリア・ロマーニャ、ましてシチリアは、サシャにとっては異国なのだ。

葡萄のルーツを大事にしてこそ、ラディコンのワインは、完成するのだと改めて思った。

スラトニックIGT2016
Slatnik IGT2016

シャルドネに、ソーヴィニヨン・ブランをブレンドして造るラディコン一軽やかな白ワイン。

D A T A

Radikon
http://www.radikon.it/en/
輸入取扱：ヴィナイオータ

ヴィトフスカの可能性をとことん追求、
筋の通ったパワフルなおいしさを

ヴォドピーヴェッツ
Vodopivec

明るい笑顔が人気のパオロ。「時間があれば妻と娘と一緒にセーリングに行くのが楽しみ。休暇は新たなアイデアをくれる」。

ヴィトフスカ
Vitovska

アンフォラで約半年、皮ごと醗酵＆初期段階の熟成。圧搾後にさらに半年アンフォラで熟成させ、2年大樽で寝かせる。

オリージネ
Origine

木製開放式醗酵槽で約2週間皮ごと醗酵の後に圧搾、大樽で約3年寝かせて醸造。ラベルの緑の線が木（木製開放式醗酵槽）を表す。

DATA

Vodopivec
http://www.vodopivec.it/
輸入取扱：ヴィナイオータ

2013年6月、ジョージア（旧グルジア）で行われた国際クヴェヴリ（甕仕込み）ワイン・シンポジウムに招待されて、ジャーナリストや、各国の生産者たちと産地訪問したとき、アスリートのようにエネルギー全開で周りを明るくしていたのがパオロ・ヴォドピーヴェッツだった。彼の造るワインは、その屈託のない笑顔から想像されるとおりパワフルだ。

ジョージアで誂えたクヴェヴリを発酵容器に使った〈ヴィトフスカ〉は、色は黄金色。果皮ごと仕込んで醸すことにより、葡萄のエキスの全てを取り込んだ液体は、カリンやはちみつの香りと、凛としたミネラリーなトーン。野性味とエレンガスを併せもち、心に響く余韻があった。葡萄は、イタリア北東部フリウリ・ヴェネツィア・ジューリア州・カルソ地区の地品種ヴィトフスカ。パオロが最も大事にしている品種である。

ヴォドピーヴェッツ家は、代々混合農家で、5haの葡萄畑から、自家消費用や知り合いのレストランに卸すためのワインを造っていた。パオロは、お父さんと一緒に14歳の時からワインを造り、醸造学校卒業後に自然に家業に加わって1997年から元詰めを開始した。お父さんから受け継いだのは、農民として真摯に葡萄と向き合う姿勢、そして自分の代になって気づいたのは、自分の土地に最も合う品種はヴィトフスカだということ。既存の赤品種を抜いてこの葡萄に植え替えた。「ワインは、人が造るものではない」というパオロ。伝統に学び、葡萄を信じる力が、一本芯の通った力強いおいしさを造っている。

元チーズのプロが手がける、
極上オレンジワインのスパークリング

ポデーレ・プラダローロ
Podere Pradarolo

「私にはワイン造りの教科書はない。ただ、私たちの土地を細かく深く観察する。それにより、この土地で私がすべきことが見つかるのだ」とアルベルト。

ヴェイ・ビアンコ・アンティコ・メトード・クラシッコ・ブリュット 2014/270
Vej Bianco Antico Metodo Classico Brut 2014/270

世界でも珍しいオレンジワインの瓶内二次発酵のスパークリング。うま味の凝縮感とすっきりした喉ごしは、ついもう一杯手が伸びる。

ヴェイ・ビアンコ・アンティコ 2015/210
Vej Bianco Antico 2015/210

マルヴァジーア 100％で、210 日間スキンコンタクトしながら熟成。オレンジやエルダーベリーの香りが華やかで、ほどよいタンニンが。

D A T A

Podere Pradarolo
http://www.poderepradarolo.com/
輸入取扱：CROSS WINES

シャンパーニュなどガス圧の強い泡ものよりも、優しい泡加減のペティヤン・ナチュール（ペットナット）が好きだが、ポデーレ・プラダローロの〈ヴェイ・ビアンコ・アンティコ・メトード・クラシッコ・ブリュット 270〉は別格。白葡萄のマルヴァジーアを果皮浸漬した、いわゆるオレンジワインを、瓶内二次発酵で仕上げてあり、ハーブのアロマ、うま味と呼びたい深みのある味わい、柔らかい喉ごしは、権威ある英国のワイン雑誌『デカンタ』も、"great value skin contact wine" と認めている。

造り手は、エミリア・ロマーニャ州パルマ近くのセラヴァーレ村のチェーノ峡谷に 60ha の農園をもつアルベルト・カレッティ。代々チーズやクラテッロの生産者で、アルベルトは子供の頃から、発酵のプロセスに興味をもち、大学で農学を修めた後は、チーズのテイスターとして世界中で活躍していた。1990 年、約 20 年前に父が、ハム工房を造るために買った土地を譲り受け、葡萄を植え、ワイン造りを始めた。そこはかつてワイン生産地として栄えた地。失われようとしている伝統品種を守りたいと思ったのだ。偶然にもそこはずっと農薬が使われなかった健康な土地。〈ヴェイ〉は、この土地の中世の頃の名前である。世にも珍しいオレンジ・スパークリングは、「何かに影響されたわけでなく、土地を深く観察していたら、進むべき道が見つかった。よいワインを造るのは難しいことではない。しかし心に残るワインには、造り手の精神が投影されているものだ」

思いを同じくする**6**人の仲間が結集、伝統品種"復活"ワインプロジェクト

カンティーナ・ジャルディーノ
Cantina Giardino

「アントニオは、直観と感受性にあふれ、ワイン造りを熟知している」とダニエラ。一方アントニオは「ダニエラは、私よりも私を信じてくれる。そして私は彼女の判断を信用している」と語る。

パスキ IGT2016
Paski IGT2016

コーダ・ディ・ヴォルペという地場品種を2日間醸し発酵、栗の木の樽で1年間熟成させた、爽やかな白。

ガイア IGT2016
Gaia IGT2016

「カン・ジャル」が最も大事にする白品種フィアーノ（樹齢30年）を2日間醸し発酵、栗の木樽で1年熟成。果実味たっぷり。

D A T A

Cantina Giardino
輸入取扱：ヴィナイオータ

カンティーナ・ジャルディーノは、カンパーニャの地場品種、アリアーニコ（赤）やフィアーノ（白）を守るために、醸造家のアントニオ・グルットラとダニエラ夫婦を中心に6人の仲間が集まって2003年に立ち上げた。

それは、大手ワイナリーの醸造家だったアントニオが、葡萄農家から聞いた「ある事実」から始まった。このマイナーな産地では、個々の農家が自分でワインを造る代わりに大会社に葡萄を売って生計を立てている。古木の地場品種から、多産型の品種に植え替える動きも出てきて、伝統は失われようとしているというのだ。これを憂いて、古木＆自然栽培の畑の持ち主から葡萄を買い、ワインを造ることを決意したのだ。2010年には、1933年に植樹された古い（5ha）畑を入手、ワインに緻密な凝縮感が加わった。

「様々な時代を生き延びてきた葡萄樹は、時の流れを知っています。そして、それぞれが実に個性的で、表現力があるのです」、古木の葡萄でなければならない理由を、ダニエラはそう話す。「私たちが目指すのはシンプルでおいしいワイン」と彼女が言うとおり、ワインに共通するのは、究極の飲み心地のよさだ。

ダニエラは陶芸家で、アンフォラを自作している。粘土は、フィアーノの葡萄畑から採取する。〈ソフィア〉は、葡萄を、その生まれた土で作ったアンフォラで醸し発酵したワイン。収穫された葡萄は、再び母の胎内に戻ってワインになるというストーリーが隠れている。ちなみに好きな造り手を聞くと「リーノ・マーガ（ロンバルディア）‼」と即答した。

畑を半分以下に縮小して品質を追求。
単一畑のバルベーラの名手

トリンケーロ
Trinchero

「天候のよい年も悪い年も、葡萄の個性に寄り添いながら仕事をする。そうすれば、どのワインも、かけがえのないものとなる」と話すエツィオ。

アユーキ！ VdT2014
a-yuki! VdT2014

日本の輸入元社長の第三子の生まれ年にちなみ、その名をワイン名に。凛としたバルベーラの魅力全開。

ヴィナージュ VdT2015
Vinage VdT2015

2014年のグリニョリーノ30%、2015年のメルロ50%とネッビオーロ20%という構成。手法は複雑ながら軽快な飲み心地。

D A T A

Trinchero
輸入取扱：ヴィナイオータ、ラシーヌ

　トリンケーロといえば、〈バルベーラ・ダスティ・ヴィーニャ・デル・ノーチェ〉をフラッグシップとする、バルベーラの名手として知られるが、私の最初の出会いは、〈ソーニョ・ディ・バッコ2001〉。地元以外ではほとんど見かけることはないが、当主エツィオ・トリンケーロがポテンシャルを確信する品種マルヴァジーア・ビアンカを遅摘みにすることで、独特の香味を生み出したもの。アカシアの蜂蜜、丁字、プーアール茶のような独特の香り、濃厚なのに軽やかな喉ごしが忘れられない。

　それにしても、エツィオのワイン造りには驚かされる。1920年代に創立された、この由緒あるワイナリーを引きついで3代目当主となったエツィオは、なんとハイクオリティな葡萄栽培にフォーカスするために、40haあった畑を13haにまで縮小したのだ。しかし、大事に残した単一畑の"ヴィーニャ・デル・ノーチェ"は1920年代、"ラ・バルスリーナ"は1930年代に植樹したもので、現在も栽培されているバルベーラとしてはイタリア最古のものだ。とくにヴィーニャ・デル・ノーチェは、毎年違った様相を見せるため、「異なる個性をブレンドすることで、完璧なバランスが生まれる」と造られたのが、良年の葡萄をブレンドしたロッソ・デル・ノーチェNV（1997、98、99、01）。大好評につき第二弾（03、04、06）もリリースされた。

　「畑仕事で大事なことは、わかった気にならないこと。同時に（葡萄の成熟を）待つことを恐れないこと」。慎重にして大胆なエツィオの人柄は、そのままワインに表れている。

ハカセの知恵と経験＋自然との調和が造る、
独特の節回しがひかる"コリーニ味"

カーゼ・コリーニ
Case Corini

キャッシュフロー度外視のワイン造りは、
「家訓で、ワインで生計を立ててはいけない
ことになっている」からだそう！

アキッレ VdT2015
Achille VdT2015

バルベーラとネッビオーロ
が半々に植わっている区画
で、2015 は、バルベーラ
主体。カーゼ・コリーニで
は最も若いうちから楽しめ
るワイン。

日本では、"プロフェッソーレ（教授）"の
愛称で知られる知の巨人、ロレンツォ・コリー
ノ。1846 年ピエモンテのコスティリオーレ・
ダスティに創立されたカーゼ・コリーニの 5
代目当主のロレンツォ（1947 年、バルベーラ
の当たり年生まれ）は、ワインに関わる地質
学を専門とした農学博士で、イタリアでは、
研究者、コンサルタントとしてのほうが有名
だ。バルベーラを主体に素晴らしいワインを
造る醸造家としての顔は、近隣でもあまり知
られていないらしい。

14ha の農園のうち 5ha が葡萄畑で、葡萄は
いずれも 65 年以上の古木。

中でも樹齢 90 年を越えるバルベーラで造る
のがトップキュヴェの〈ラ・バルラ〉。最低 3 年、
ヴィンテージによっては 5 年もの長い熟成期
間を経てリリースされる。

このほか、比較的若いうちから楽しめる〈ア
キッレ（バルベーラとネッビオーロ）〉、ネッ
ビオーロ主体の〈チェンティン〉、ロレンツォ
が「最も私に酷使された畑」と冗談で言う、様々
な実験の舞台となったブリッコ畑のバルベー
ラを中心に、名もない地場品種を混醸した、
同名の〈ブリッコ〉の 4 種のワインがある。

これらのワインに共通するのは、圧倒的な
凝縮感と、これに相反するかに見えるスルリ

敷地のうち稼働させているのは、約1／3。残りは次の世代のワイン造りのために休耕地にしている。農園全体が、完全なエコシステム。

とした喉ごしだ。その後にやってくる"コリーニ味"とでも呼びたい、曰く言いがたい神秘的な余韻は、優雅な物腰ながら、常に好奇心で目を輝かせ、お茶目なジョークを連発するロレンツォ本人の佇まいとどこか重なる。

「ワイン造りで一番大事なことは何？」との質問には、「ワイン造りの基本は、最高の葡萄を収穫すること、セラーではただそれをフォローするのみ、人間の介入は、最小限でよいのです。それを可能にするのは、コリーノ家の長い歴史のなかで培われた、完璧にバランスの取れた畑です」と答えた。

「自然界とのハーモニーを大事にしながら、持続可能な農業をサポートしたい」という哲学は、コリーノ家に代々受け継がれてきたものだが、ロレンツォにとって、ワイン造りはそれを証明する場でもあるそうだ。

「とくに昨今は、テクノロジーが発達し、本質的なワイン造りが失われていると感じます」

コリーノ家の畑は一度も耕したことがなく、地中で微生物が活発に動き回るため、ふかふかで、かぐわしい匂いを保っている。

収穫は、葡萄の生理学的エネルギーが満ちた段階で行うが、その指標となるのが種の成熟度。噛むとナッツのようにカリッと割れる状態になったとき、種はその役目を終え、次世代に生命を残す準備が完了する。

同時に果実も最も健全な成熟をとげ、ワインという発酵飲料にするのに最適な状態と判断するという。

2013年には、農業に関する理論を「メトード・コリーノ（コリーノ理論）」にまとめ、これに共鳴したトスカーナの実業家、アントネッラ・マヌーリとの共同プロジェクト、ファットーリア・ラ・マリオーザ葡萄園を立ち上げ、ワイン造りに反映させている。

農園で純粋培養されたような美貌の6代目グイードは、「祖先の功績を誇りに思っている。それに則りながら、自分が中心となって進める仕事も増えてきた。今後は自覚をもってより正確な仕事をしていきたい」と語る。

カーゼ・コリーニでは、発酵後、普通の造り手がプレスするところを、タンク下のバルブを開けて、葡萄の自重でつぶれて出てきた液体、フリーランのみをボトリングする。

しかし、これまで捨ててきたプレスラン（搾った果汁）も、十分おいしいからと、輸入元のヴィナイオータの薦めで造った〈ヴィノット（マグナム）〉は、現在4ヴィンテージめ。2007、2009、2010は単一ヴィンテージで、2011、2012、2013は、3ヴィンテージをブレンド。もちろん日本でしか飲めない貴重品だ。

バルラ VdT 2011
Barla VdT 2011

2011年は暑い年で、なかなか発酵が終わらず、樽で5年以上発酵熟成。アマローネのように濃密な味わい。

D A T A

Case Corini
http://lorenzocorino.com/
輸入取扱：ヴィナイオータ

実験を繰り返しては品種特性を探る、真摯な姿勢のワイン職人！

エウジェニオ・ローズィ
Eugenio Rosi

大事なマルツェミーノは、垣根のほか、ヨーロッパでは珍しい棚仕立ても試している。

カベルネ・フラン 13,14,15
Cabernet Franc 13,14,15

自根のカベルネ・フランを、3年にわたり、継ぎ足しながら発酵させることで、驚くべき抗酸化作用が。SO₂ なしの長期熟成で、しなやかな味わいに。

　全てが清々しいほど質素な人、エウジェニオ・ローズィ。伸び放題のロングヘア、着古したシャツ、合計 6ha 借りている畑は、耕作放棄地を自分で開墾したという。セラーだけは、やけに立派なお屋敷なのだが、実は地下部分を借りているのみ。しかし、ワインは、革新的で美しく、不思議な魅力を秘めている。

　エウジェニオが拠点を置くのは、北イタリア・トレンティーノ南部の町ロヴェレート近郊のヴォラーノ村。昔、アディジェ川の河床だったところで、煉瓦を作る良質の粘土の産地として知られる。エウジェニオの父も、煉瓦を使った暖炉の製造業を営んでいた。

　農業関係の仕事がしたいと思っていたエウジェニオは、サン・ミケーレ・アラディジェのワイン・インスティテュートで学び、トレンティーノのワイン共同組合で、醸造長として働いた。が、慣行農法、教科書通りのワイン造りは性に合わず、11 年目に、自分のワインを造るべく、会社を辞めた。

　畑を借りるために奔走した結果、ようやく町の中心の公園ヴィラ・デッケルに付属する畑が見つかった。2001 年のことである。

　エウジェニオの望みはただひとつ、地場品種、なかでもマルツェミーノ（赤）でワインを造ることだった。しかし、この品種は皮が

最初に買った公園に付属する畑以外は、いずれも急勾配。「人が欲しがらない（人の手が入っていない）畑にこそ、ポテンシャルがある」と話すエウジェニオ。

薄いため病気に弱く、畑の砂地の土壌にも合わないので、品種適正を考えてカベルネ・フランを植えた。朝から夕方まで日が当たる畑で育った葡萄は、肥料や農薬に頼らずとも、健全な生育をとげた。この自信が、自然栽培に転換するきっかけとなった。いまは、ごく少量のボルドー液を除いては無肥料、無農薬。「福岡正信の本は好きでよく読んでいるよ。ビオディナミにも賛同するけれど、いかんせん決まり事が多すぎるね。自然は人が縛ることはできないよ。一つひとつの畑をみて、臨機応変に対応していかなければ」。

シャルドネの植わるバッラルサの畑は、なんと標高800m。私にとっては、ほぼ登山だったが、エウジェニオは顔色一つ変えず、「私はラッキーだ。人が畑を手放し、値段が下がったから借りるチャンスが訪れた。標高が高いところほど、よい葡萄がとれる」。化学肥料や除草剤、殺菌剤がこの地に訪れる前にうち捨てられた耕作放棄地ゆえ、全く薬品に荒らされていないのも、大きなメリットだ。

そのそばのチンクエテラッツェ（5つの段々畑）は、けもの道を分け入った先にある畑で、そもそも道がなかったのを、役所に3年交渉し、道を作ってもらうことに成功。「粘り勝ちだよ」。母岩に粘土質をもつ小石交じりの土壌

で、主にノジオラ（白）を栽培している。

さて、念願のマルツェミーノは、ヴォラーノの町の平地の畑で栽培している。病気に弱いことから若いうちに収穫する造り手が多いが、晩熟なこの品種は、それでは本来の個性が発揮できないのだ。エウジェニオは、垣根仕立てにしたり、棚仕立てにしたり実験を繰り返し、十分に日照が得られるよう工夫し、完熟状態になったところで収穫する。マルツェミーノ100％の〈ポイエーマ2014〉は、小さい頃は、病気がちだったけれど、いまは健康に育って父の手伝いをしてくれる娘の名を付けた。年により一部パッシートにして加え凝縮感を出す。この年は50％で、フレッシュ感と複雑味が共存するおいしさだ。
〈トレーディチ・クアトロディチ・クインディチ〉は、3ヴィンテージのカベルネ・フランをブレンドした意欲作。どれも自根栽培の葡萄で、2015の発酵中に、樽熟させていた2014、2013のワインを数回に分けて加えることで酵母の活性化が促され、驚くべきハーモニーが生まれた。ほかにも抗酸化力をプラスする目的でシャルドネの搾り滓を加えたロゼなど、ワインは、チャレンジ精神のたまものだ。飲み頃と見極めた時点でリリースされるので、複数のヴィンテージが混在するのも楽しみ。

DOCエゼジェズィ2013
DOC Esegesi 2013

カベルネ・ソーヴィニヨン80％、メルロ20％を、50日間醸し、木樽熟成24カ月、瓶熟36カ月。繊細な味わいと深い余韻。熟成が楽しみ。

DATA

Eugenio Rosi
輸入取扱：エヴィーノ

飲み口のよいピュアなワインを目指して、人生の半分以上をテロルデゴと共に

エリザベッタ・フォラドーリ
Elizabetta Foradori

ティナッハ（アンフォラ）が155基並ぶ様子は壮観。「陶器の孔は、ワインが呼吸するのに最適」とエリザベッタ。

テロルデゴ・
フォラドーリ IGT2014
Teroldego "Foradori" IGT2014

13の区画のテロルデゴの葡萄をブレンドすることで、土地ではなく、葡萄本来の個性を表現している。

　世界で最も影響力をもつ女性ワインメーカーのひとりといわれるエリザベッタ・フォラドーリ。彼女は、醸造家人生のほぼすべてである35年を、地場品種のテロルデゴに捧げてきた。イタリア最北端、ドロミテ山地に囲まれた平原カンポ・ロタリアーノの他ではあまり見かけないが、ピノ・ノワールの親戚という説もある黒葡萄。28haの畑の75％を占めるこの品種を、彼女は"私の心臓"と呼ぶ。「私は畑で生まれ、セラーで育った」という彼女の人生最大の転機は、11歳にして訪れた。父のロベルトが癌のために急逝、ワイン造りについての知識や経験のない母のガブリエラは、一人娘にワイナリーの運命を託し、エリザベッタは学校から戻ると、従業員たちの手伝いをし、仕事を覚えていった。

　ワイナリーは、エリザベッタの祖父ヴィットリオが1939年に購入したもの。太古の昔から、イタリア、オーストリア、ドイツ、スイスの文化の交差点と言われる、この村のワインの顧客は、ハプスブルク帝国の富裕層だった。2代目のロベルトは1960年に元詰めを開始し、地元の共同組合に卸していた。

　1984年に名門、サン・ミケーレ・アラディジェのワイン・インスティテュートを卒業したエリザベッタは、これまでの大量生産から

ドロミテ山脈を"借景"にする美しい畑。取材に訪れた日はちょうど、ビオディナミの調剤を作っているところだった。

クオリティ重視のワイン造りに切り替えようと決意する。目を向けたのは、「無骨だけどキレイな酸味が気に入った」地場品種テロルデゴ。「カンポ・ロタリアーノを流れるノーチェ川は、山から礫や砂を養分のようにもたらしてくれる。テロルデゴはこの土壌が大好きなの」。棚仕立てを垣根仕立てに、15種ほどのクローンをマサルセレクションに、フィロキセラに耐性のある砂地では自根も試し、密植、収量制限、手摘みを徹底、クオリティの高いテロルデゴをフレンチバリックで熟成させたリザーヴの〈グラナート〉を1986年にリリース。約10年後には、ワイン雑誌『ワインスペクテーター』96点という高得点を獲得した。しかし、昔からの地元の顧客たちには不人気で、ロベルト時代のワインを望む声を聞くうちにエリザベッタは精神が不安定に陥る。彼女は実はどちらのワインも好きではなかった。
「ただ欠点のないワインを造ることだけに必死だった。私は土地の声に全く耳を傾けていなかった。その頃造っていたのは魂のないもの」

彼女は、先代の遺産を守り、家族を飢えさせない、その重圧と必死に戦っていたのだ。

本来の農業に立ち戻ろうと、向かったのは書物。なかでもルドルフ・シュタイナーにのめりこみ、2002年からビオディナミ栽培を始めた。「土地が活性化するまでに3年かかると言われるけれど、私の畑はバランスが取れるまで7年かかった」。その後、シチリアのコス当主のジュスト・オッキピンティとの出会いから、培養酵母をやめて自然発酵に、醸しの期間を長く設け、パンチングダウンの回数を減らし、ボトリングまでSO_2の使用を控えるようになった。醸造における人的、化学的な介入が少なくなるのに伴い、ワインはどんどん生き生きとエネルギーを増していった。

2008年からは、スペイン産のティナッハという、粘土を焼成した発酵容器を使っている。「粘土は、土壌と宇宙をつなぐ」とシュタイナーの理論から発想したそう。現在155基ものティナッハが地下セラーにズラリと並ぶ。
「ワインは驚くほど、ピュアでクリーンで、力強くなった。私は科学を学んだ人間だから、この変化を認めるのに時間がかかったけれど」

2012年からは、大学で哲学と醸造学を学び、ドイツ、フランス、アルゼンチンの優れた生産者の元で修業を積んだ息子のエミリオが加わった。紆余曲折を経て、いまワイン造りについて考えることは？と問うと、「飲み口のよいものを造りたい。食事を邪魔してもダメだし、目だたなくてもダメ。そういうのが一番難しいのかな」と、チャーミングな笑顔で答えた。

テロルデゴ・モレイ・アンフォラ IGT2011
Teroldego "Morei" Anfora IGT2011

単一畑のモレイは、この地方の方言で「濃い色」を意味する通り凝縮感のある葡萄が採れる。アンフォラによりバランスの取れた味わいに。

DATA

Elizabetta Foradori
http://www.elisabettaforadori.com
輸入取扱：テラヴェール

自分を解放することで開けた世界観。
ミレニアル世代の自由なワイン！

ミラン・ネスタレッツ
Milan Nestarec

「ワイン造りは、僕のミッションであり、自分を表現するツール。ナチュラルワインを造り、各地の試飲会に出ることで、世界が広がった」とミランは話す。

様々なナチュラルワインのイベントで大注目のイットボーイ、ミラン・ネスタレッツ。「そのテがあったか」と膝を打ちたくなるような、誰も思いつかない自由な手法の数々（しかもすごい完成度！）は、1988年生まれ、ミレニアル世代ならではの勢いがある。

ネスタレッツ家は、首都プラハよりも、むしろオーストリアのウィーンに近いチェコ第二の都市ブルノからさらに車で1時間東に向かった南モラヴィア地方のモラフスキ・ジシュコフ村で、代々農業を営んできた。

チェコのワイン造りは、国の戦後史と大きく関わっている。1945年以降、鉄のカーテンの東側、ソ連の衛星国となり、ワイン生産は国家統制されるなか、ミランの父、ミラン・ネスタレッツ・シニアは、ドイツのファルツに活路を求め、約20年間ワイン造りに携わり、1989年のビロード革命により共産政権が倒れて2年後、村に戻ってきた。2001年、13歳になったミランは、父の右腕となった。

「栽培・醸造の専門学校へ進み、最初に自分で収穫してワインを造ったのが、その2年後。学校で教わるのは、慣行農法。カタログで選んだ培養酵母や添加物をどっさり使った醸造で、それに従って4年間ワインを造ったけれど、ハッピーと感じることはなかった」

ジントニック2017
Gin Tonic 2017

「モラヴィアは、ソーヴィニヨン・ブランに向かない」という定説に、3割を醸し発酵、7割を直接プレスしてブレンドする手法で挑戦！

ラブ・ミー・ヘイト・ミー2017
Love Me Hate Me 2017

まるでジャスミンティーのよう。グリューナー・ヴェルトリーナー(白)の新たな可能性が表現されて

「畑は、僕にインスピレーションをくれる。ワイン造りのアイディアは尽きることがない」とミラン。

外国のワインを飲んだり、本を読んだりして知ったビオディナミについて質問しても、教師たちは答えられなかった。

ターニングポイントが訪れたのは、2007年から2008年。数回にわたり、イタリア、スロヴェニアを訪ねたことだった。スキンコンタクトのワインを知りたかったからだ。

「モヴィア＊やダリオ・プリンチッチに会って、テキスト通りでなくていいんだと気づいた。ワインは完璧でなくていい。そもそも完璧って何だ？　収穫した葡萄を通して自分自身を表現することが大切だ。ナチュラルなワイン造りは、僕を自由にしてくれる」

モラフスキ・ジシュコフ村とヴェルケ・ビーロビッツェ村にある合計13haの畑は、おもにレス土壌。グリューナー・ヴェルトリーナー、ウェルシュリースリング、ミュラートゥルガウ、ノイブルガー（以上白）、ブラウフレンキッシュ、ザンクトラウレント（以上赤）など、私にとっては、よく訪れるオーストリアでなしみのある品種が植わっている。

ミランのワインはすべてスキンコンタクトをしているが、必要以上な果皮の抽出はフレッシュ感を失い、バランスをくずすと考え、期間は数日、長くても2週間、あるいはスキンコンタクトをしないワインとブレンドする。

ラインナップをもれなく紹介したいほど面白いワインが目白押しだが、あえて挙げるとすれば〈Podfuck ポドファック 2015〉。ピノグリ100％で、半分を10日間スキンコンタクトし、半分は直接プレスして合わせ、清澄濾過なしで瓶詰め、SO₂無添加。アセロラのような溌剌とした酸味と生き生きしたバイブレーションがある。「ピノグリはグリ（灰色）葡萄で、白ワインのように扱ってはならない品種」というミラン。葡萄の複雑味とフレッシュ感が見事に表現されている。チェコ語で、フェイクの意味をもつ Podfuk の u と k の間に c を入れたのは、ミランならではのジョーク。

〈What the Flor ホワット・ザ・フロール〉は、グリューナー・ヴェルトリーナー100％。「この品種は、フロール（産膜酵母）と共にあるのが理想的。そう思い至ったのは実は、菌が繁殖した故の偶然のたまものなんだけど、思いがけず面白い味になったんだ」。コチラも半分をスキンコンタクト。プレス果汁と合わせて7か月間とともに熟成させた。シェリーのような独特の香りが特徴的で、透明感と熟成感、ふたつの相反する要素が共存する、ミランならではの魅惑の世界。ミランのモットーは、「ベストヴィンテージは来年！」。「最高傑作は次回作」と言ったチャップリンみたいだ。

ミッキー・マウス2017
Miky-mauz 2017

ヴェルシュ・リースリング（白）が、なんてフレッシュ！永遠のアイドル、ミッキー・マウスに捧げた。

DATA

Milan Nestarec
http://nestarec.cz/
輸入取扱：CROSS WINES

季節の果物や野菜と共に葡萄を育てる。
真っ当な暮らしのなかにあるワイン造り

クメティヤ・シュテッカー
Kmetija Štekar

ヤンコとタマラ。第二次大戦後、共産圏に組み込まれなければ、確実にもっと早く注目されていた、真のナチュラルワインの造り手。

2015 年、英国のワイン誌『デカンタ』のオレンジワインテイスティングで、同郷のムレチニック＊、イタリアのフォラドーリ＊、レ・コステ＊、らと同点一位に輝いたことで、このジャンルの第一人者として注目されたヤンコ・シュテッカーと妻のタマラ。だが、彼らの暮らしは、有名人になる前と変わらない。クメティエがスロヴェニア語で農園を意味する通り、季節の野菜や果物を栽培し、家畜を飼い、サラミやジャムを作る。彼らのもとを訪ねた 6 月、アドリア海を見下ろす段々畑では、ちょうどサクランボの収穫が終わり、その向こうで葡萄の新梢が空に向かって伸びていた。

シュテッカー家が代々暮らす、スロヴェニア北西部にあるゴリシュカ・ブルダ地区のスネザト村は、イタリア側にあるダミアン・ポドヴェルシッチ＊の住むゴリツィア村の隣、ラディコン＊の住むオスラーヴィエまで 2 キロの距離。「祖父の時代、ここはオーストリア・ハンガリー帝国の領地だった。父はイタリア、私はユーゴスラヴィア、息子はスロヴェニア生まれ。もちろん一度も引っ越ししていないよ」と、時代の流れに翻弄されてきた村の過去をそう話す。イタリアの生産者とは仲間意識が強いのだろう、アンジョリーノ・マウレ＊が立ち上げたヴィンナトゥールに参加している。

シヴィ・ピノ 2017
Sivi Pinot 2017

ピノ・グリを産膜酵母と共に熟成させたこのワインは、なんとアルコール度数 16 度。シェリーのような香りと、きれいな果実味が共存する。

ワイナリーの2階は、ゲストハウス（3室）。メゾネットスタイルの部屋は居心地がよく、長居してしまいそう。

ワインの元詰めを開始したのは、クメティヤ・シュテッカー10代目にあたる、現当主のヤンコである。それまで造ったワインは共同組合に売っていた。スキンコンタクトは、この地域の伝統的醸造法だが、1971年に祖父が亡くなると、父はそれをやめた。度重なる戦争で、土地は疲弊し、除草剤や肥料も使うようになった。それが当時の流行だった。

1992年に父から仕事を引き継いだとき、おじいさんのやり方に戻そうとヤンコは思った。それは同級生だったモヴィア＊のアレシュ・クリスタンチッチの自然なアプローチ（社会主義時代にも、ティトー大統領のオフィシャルワインとして特権的に高品質なワイン造りをしていた）、人生をエンジョイする姿に共感したからという。父は「ワインが売れなくなる」と言ったが、「他人のコピーよりも、未熟なワインのほうがマシ。ワイン造りは、結局、市場の求めに合わせるのか、自分に共鳴してくれる消費者のことを考えるのかの二択だよ（ヤンコは断然後者）」。

5haの畑は、大昔は海だったという堆積土壌で、樹勢の強い新梢をヤンコはバシバシ刈り取っていく。畝間の草刈り、耕起、すべては葡萄の状態に応じて行う。マニュアルはない。Less is more. 虫が出てもあえて殺さない。害虫は益虫が食べることでバランスが取れる。「自分は全てを決める神ではない。私の上には自然がいる。ワインはインプロヴィゼーション、毎年違って当然だ」

スキンコンタクトの期間も決めていない。果皮が完全に降りたときがそのタイミングで、だいたい20〜50日。しかし、たとえば〈レブーラ2014〉のように、果皮が完熟しない場合にはスキンコンタクトをしなかった。一方、〈メルロ・イズボール2008〉は、収穫時期を遅らせたところ、よい貴腐菌が付いたので、そのまま醸造した。珍しい赤の貴腐ワインは、圧倒的な凝縮感がありながら、するりと喉に溶けていく。

醸造所の2階の3部屋は、ゲストハウスだ。タマラが以前観光局に勤めていて、グリーンツーリズムが夢だったのだ。屋根の形に傾斜した窓から、星空と朝日が見える。朝起きるとすでに畑仕事をしているヤンコが、葡萄の脇に植わる桃や杏をもいでは食べろ、食べろとすすめる。朝食のサラダ用には、足下に生えているルッコラやバジルを好きなだけ取れという。「朝食が終わったら、野生のアスパラガスを取りに行こう、地元の人間だけが知る穴場だよ。その後で摘芯（葡萄の新梢をカットする）作業だ」。ワイン造りは、真っ当な農民の暮らしの中にある。おいしいのは当然だ。

ピノ・ドラガ2011
Pinot Draga 2011

ピノ・グリを約20日間醸し発酵した凝縮感あるオレンジワイン。アプリコットのようなフルーツ香にジンジャーの香りがアクセント。

畑仕事のときのランチは、料理上手なヤンコのお母さんが用意してくれる。野菜や果物はすべて自家栽培だ。

畑仕事は、家族で行う。同じ敷地内に暮らすお父さんも、重要な働き手。

黒葡萄に付いた貴腐菌も、一緒に収穫し、発酵させるのが、この土地の伝統的な造り方。

アドリア海とアルプスにはさまれたスロヴェニア北部の産地。「4月には、海で泳いだ後にスキーができる」とヤンコ。

畑は、葡萄と他の植物が共存し、健全なエコシステムを作っている。

メルロー・イズボール 2008
Merlot Izbor 2008

貴腐菌の付いたメルローをそのまま収穫、発酵。なめし革、きのこ、プーアール茶。複雑で、蠱惑的な香りとビロードのような後味に圧倒される。

D A T A

Kmetija Štekar
http://kmetijastekar.si
輸入取扱：オルヴィー

223

キャッシュフロー度外視！
贅沢手法で造られる魂のワイン

モヴィア／アレシュ・クリスタンチッチ
Movia / Aleš Kristančič

「葡萄だけでなく微生物や人の力が一体となって造られるワインは、土地からのメッセージ。健全な形で次世代に残していかなければ」と話すアレシュ。

ルナー・シャルドネ2008
Lunar Chardonnay 2008

ルナーとは、スロヴェニア語で満月のこと。ワインのエネルギーが、最も高まる日にボトリングしたもの。

プーロ・ロゼ2010
Puro Rose 2010

スパークリングワインのロゼは、ピノ・ノワール100％のチャーミングなブラン・ド・ノワール。

DATA

Movia
http://www.movia.si/
輸入取扱：ノンナアンドシディ

旧東ヨーロッパ諸国で初めて、トップクラスのワインとして認められたモヴィア。エネルギッシュな当主のアレシュ・クリスタンチッチは、常に世界を飛び回っている。ワイナリーの歴史は、1820年に遡る。ユーゴスラヴィア連邦共和国の一構成国スロヴェニアの社会主義体制下にありながら、一貫してクオリティの高いワインを造り続けられたのは、偉大な指導者、ヨシップ・ブロズ・ティトー大統領がモヴィアのワインの価値を認め、オフィシャルワインに認定したからだ。

一度飲んだら忘れられないパワフルなワインは、アレシュが"ワインの魂"と呼ぶ澱の力を借りて造られる。作柄により、リボッラ・ジャッラ、またはシャルドネで造られる〈ルナー〉は、葡萄を除梗＆プレスせずに樽に入れ、約8か月後の満月の夜に、デカンタージュする。「ワイン造りの根源に近い醸造方法だ」とアレシュは言う。抜栓前に1週間ほど直立させておくと、澱は沈みクリアで滋味深い液体が表れるのだ。スパークリングワインの〈プーロ〉は、リボッラ・ジャッラとシャルドネのブレンド。世の習いに抗って遅摘みの葡萄を使用、蔗糖ではなく自家製モストを加えて一次発酵させたベースワインは、4年樽熟成。その後、瓶詰めするのだが、なんとデゴルジュマンしない。ワインは澱に守られながら瓶の中で生き続けるのだが、抜栓＝デゴルジュマンとなり、この重要な作業が消費者の手に任されることに。これがけっこう大変なので、正しい開け方はモヴィアのウェブサイトを参考に。

土地のさだめと家族の歴史を大切に、
飲み心地のよいワインを造る

ムレチニック／ヴァルテル＆クレメン・ムレチニック
Mlecnik/Valter &Klemen Mlecnik

ヴァルテルとクレメン親子。いつどこで会っても、上品で礼儀正しい。そして異常に背が高い（2mぐらい？）。

アナ2010
Ana 2010

アナは、ヴァルテルのおばあちゃんの名前。2010 は、シャルドネ主体。アロマティックで、存在感あり。

メルロー2009
Merlot 2009

2004 年が初ヴィンテージ。メルローの一般的なイメージとは異なり、柔らかく繊細で、奥行きがある。

DATA

Mlecnik
輸入取扱：ヴィナイオータ

ムレチニックの看板ワイン〈アナ〉を飲むとき、葡萄が生まれた畑の運命を思わずにいられない。北イタリアと国境を接しながらも、1991 年までユーゴスラヴィアだったヴィパヴァ渓谷のブコヴィカ村。社会主義の名の下に政府に没収された祖父の畑を、現当主のヴァルテルは、民主化の流れに乗って徐々に買い戻し、1989 年元詰めを開始。大量の化学薬品で疲弊していた畑は、有機栽培を取り入れるにつれ、息を吹き返していった。その後ヨスコ・グラヴナーとの出会いから、自然なワイン造りを深めていくが、1999 年ごろから自分自身の道を模索し始めたという。

〈アナ〉は、祖父のワインを目指して造られた。そもそもは地品種3種を醸し発酵させたものだが、これに80 年代後半〜90 年代初めにかけて植えた国際品種のシャルドネを加えた。「当時はそれが面白いと思った。でもシャルドネは病気に弱いので、いずれは地場品種だけで造りたい」。同時にかつて1週間〜10 日だった醸し期間も3〜4 日に抑えることで、飲みやすさが増した。「飲みやすさと複雑さ」、相反するふたつの要素の共存こそが、ヴァルテルと息子クレメンのスゴイところで、「健康でバランスのよい葡萄を収穫し、セラーで、その個性をこわさなければ、葡萄本来のフレッシュな個性を保持しながら完成度の高いワインになる」。その後最低 3 年置いてからリリースする。「誠実なワインを造りたい」というムレチニック親子。伝統にしがみつくことなく、時勢を的確に見据えてチューンナップすることで、独自の世界を追求している。

絶滅危惧品種スモイに魅せられて始まった、母娘のネバーエンディングストーリー

アルス・ヘリピンス／グロリア・ガリガ
Els Jelipins／Glòria Garriga

2018年に再会したグロリアは、2012年当時より若く見えた。好きな生産者は？「ひとり挙げるとすれば、ラングロール*」と答えた。

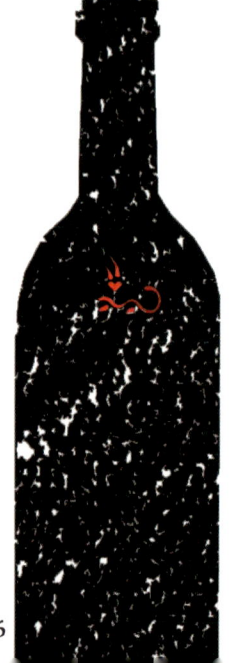

アリス・ヘリピンス2014
Els Jelipins2014

スモイ90%、ガルナッチャ10%。開放樽で発酵(約70%全房)させ、3カ月半マセレーション。800ℓと1000ℓのフードル樽とアンフォラで36カ月熟成した、しなやかさと複雑味も兼ね備えた味わい。

年間生産量わずか2300本、価格は1万円越え、「サンパウ」や「ムガリッツ」などカタルーニャとバスクの有名レストランで「ラッキー」なら飲めるという超希少なワインを、ここで紹介するのもどうかと思うが、2012年の来日時に飲んだ〈アルス・ヘリピンス2006〉が忘られぬ。ペネデスの伝統品種スモイ(黒葡萄)を主体にガルナッチャをブレンドしたワインは、なんとピュアで美しいのだろう。ラズベリーやローズペタルの香りに、オリエンタルなスパイスのアクセント、アルコール度数が13%というのに、淡く口の中に溶けていった。

アルス・ヘリピンスは、同名のワイン1種だけを造るために、2003年、農業技術者のグロリア・ガリアと、パートナーでソムリエのオリオル・イリャが、バルセロナから西に車で1時間の人里離れたフォント・ルビ村に立ち上げたプロジェクト。オリオルは、プリオラート地区の革命児のひとりといわれるルネ・バルビエの息子ルネ Jr. のもとで働いていたが、"レシピ"通りに造るワインにうんざりしていた。グロリアはワインのことは何も知らないけれど、テイスティング力だけは優れていた。ふたりは、パリのワインショップ「ラヴィニア」のバイヤーと知り合ったことから、ワインを造るなら、ナチュラルでなければ意味がない

世界中で、ほぼこの場所だけに植わるスモイ。大地のパワーをすべて凝縮させるべく株仕立てに。

と思い至る。

　そしてある日、スモイなる聞いたこともない古木が植わる畑をもつ老農夫に会った。「彼が造ったワインを飲んだとき、驚いた。よくも悪くもテクニックゼロのファーマーズ・ワイン。ピノ・ノワールみたいな酸味も気に入った。その頃のスペインといえば、抽出の強いどっしりしたワインばかりだったから」

　ペネデスの伝統品種スモイは、酸味が強いかわりにタンニンは低く、ワイン造りには向かないと言われ、原産地呼称ワインDOの品種にも認められず、カベルネ・ソーヴィニヨンやメルロなどの国際品種に植え替える人も多かったのだが、丁寧に育てて完熟すれば、よいワインになると、ふたりは直感した。スモイでワインを造ると決めた時点で、DOワインは諦めた。100年を越える古木の畑を買う経済力はなかったので、いくつかの畑の所有者と交渉し、一緒に畑仕事をやらせてもらう契約を結んだ。みなケミカルフリーの畑だがビオディナミではない。ビオディナミは、スペインでは新しい栽培法なのだ。

　彼らのポリシーは、「健康な葡萄を育てる、ただそれだけ。人間が操作しない。葡萄はおのずとワインになる。子供を育てるのと同じよ。自由にさせるとクリエイティヴになるの。

ゴールを決めるのもいやなの。初めから結果がわかっているなんて面白くない」とグロリア。最初の2年は、グロリアの父の所有する小屋で醸造した。葡萄は全房発酵(年により除梗する場合は、手作業で)、数か月醸し発酵し、飲み頃と判断するまで樽熟、清澄濾過せず、少量のSO₂を添加して瓶詰めする。

　ワインは、ペネデスでは、全く売れなかったが、バスクのレストランのフランス人のソムリエが大絶賛し、あっと言う間に完売。数年後には、世界中で引く手あまたとなった。「2011年、オリオルが去り、それからワインは、私の物語。ワインは造り手に似て、ラディカルに、あるいはスピリチュアルになったかな?」。プロジェクト開始当時5歳だった娘のベルタが、今は彼女の右腕。グロリアを上回るテイスティング力の持ち主だそう。

　ここ数年来手がけているのは、モントネガ種の白ワインだ(未発売)。「『白ワインを造りたい、できるならスキンコンタクトの』と妄想してらできちゃった。マジックね」。10月に収穫して、2月後半の時点で、まだ発酵が終わらないというモンスターワインだ。ちなみにワイナリー名は、ベルタの創作した物語に出てくる妖精の名前。〈アルス・ヘリピンス〉のワインは、その魔力に守られている。

DATA

Els Jelipins
輸入取扱:ワイナリー和泉屋

227

スペイン一小さな**DO**に現れた
ジュール・ショヴェを師と仰ぐ新世代

オリオル・アルティガス（マス・ペリセール）
Oriol Artigas（Mas Pellisser）

「子供の頃から物事の成り立ちに興味があり、それを解き明かすには、化学を学ぶ必要があると考えた。そして辿り着いたのがジュール・ショヴェ」と話すオリオル。

ラ・ルンベーラ 2017
La Rumbera 2017

「ルンバの踊り子」を意味する軽快な味わいの白。地場品種を 25% 醸し、75% を直接プレスしてブレンド。

エル・ルンベーロ 2017
El Rumbero 2017

こちらは、ルンバの踊り手（男）。シラー、メルロー、スモイなどを様々な手法で発酵させた優しい赤。

D A T A

Oriol Artigas
輸入取扱：BMO

スペインワイン新世代を代表するオリオル・アルティガス。2017 年には〝ブリュタル＊〟にも参加、注目度はますます高まっている。

私は、パンサ・ブランカなる未知の品種主体の〈ラ・ルンベーラ〉に惹かれた。トロピカルフルーツの華やかな香味に生姜のようなアクセント、そんなウマミの凝縮感の後に、打ち寄せる美しい酸味。南の産地特有の野趣あふれる味わいにクリーンな風が吹くような後味は、カタルーニャの中でも海沿いにあるアレイヤの個性という。

造り手の経歴を聞いて驚いた。なんと大学では、ジュール・ショヴェ＊を心の師と仰ぎ、有機化学を専攻していたという。人生の目的が変わったのは、ペネデスで収穫を手伝ったとき。研究よりも実際に畑で働くことに意味を見いだし、2003 年、22 歳のときから、地元の大学の醸造学の講師をしつつ、様々な生産者のもとで畑仕事を学び、ついに 2011 年、スペインで最も小さな DO の片隅にある、故郷ヴィラサール・ド・ダルト村に畑を開き、ワイナリーを構えた。7.5ha の畑のうち、所有するのは 1/3、あとは親友のペップが先祖代々受け継いだもので、〈マス・ペリセール〉の屋号は農園の名である。

「畑でもセラーでも作業のひとつひとつがレッスンだ。地中海と森に囲まれた花崗岩土壌の、この美しい土地の魂をワインにこめていきたい。新しいヴィンテージのことだけ考えて日々を過ごしている。そしてそのときがきたら、ただ自分の感性だけに耳をすませて、ワインと向き合うよ」と、静かに語った。

ナチュラルワイン界の大プロジェクト、世界に広がるブルタルの誕生秘話

メンダル／ラウレアノ・セレスほか
Mendall / Laureano Serres

カタルーニャのメンダール当主ラウレアノ・セレス。ブルタルを造る生産者は世界中に広がっている。レ・ヴァン・ピルエット（クリスチャン・ビネール）、ロクタヴァン、ラ・ボエム、ル・トン・デ・スリーズ（以上フランス）、レ・コステ（イタリア）、パルティーダ・クレウス（スペイン）、グート・オッガウ、クリスチャン・チダ（以上オーストリア）など。

メンダル・ブリュタル 2015/2016
Mendall Brutal 2015/2016

樹齢の若いガルナッチャを、10日間醸し発酵、4つのアンフォラで9カ月熟成。全体の25％は2015のワインが混じっている。

DATA

輸入取扱：ラシーヌ

死神が鎌を振り下ろすラベルが印象的なワイン〈ブルタル（ブリュタル）〉。ブルタルを生産者名と思っている人もいるようだが、さにあらず。それは、ナチュラルワイン史における最も重要なプロジェクト。2010年、スペイン・カタルーニャの、エスコーダ当主ホワン・ラモン、メンダル当主ラウレアノ・セレス、フランス・ラングドックの、ラ・ソルガ当主アントニー・トルテュル、そして同地域のレミ・プジョルの4人が立ち上げたものだ。

事の起こりは、カタルーニャ人ふたり（以下㋕）のラングドック訪問にある。ラングドック勢（以下㋣）のワインを試飲した㋕は全くワインを吐き出さず、一口飲んでは「ブルタル」を繰り返す。これを見た㋣は不安になり、ついに「我々のワインに何か不備があるのか？」と問うた。すると「ああ、悪かった。"ブルタル"とは、本来粗野の意味だが、最近は"ヤバイ旨い"場合に用いられる。Super BON だ」と㋕。そしてこのヤバイワインを、〈ブルタル〉と命名した。すでに使い古されているナチュラルワインより、もっとクールだと思ったのだ。ブルタルなワインの大前提は、畑でもセラーでも何も加えないこと、生産量は一樽（または200本）だ。そしてここが肝心、ワインは、なにがしかの欠点があること（教科書的ワインの基準でね！）、しかし、それがいい意味でワインの個性になっていなければならない。数年後にはグンとかっこよくなっているはずだ。ブルタルを造る資格は誰にでも広く与えられる。ただしハートをもってワインを造る場合においてだが。

なんと、標高1300m超え。
きれいな酸味は、ユニークなテロワールから

バランコ・オスクロ
Barranco Oscuro

スペインの歴史の動乱のなかでの体験が、マニュエルのワインに色濃く反映されている。

ラ・トラヴィエサ・ブルブハス2017
La Traviesa Burbujas 2017

ヴィヒリエガ（白）の微発泡。トラヴィエサは、"腕白"の意味。ラベルは米映画『浮かれ姫君』（1935）より。

ルバイヤート2012
Rubaiyat 2012

シラー100%、ベリー系の果実にスパイスの香りが交じる。ワイン名は、ペルシャのU.ハイヤームの詩集から。

D A T A

Barranco Oscuro
http://www.barrancooscuro.com/
輸入取扱：ル・ヴァン・ナチュール

バランコ・オスクロの魅力は、なんといっても溌剌とした酸味だ。アンダルシア地方のグラナダから46km南東のアルプハラ村にあるル・チェロ・デ・ラス・マホスの畑は、シエラ・ネヴァダ山脈の南斜面に位置し、ヨーロッパの有機栽培地では最高の標高1368m。ゆえにこの酸味が保たれるという。

当主のマニュエル・ヴァレンズエラは、60年代半ば、マドリッドの大学で化学を専攻したが、詩作に夢中になり離脱。フランコ政権下では自由な表現活動が難しかったため、約15年にわたり、バルセロナ、パリ、ビルバオを転々としつつ、調査会社、市場、大工などの仕事で糊口をしのぎ、1979年、ようやく故郷の村に戻った時、19世紀に建てられた古い家を見つけた。ワインを造り始めたのは、家にワインセラーが付いていたからだ。村は元々ワイン生産が盛んだったが、フィロキセラの猛威以降、葡萄をアーモンドに植え替える人がほとんどだった。初めはヴィノ・コスタ（混植混醸のワイン）を共同組合に納めていたが、1981年に元詰めを開始。ケミカルフリーであると同時に、ペドロ・ヒメネス、モントゥーアなど絶滅寸前だった伝統品種を使ってこの土地の個性を反映させたスペシャルなワインを造りたいと考えた。1984年に地中海沿岸の国々を旅し、その考えはいよいよ固まった。2003年、息子ロレンツォが正式に仕事に加わった。「私たちの葡萄は、畑でもセラーでも心底寛いでいるうちに、自然に発酵してワインになってしまうんだ（笑）。飲んだ人にも、自由な気分になってもらいたいね！」。

父に内緒で始めたナチュラル計画が、
ドイツ伝統産地のワインを変えた！

エコロギッシェス・ヴァイングート・シュミット／ビアンカ＆ダニエル・シュミット
Ökologisches Weingut Schmitt/ Bianka & Daniel Schmitt

どこまでも続くかのように見える畑の中の一本道は、ラベルに描かれた光景そのままだ。

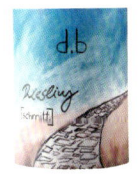

リースリング・ナチュール 2017
Riesling Natür 2017

ナチュール・シリーズは、SO₂無添加。1200ℓの大樽熟成。ドイツのリースリングのイメージが変わるはず。

シュペートブルクンダー 2016
Spatburgunder 2016

ピノ・ノワール100％。酸味がきれいで、ひかえめな印象は、出汁を活かした日本料理にもよく合う。

DATA

Ökologisches Weingut Schmitt
https://gutsschaenke-schmitt.de
輸入取扱：ドリームスタジオ

才能ある若手の造り手の台頭で注目されるラインヘッセン。その筆頭株は、ダニエル・シュミットと妻のビアンカだ。シュミット家は200年以上続くワイン農家で、1990年代に元詰めを開始、2007年に有機栽培を始めたが、発酵は従来通り培養酵母で行っていた。

ナチュラルワインに移行するきっかけは、2012年、ハンガリー・ブダペスト出身の21歳のビアンカが、研修に来たことだった。

「受け入れ先候補の中で、シュミットが最も厳しそうだと思った」とビアンカは志望動機を語る。しかし、会ってみると醸造家は25歳の若者。二人は1週間で恋に落ち、軽いノリで、父がデメーター講習会で知り合った仏アルザスのパトリック・メイエ＊の元を訪れた。「ワインの中に振動があるようなポジティブな勢いがあった。SO₂無添加で、あんなワインが造れるんだ」。二人は、2013年、父には秘密でナチュラル・シリーズを始めた。それが様々なフェアで評価された。

次なるプロジェクトは、スキンコンタクト。なかでも〈エアドライヒ2015〉は、バフアース（白）主体だが、わずかに加えたピノ・グリだけを4週間果皮浸漬し、大樽で産膜酵母とともに酸化熟成させたもの。ビアンカの祖国ハンガリーのトカイのスタイルだ。ビアンカとダニエルの嗜好は必ずしも同じとは言えないが、ナチュラルワインに出会って以降、同じ方向性を目指すようになった。ちなみにナチュラル・シリーズのラベルはビアンカがデザインした。空がダニエルで、大地がビアンカ。道はハッピーな方向に永遠に続くそうだ。

葡萄は、語るべき物語をすでにもっている。
そして機嫌が良ければそれを美しい歌にする

ヴァイングート・リタ＆ルドルフ・トロッセン
Weingut Rita & Rudolf Trossen

60歳を超え、スローダウンしていきたいというルドルフ。しかし、世界各国のワイン生産者たちが研修に訪れるそう。

友人であり同志でもあるクリスチャン・チダ＊が、「ラスト・オブ・モヒカン」と呼ぶルドルフ・トロッセン。ナチュラルワインの造り手がほとんどいないモーゼルで孤軍奮闘する勇姿に対する最大の賛辞である。

1967年、父がモーゼル中部のキンハイム・キンデル村に興したワイナリーを、妻のリタとともに受け継いだ1978年、ルドルフは伝統を打ち破り、新しいことにチャレンジしたいと、ビオディナミ栽培と、野生酵母による発酵を始めた。試行錯誤を重ねて、自分なりのやり方に自信を深め、ワインの評価も定まってきた2006年のこと。4年後に「世界のベストレストラン50（1000人の食の専門家たちが選ぶ）」のトップに選ばれることになるコペンハーゲンのレストラン「ノーマ」にオンリストされた。しだいに評判を聞いたヨーロッパのソムリエたちが訪ねてくるようになり、リタとルドルフは、彼らの薦めでフランス・ロワールやジュラのナチュラルワインに親しみ、やがて新たな方向性を見いだした。

「その真価を理解するのに、正直時間がかかったよ。とくに揮発酸の高さはね。でもワインが生きていた。これが本来のワインなのかもしれないと思うようになった。常識を一度疑うことを教えられた」。彼らはまたアルザスの

ジルバーモンド・
リースリング・
ファインヘルプQbA2016
Silbermond Riesling
Feinherb QbA2016

スレート土壌から来るミネラリティや透明感が、銀の月（独語でジルバーモンド）を思わせることから命名。オフドライでフードフレンドリー。

ムッケロホ・リースリング・
プルス2013
Muckeloch Riesling Purus 2013

東向き斜面の区画ならではの力強さに加え、SO2無添加からくる、揺らぎと複雑さをもつ魅惑的なワイン。

フランスなどの試飲会、見本市に誘われるが、「売るものがない」との理由から、出品を辞退しているそう。

ピエール・フリック＊と交流があり、SO_2 無添加のワインを全種類、熟成中の樽から試飲させてもらったことがある。「そのクオリティに驚くとともに、こんなピュアなワインを受け入れる市場が果たしてあるのだろうかとの疑問も湧いた。グラスに注いですぐに褐変してしまうワインを飲みたい人がどこにいるだろう」。しかし、「ノーマ」のソムリエにその話をすると、「我々が喜んで買い取るよ！」

こうしてできた初の SO_2 無添加のワインが、〈リースリング・ゼロゼロ 2010〉。葡萄は、上部に行くほど急勾配になるところがピラミッドに似ていることから「ピラミデ」と呼ばれる、灰色＆青色粘板岩の肥沃な土壌の最高の畑から。これが現在5種類ある SO_2 無添加のリースリング〈プルス Purus〉（ラテン語で「混じりけのない」という意味）シリーズへとつながった。モーゼルの DNA を受け継ぐ白桃や百合のような高貴な香りがありながら、山の湧き水のように、なんのひっかかりもなく喉を通る軽やかな飲み心地、まさにモーゼル初のナチュラルワインである。

しかし、元々の顧客のなかには、新生トロッセンのワインに拒否反応を示す人もいれば、ジャーナリストの批判を浴びたこともある。「もちろん欠陥だらけのナチュラルワインもあ

るが、それと同じだけ、退屈で美味しくない"正統派"のワインもある。ナチュラルワインという言葉自体も定義が曖昧だ。飲み手として、私たちは、自分の感性に正直に従って、飲みたいワインを選んでいく時代の岐路に立っている。農民としての私は、いま自分が立っている葡萄畑のある大地を理解したい。その独特な性質と歴史、そこに住む葡萄樹、ハーブ、花、昆虫、鳥たちを。醸造家としては、完熟した葡萄が発酵するプロセス、そのメタモルフォーゼと再生を大切にしたい」

ワインとは、神秘的な飲み物だと、ルドルフは言う。単なる飲み物でなく、感情や魂に訴えかけるものだと。

「葡萄は、語るべきストーリーをすでに持っている。機嫌が良ければ、ワインはそれを美しい歌にする。テーマは、彼らの故郷、その年の気候、それに関わった造り手の情熱だ。よいワインほどオープンマインドで饒舌だ」

さて、今後のチャレンジは？「私たちのワインが置かれているレストランを訪ねるプロジェクトを開始し、すでに 20 か国を訪問済み。そこに集う人たちと、トロッセンのワインについて語り合うのが、何よりの楽しみだ。そしていつか、暇ができたら、ドイツのナチュラルワインについて書いてみたい」。

トロッセン・ロゼ・ピノ・ノワール QbA2017
Trossen Rosé Pinot Noir QbA2017

樹齢約 30 年の完熟したピノ・ノワールがチャーミング。SO_2 トータル 20mg/ℓ と超少量ゆえの柔らかい味わい。

DATA

Weingut Rita & Rudolf Trossen
http://www.trossenwein.de
輸入取扱：ラシーヌ

「自分の失敗が最高の先生」と語る
ドイツ・フランケンの新世代

ツヴァイナチュールキンダー
2 Naturkinder

歴史あるワイン産地ほど、ナチュラルワインが根づくのが難しいが、ミックとメラニーは、周りとの共存を目指し、やがてその実力が認められた。

フレーダーマウス・ヴァイス2017
Fledermaus weiß 2017
ミュラートゥルガウ70%、シルヴァーナ30%のブレンドの、ライトでフレッシュな味わい。危険なぐらい飲みやすい。

ツヴァイナチュールキンダーの〈フレーダーマウス（独語でコウモリ）〉に出会ったとき、お堅いイメージのドイツにも、こんな楽しいワインがあるんだとうれしくなった。赤は、ピノムニエのセミマセラシオンカルボニック、白はミュラー・トゥルガウとシルヴァーナーのスキンコンタクトで攻めている。

造り手は、ロンドンやニューヨークの科学系出版社で、マーケティングやデジタルコンテンツの営業をしていたミヒャエル（愛称ミヒャ）・フォーカーとメラニー・ドレセの夫婦。

彼らのワインに対するイメージをガラリと変えたのは、2012年、ふと出会った仏ロワールのパスカル・シモニュッティの〈ポワール・テュ〉。「ファンキーなワインだけど、エネルギーにあふれていた。SO₂無添加、ノンフィルターで、葡萄の全てが凝縮されているのだと気づき、それからはナチュラルワイン中毒に」。そしてナチュラルワインを造ってみようと思ったのだ。というのも、ミヒャの実家は、フランケン地方のキッツィンゲン村に1843年創業のワイナリー "ベルンハルト・フォーカー"。畑も醸造所もある。しかし……父は原産地名称委員会の重鎮（アペラシオン認定する立場の人）、ナチュラルワインなど、ワインと認めていなかった。長年の顧客もいる。ナ

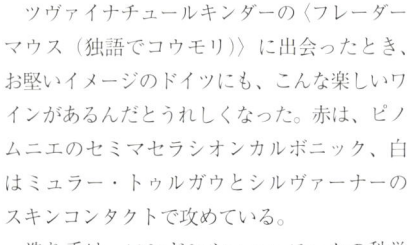

ハイマット・シルヴァーナ2016
Heimat Silvaner 2016

耕すのが困難なほど急斜面に植わる樹齢約40年のシルヴァーナの凝縮感とバランス感をもれなく表現。

ワイン造りは、人生の一部。もう望むものはなにもないという二人。趣味はと聞くと「5歳の息子の成長を見守ること」とのこと。

チュラルワインに転換するなど論外だが、父は、息子に期待を掛けている。決別すれば、ミヒャとメラニーの新規事業も立ちゆかなくなるわけで……と悩んだ結果、父の醸造所は手伝いつつ、自分たちのブランド〈ツヴァイナチュールキンダー〉を立ち上げることとなった。2016年には、昔ながらの顧客を、ナチュラルワインにつなげるための新しいブランド〈ファーター・ウント・ゾーン（父と息子）〉も始めた。ナチュラルワインではないが、自然発酵、フィルターはごく軽く、SO_2も20mg/ℓ以下だ。

6haの畑は、現在は全て有機栽培。地元のコンサルタントに相談したり、海外のフェアで出会う仲間たちにインスパイアされたりして学んできたが、一番の師匠は、「自分の失敗」だという。「失敗のパターンをみて、ヴィンテージごとに比べ、微調整を重ねる。何より大切なのは、土壌は生きている、我々人間と同じ生き物、有機物だということを忘れないこと。最初は、有機栽培って機械をそろえるのに、すごくお金がかかると思ってたんだ。でも、仲間たちと話したり、福岡正信の『わら一本の革命』なんかの本を読むと、全然、考えているのと違ったよ。僕はいま、毎日生きている土壌の力に驚いている」。

アイテム数は毎年少しずつ形を変えながら増えている。たとえばフランケン地方ならではの土壌 "コイパー（泥灰岩）" で育った古木のシルヴァーナーを使った〈ハイマット（独語でお家）〉は、ヴィンテージ（葡萄の状態）ごとにスキンコンタクトの日数や熟成期間が変わり、2年半熟成させた2015ヴィンテージが、2016ヴィンテージの後にリリースされた。

〈フレーダーマウス〉以外にも、ペットナットの〈バット・ナット〉など、随所に暗号のように登場するコウモリについても、少し説明を。ミヒャは、地元で "コウモリ・ヒーロー" と呼ばれるクリスチャン・ズーダと共に、コウモリの保護活動をしている。近くにコウモリのコロニーがあり、彼らの糞の堆積物を、葡萄畑の肥料として使う代わりに、保護団体に寄付をしたり、知名度を高める活動をしているのだ。〈フレーダーマウス〉に使うミュラー・トゥルガウの畑には、ちょうどコウモリが休むのにちょうどよい小屋があることから、仲間から譲ってもらったそう。畑には、愛すべきコウモリたちがリラックスできるお休み用の箱がいくつも設置されている。ちなみに〈フレーダーマウス〉のラベルに描かれたコウモリは、「gray long eared bat」という非常に珍しい種類だそうだ。

バッカス・ペットナット2017
Bacchus Pet-Nat 2017

スーパーフルーティなバッカスを瓶内二次発酵後、軽くデゴルジュマン。軽い飲み口ながら余韻はシリアス。

D A T A

2 Naturkinder
http://2naturkinder.de/
輸入取扱：CROSS WINES

ワインに作柄の善し悪しなど、関係ない。
ただその年ごとの違いを楽しめばよい

クライ・ビエーレ・ゼミエ／ジョルジオ・クライ
Clai Bijele Zemlje / Giorgio Clai

「よいワインは、シンフォニーでなければならない。旋律を豊かにする調べを増幅させるために、畑でけんめいに働くのだ」と話すジョルジオ。

マルヴァジーヤ・スウェッティ・ヤッコブ2015
Malvazija Sveti Jakov 2015

クライの看板ワイン。一本の木からの収量はわずか1.5kg。瞑想を誘うようなミステリアスなワイン。

オットチェント・ビエーリ2014
Ottocento Bijeli 2014

マルヴァジーヤ、ピノ・グリ、シャルドネ、ソーヴィニヨン・ブランの混醸。アロマティックでゴージャス

D A T A

Clai Bijele Zemlje
http://www.clai.hr
輸入取扱：ラシーヌ

マルヴァジーヤは、アロマティックでフルーティな品種と思っていたが、〈スウェッティ・ヤーコブ〉は、全く違う飲み物だ。色はアンバー。ドライイチジク、ローズペタル、干し草、根菜、オリエンタルなスパイスの香りが充満し、美しい酸味とタンニンがしっとり溶け合い、パワフルで上品だ。石灰岩質の土壌で育った葡萄を40日間醸すことにより得られる風味という。当主のジョルジオ・クライは、まだまだお宝が隠れていそうなクロアチアで、国際的に評価されている数少ない生産者のひとり。とくに近年大流行の、オレンジワインの世界で注目されている。この名称をよしとしない生産者もいるが、「呼び方はどうでもよい。この土地でワインと呼ばれるのは、黒葡萄も白葡萄も醸し発酵して造る」と話す。幼い頃、両親とともに、社会主義から逃れ、イタリアのトリエステに渡ったジョルジオ。両親の興したレストランを引き継ぎ26年営んでいたが、1980年に祖父の葡萄畑を受け継いだときから、少しずつ新しく植樹を始め、いつかワインを造りたいと思っていた。ついにクロアチアへ戻る決意をしたのが2001年。アドリア海に突き出たイストラ半島北西部のブライキ村に、葡萄を8ha、オリーヴを3ha植えた。ワイン造りにとって一番大切なものは？ と聞くと「テロワール、気候を理解すること。自分自身の哲学をもつこと、奥さんを大事にすることの4つだ。自然に敬意を払って仕事をしていれば、作柄の善し悪しは関係なくなるんだよ。ただ年ごとの違いがあるだけ。それをクオリティと呼ぶのだ」。

ナチュラルワインの
生産者を訪ねて
Part 3

Natural Wine

JAPAN
日本

AUSTRALIA
オーストラリア

USA
アメリカ

MEXICO
メキシコ

SOUTH AFRICA
南アフリカ

教科書を捨てることで開けた
誰もまねのできない **Let It Be** の世界観

ラトリエ・ド・ボー・ペイサージュ／岡本英史
L'Atelier de Beau Paysage／Eishi Okamoto

ボーペイサージュとは「眺めの良い景色」。
海外でも評価の高い岡本氏のワインだが、
「もし別の人生があるならば、ピアニストに
なってみたい」と言う。

ボー・ペイサージュの岡本英史さんの出現で、日本ワインとナチュラルワインの世界がつながった。日本ワインを応援してきた人たちは、これまでにない自然なワインと絶賛し、ナチュラルワイン愛好家は、ヨーロッパの造り手たちとの共通点に驚いた。フレンチやイタリアンのシェフにも熱狂的なファンが多い。

私が初めて飲んだのは〈ラ・モンターニュ2004〉。メルロ100％なのだが、透明感とはつらつとした酸味はピノ・ノワールやプールサールのよう。オヴェルノワが、上気した肌から匂う薔薇の香水の香りなら、こちらは菫だろうか。慎ましやかだが妖艶な香味をまとい、カベルネフラン100％の〈ル・ボワ〉など他のキュヴェにも同じニュアンスがある。

ソーヴィニヨン・ブラン100％の〈蔵原ニュアージュ〉を飲んだシリル・ル・モワン（P68）は、「山の頂にようやくたどり着いて見つけた湧き水のようだ」と言い、その場にいた彼の長年の友人が、「シリルが人のワインをこんなに褒めたのは初めて」と驚いた。

大学院で発酵化学を修めながら、日本で世界に比するワインを造るなどムリと思っていた岡本さんが山梨でワイン造りを志したのは、メルシャンの醸造家の故・浅井昭吾さんの造った〈シャトーメルシャン信州桔梗ヶ原メルロー〉

ツガネ
ラ・モンターニュ2016
TSUGANE la montagne 2011

「今までで最も厳しい年だったが、最終的に非常に個性的で興味深いワインになった」と岡本さん。2016年のツガネを表すメルロ。

ツガネ・シャルドネ2011
TSUGANE Chardonnay 2011

きれいな酸味が特徴。ここ数年、シャルドネの熟度の追求に向かっていた岡本さんが、この品種の別の側面に気づいたそうだ。

すばらしい眺めは、まさにボー・ペイサージュのネーミングがぴったり。火山灰土壌で、10年以上耕していない。

を飲んだのがきっかけだった。1999年に開墾した0.7haの土地は、山梨県北杜市津金にある。西に南アルプス、北に八ヶ岳を望む標高800mの土地は、すばらしい眺めが広がることから、フランス語で「眺めのよい景色」を意味するボー・ペイサージュをドメーヌ名とした。

「人を感動させるワインを造るためには、一度常識を捨てなさい」という浅井さんの言葉を受け、自分と真剣に向き合った結果、誰のまねでもないワイン造りにたどり着いた。畑は不耕起、葡萄につく虫はひとつひとつ手でつぶす。葡萄は、明らかな腐敗果でないかぎり、全てその土地を表したものだからと選果はしない。醸造工程でSO_2は一切使わず、自作の機械で手除梗したら、自然な発酵を待ち、ポンプを使わず、小さなバケツで何十往復もして樽に移し熟成させる。瓶詰めもサイフォン式の落差を利用した細いチューブで行うので、1時間に150本しかできない。2008年からは無補糖。SO_2も、シャルドネの瓶詰め時にごく少量使うだけだ（無添加のものもある）。

ターニングポイントになったのは2004年である。好天が続く理想的な夏の後、収穫間際に台風が直撃、致命的なダメージを受けた。「自然に感謝して全てを謙虚に受け入れることはできず、悩みながら、被害の大きかった

ものは〈トランス〉として別のワインとした。ところが1年後、ワインはそんな造り手のつまらない感情を笑うように明るく開放感を感じさせる素直でおいしいワインになりました」

これがL.I.B.（Let it be）、何もしない（手を加えない）ワインの発想へつながった。

実は先日〈ル・モンターニュ・トランス2004〉を飲んだ。ブルーベリーや小梅の香りに、プーアール茶、生姜などの香りが交じり、なんとも美しい熟成を遂げていた。「悩んでいたことがうそのようですね」と言うと、「あの状況があって、今があると思う。自分は追い込まれてギリギリにならないと何も生み出せないし、どんな状況にも何か意味があると信じて向き合っている。ただ、当時の自分と今の自分が違うとすれば、ものを造ることからは一生逃れられないとわかっていることでしょうか」と答えた。岡本さんが、ワインを通して伝えたいのは、自然の法則だという。

「ワインも人間も自然の一部。自然から離れて暮らす現代人が、無意識に自然を感じたいと思うとき、自然とふれあえるひとつの行為が、ナチュラルワインを飲むことなのではないでしょうか。ワインを飲むことで、心の奥底で自然と共鳴するのではないかと思うのです」。

DATA

ラトリエ・ド・ボー・ペイサージュ
（L'Atelier de Beau Paysage）
山梨県北杜市高根町蔵原1334-5

昔ながらの農業の先にあるテーブルワイン

ドメーヌ・オヤマダ／小山田幸紀
Domaine Oyamada / Kouki Oyamada

「豊産性のある葡萄で、素朴な味わいを。2000円以下でテーブルワイン、3000円以下で、特別な日に飲むワインというのが世代感覚です」と小山田さん。

一口飲んで、みっちり詰まった葡萄のエキスと柔らかい飲み心地に驚いた。産地名だけが書かれた素っ気ないラベルの〈洗馬2016〉。葡萄はカベルネ・フラン。2014年に、日本ワインの老舗、ルミエール・ワイナリーから独立した小山田幸紀さんが、会社勤めの傍ら、最初に入手した畑の葡萄で造る看板ワインだ。

40歳と遅い独立は、「全ての葡萄を自園でまかなうべく、畑の準備をしていたから」。自園の葡萄は、栽培方法を自分で選択できるだけでなく、醸造過程で、葡萄がどういうふるまいをするのかが予測できるからだ。ちなみに、会社員時代は、勝沼図書館のワイン・農業関係の本は読破し、農薬や肥料は全て実験、ビオディナミは10年間検証した結果、現在は有機栽培に。マサルセレクションは続行中。いまは、畑で農薬が必要と感じることはない。「セラーではときどきしくじる」というが、独立以来、培養酵母を使用したことはない。「ナチュラルワインの味が好きだし、理屈としてもまちがっていないと思う。テクニカルワインの造り方はもう忘れた」。ワイン名は、〈BOW!（敬愛する尾崎豊の歌名）〉以外は、すべて土地の名。「冷涼な産地のほうが品種の個性が表れる。山梨はその点では勝負できない。葡萄は混ぜて土地の味を表現する」。

ドメーヌ・オヤマダは、農業法人ペイザナのブランド。戦前にはどこの農村でもあった、物質的＆精神的に助け合う「結」のような団体で、「ワイナリーも全員持っていなくてもいい」との発想から、5人のメンバーで中原ワイナリーを融通し合ってワインを造っている。

洗馬（セバ）2017
〈洗馬〉の白は、ソーヴィニヨン・ブラン、プチマンサンなどの混植で、柑橘系の香味の後にほのかな苦味。

BOW!（バウ）2017
白はデラウェア主体、赤はカベルネ・フラン、マスカット・ベリーAなどのブレンド。究極のテーブルワイン。

DATA

ドメーヌ・オヤマダ
http://vinscoeur.co.jp/producer_japan/
取扱：ヴァンクゥール

徹底的に畑を観察することで実現した
真のドメーヌ・ワイン

ドメーヌ・アツシ・スズキ／鈴木淳之
Domaine Atsushi Suzuki/Atsushi Suzuki

ワイナリーは、リンゴの貯蔵庫だった石蔵で、年間を通じて温度変化が少ない。中には小さなバスケットプレス、発酵容器、樽と、超シンプル。

アッチ・ブラン 2017
Acchi Blanc 2017

自家農園のケルナー 100% を全房でプレス。硬質な酸＋ミネラルと果実味が一体に。アッチは鈴木さんの昔の愛称。

DATA

ドメーヌ・アツシ・スズキ
http://atsushi-suzuki.jp/

こんなに肩の力の抜けたワインがあったのか？道内限定発売〈ヨイチ・ロゼ・サンスーフル 2015〉は、ミュラートゥルガウとツヴァイゲルト、"冷涼品種" 2 種のブレンド。採れたてのいちごのような香味と、無濾過ゆえのエキス分の充実ぶりが心地よい。造り手の鈴木淳之さんいわく、「この〈トモ・シリーズ〉は、2 ラインあるうちの濃いほうで、妻（友恵さん）の好み。一方機が熟した時のみ造る〈アッチ・シリーズ〉は、僕の偏愛するジュラやロワール・テイストの淡い味わいです」。

鈴木淳之さんは、買い葡萄に頼らず、余市で自然なワイン造りを行う日本では希有な造り手。自園葡萄オンリーの理由を、「それまでどのように育ったかわからない葡萄でおいしいワインを造る自信がない」と話す。「幸運にも得られた畑は、5.6ha で 1 枚。夫婦ふたりには広いけれど、2012 年に前の持ち主に研修を受けたので、畑のことがわかっている」。

凝縮した葡萄を育てたい。できる限り農薬を使わずに。それが鈴木さんの信念だ。東向きの斜面は、北の日本海と南の羊蹄山の間を渡る風の通り道。傾斜に垂直に植樹することで、病気を予防する。毎日畑を観察し、葡萄がデトックスしながら生長できるよう気を配る。虫のつきやすいケルナーの株には、大量のコンパニオン・プランツのミント！ 2 年間研修させてもらった曽我貴彦＊さんに倣い、セラーは限りなくシンプル。大好きなジュラ・テイストのシャルドネを増やすのが、今後の目標だ。「『難しいぞ、やめておけ』と曽我さんには言われているのですが（笑）」。

日本の食文化に寄り添う
世界標準の農家ワイン

ドメーヌ・タカヒコ／曽我貴彦
Domaine Takahiko / Takahiko Soga

冷涼な気候の余市は、夜間の葡萄の呼吸量が抑えられ、エネルギー効率がよいため、日照量が少なくても葡萄の糖度が上がりやすいという。
写真／田中かお末ールリ

ナナツモリピノ・ノワール2017
Nana-Tsu-Mori
Pinot Noir 2017

出汁に通じる旨味のような味わいを持つ日本のピノ・ノワールの最高峰。

ナナツモリブラン・ド・ノワール2017
Nana-Tsu-Mori Blanc de Noir 2017

貴腐菌のついたピノ・ノワールを丁寧に選果して造ったオレンジワイン。蜂蜜香があり、チーズと好相性。

DATA

ドメーヌ・タカヒコ
http://www.takahiko.co.jp/

2016年に来日した著名なマスターオブワインのジャンシス・ロビンソンが、「日本で最も印象に残った素晴らしいワイン」と賞賛したドメーヌ・タカヒコの〈ナナツモリピノ・ノワール 2014〉。醸造家の憧れの品種が、日本でも偉大なワインになることを証明した曽我貴彦さんは、長野・小布施ワイナリーの次男で、栃木・ココファームワイナリーの栽培責任者を10年勤めた後、2010年に4.6haの農場を入手、そのうち2.5 haでピノ・ノワールを有機栽培で育てている。

2018年秋に余市で久々に貴彦さんと話をして本当に驚いたのだが、彼が目指しているのはハイクオリティなワインではないという。「僕が造りたいのは、自分がいつも食べている漬け物や味噌汁など日本の食文化に合うワイン。そのイメージに最も近いのが、ピノ・ノワール」。全房発酵を選んだ理由は、「収穫が終わるのが10月末。雪が降る前に剪定をしなければならないから、除梗している余裕がない。自然に低温醸し状態になるんです。うちの発酵槽の中は、健康な人の腸内のようで、様々な菌がバランスよく存在していて、添加物も必要ない。SO$_2$が悪いとは思わないけど、入れると確実に"微生物の苦しみ香"が出ちゃうんです」。おいしさの秘密は、近代技術が襲来する前のワイン造りだったのだ。

貴彦さんが結果を出したことで余市にも注目が集まった。今後はどんな展開が待っているのかな？「自然なワイン造りは、僕には大きすぎるテーマ。ただ、発酵中の微生物に優しい気持ちでワインを造っていきたいです」。

科学と戦略を駆使して仕上げる、
道南の食事に合う、究極の飲み心地。

農楽蔵／佐々木賢、佳津子
Norakura / Kazuko&Ken Sasaki

ワイン造りは二人の共同作業だが、何か問題が起こった時には、「栽培は賢さん、醸造は佳津子さん」に決定権があるそうだ。

ノラ・ルージュ 2017
Nora Rouge

メルロとピノ・ノワール主体のピュアな香味と果実味。道内・都内のレストランで出会う可能性も。

ノラポン・ブラン 2017
Nora Pon blanc

北海道の土地に合うケルナー 100%。華やかなアロマと硬質な飲み口が共存。魚料理にぜひ！

DATA

農楽蔵
http://www.nora-kura.jp/

2012 年、フランスで栽培や醸造をしっかり学んだ佐々木賢さんと佳津子さん夫妻が、函館に立ち上げたワイナリー。その前年に開いた畑は、賢さんの両親の出身地方で、子供の頃からなじみのある北斗市にある。「収穫期に熟しているのに酸がある。積算温度は、30 年前のブルゴーニュのディジョンと同じ。僕らの思い描くワインの栽培適地です」。ふたりが理想とするのは、タンクから直接飲むように、生き生きとして、道南の食事によく合うワイン。それには、畑でもセラーでも添加物をできる限り減らすのが肝心だ。生産量の 4 割を占めるのが自家農園である文月ヴィンヤードのシャルドネとピノ・ノワール。土に合う台木を選び、果樹の仕立て方を決めることで化学農薬の不使用が実現できた。「8 年で随分と団根が増えました」。醸造での SO_2 もゼロだ。「SO_2 を全否定するわけではないけれど、SO_2 のないワインは、ピュアな香味とするりとした喉ごし、染み渡るような味わいがある。何より生魚や魚卵との相性がすごくよい」。

低（無）SO_2 の醸造がリスキーということをよくわかっているふたりは、ワインを大事に扱ってくれる酒販店を選び、トップキュヴェの〈ノラシリーズ〉は一部直接販売することでこのハードルを越えた。ラインナップは他に土地の個性を活かした“AC北海道”〈ノラポンシリーズ〉、自由奔放に実験的に「攻める」（基本的に再生産なし）〈ノラケンシリーズ〉が。地元の仲間たちと共に 2 年に一度開催する、函館版フェスティヴァンともいうべき「のまサルーテ」も毎回パワーアップしている。

みんなと楽しい時間を共有するために造る、革新的でイノセントなワイン

ヤウマ／ジェームス・アースキン
Jauma/ James Erskine

ジェームスの周りは、常に笑いがいっぱい。
ヨーロッパから研修に訪れる生産者も多い。

アルフレッド・グルナッシュ2014
Alfred Grenache 2014

自根の葡萄を全房発酵、ほぼフリーラン。グルナッシュ・シリーズで、最も完成度が高く、長期熟成が期待できるワイン。

ルーシー・マルゴー＊（初代アシスタントとして働いた）やトム・ショブルック＊と共に、オーストラリア・ナチュラルワインを牽引するジェームス・アースキン。アデレード生まれの元・有名ソムリエだ。「母が外国人に英語を教えていたので、夕食時にはいつも留学生たちがいた。彼らはしばしば故郷の料理を持ち寄ってくれたから、スパイシーなエスニック料理に囲まれて育った」というジェームスは、いつか自分の店をもちたいとレストランに就職。配属されたのはソムリエだった。やがて様々なソムリエコンテストで優勝、さらに競技会の審査員を務めるように。ワインの道を究めたいとヨーロッパに渡り、主にドイツとオーストリアのレストランやワイナリーで働いた後、オーストラリアに戻り、レストランで働きながら、アデレード大学で農業科学を、さらにカリフォルニアのUCデイヴィス校で醸造と有機栽培を学ぶうち、ナチュラルワイン・ムーヴメントに出会った。「これまで知っているワインとは全く別の世界観をもったイノセントなワインだと思った」。ジェームズは、当時務めていたレストランで、オーストラリアの代名詞であるシラーズをワインリストからはずした初のソムリエとなった。

そして、自分の飲みたいワインを造りたい

ラルフ・グルナッシュ 2017
Ralph's Grenache 2017

自根のグルナッシュ。こちらは除梗。ローズペタルのアロマが印象的で、このうえなくエレガント。

日本の飲み手を非常に大事にしているジェームス。実はSO₂ゼロの醸造のアイディアも、日本の友人たちからもらったそう。

と、2010年にレーベルを立ち上げたのだ。

〈ヤウマ〉は、カタルーニャ語でジェームスのこと。ヨーロッパ滞在中にスペインで出会った同名の素晴らしいグルナッシュの造り手へのオマージュが込められている。

「僕が造りたいのは、酵母や微生物が瓶の中で活動する"生きたワイン"。一口ごとに違う表情を見せ、人々の隠れた感性を目覚めさせる。現代人は物事を考えすぎて自ら人生を複雑にしていると思わない？ぜひシンプルなヤウマのワインを飲んで、本来の自由を取り戻して欲しいな」

ジェームスの哲学を語るワインを1本挙げるなら、私は〈ムリシナイデ2014〉を選ぶ。葡萄は、2011年に出会ってから、彼と二人三脚で畑を管理するフィオナ・ウッドの父の農園から。2014年に来日した際、日本の消費者たちの熱烈歓迎に感激したものの、みんながテクニカルデータについて真剣に質問するのに驚いたジェームスは、「ワインは気楽に楽しむものが一番。だからムリしないで」の願いをこめ、葡萄がゲヴェルツトラミネルということ以外、詳細は『聞かないで』とのこと。2015年から醸造ではSO₂を含む添加物一切なし、清澄濾過もしていないが、有機栽培で大事に育てた葡萄のエネルギーが満ちており、

ワインはエレガントでストラクチャーがある。

いまや全世界で人気のペティヤン・ナチュレル（ペットナット）を、2011年にオーストラリアで初めて造ったのも、ジェームスだ。

ちなみに2016年から、スティルワイン、スパークリングともにコルクでなく、王冠を使用している。

2018年、ジェームスは、母と共同で、アデレードヒルズに40haの農場を買った。14種類、2000本のさくらんぼが植わり、11年間有機栽培で育てられてきたそうだ。

「いずれ、ここに葡萄を植えて、ワイナリーも移そうと思っている。僕のワインは、世界中に輸出されて、たくさんのアメイジングな人たちに飲んでもらっているけど、どういうわけか南オーストラリア州では、ナチュラルワインは人気がない！でもこの農園は、12月の収穫時期には、みんながさくらんぼ狩りに訪れるところ。いつかここを、オーガニックファーミングの中心地にして、ヨガのリトリートみたいに、おいしくて環境にやさしいワインや食物を求める人たちと、楽しい時間を共有したいと考えている」。ヴィーガンで、ヨガと瞑想が暮らしの一部というジェームスならではの野望！楽しみ！

ムリシナイデ2017
Murishinaide2017

セミヨンとシュナンブランのザ・オーストラリア・ブレンドが、こんなに爽やかに！

DATA

Jauma
http://www.jauma.com/
輸入取扱：ワインダイヤモンズ

マニピュレートはしない主義。
自然なワインは、世界を変える力がある

ルーシー・マルゴー／アントン・ファン・クロッパー
Lucy Margaux /Anton van Klopper

なんと、「満月ワインバー」(P21) のＴシャツ姿のアントン。日本には何度も訪れ、飲み手との交流を楽しんでいる。

私がルーシー・マルゴーのワインに出会ったのは、2012年暮れのフェスティヴァンの忘年会。ニュージーランド出身でオーストラリアに長く暮らしたスタッフのジョン・ウッドが、現地で話題のワインとして、〈ピノ・ノワール・モノミス・ヴィンヤード 2011〉を持参。そのデリケートでチャーミングな魅力に一同驚いた。案の定、すぐに輸入が開始され、やがてリリースと同時に完売の幻のワインとなったのだ。

当主のアントン・ファン・クロッパーは、南アフリカ出身、14歳で両親と共にオーストラリアに移住、高校を卒業すると料理の道へ進んだ。そこで興味をもったのがワイン。ソムリエを目指すのではなく、アデレード大学の醸造学科に入学したのは、「自分が好きなワインと嫌いなワインは、はっきりわかったが、それがどういう要素からできるのかが知りたかった」からという。しかし、そこで教わったのは、化学物質を駆使してハイクオリティなワインを造る方法。疑問を感じたアントンは、ドイツ、ニュージーランド、アメリカの様々な造り手たちを訪ねる旅に出た。そして「自分で葡萄を栽培し、原料であるフルーツを与えてくれる葡萄樹と誠実な関係を築き、ワインを造りたい」という発想が芽生えたという。

ヴァン・ド・ソワフ 2017
Vin de Soif 2017

ピノ・ノワール 100％、アルコール度数わずか 11％で、スルスルと飲めるワイン。アセロラの香りにハーブのアクセントが。

ロザート 2017
Rosato 2017

ピノ・グリとサンジョヴェーゼのブレンドによる、飲み心地のよいロゼ。

オーストラリアだけでなく、ヨーロッパの試飲会にも精力的に出展、ファンを増やしている。

オーストラリアに戻ったアントンは、ついに2002年、南オーストラリア州アデレードヒルズのバスケットレンジという冷涼な場所の元果樹園を入手。農園には、娘の名前を付けた。日本のアニメが好きな彼女が和紙に描いたラベルも話題を呼んだ。

しかし、慣行農法が主流のオーストラリアでアントンのワインは受け入れられず、同好の士であるトム・ショブルック*とともにワインを車に積んで、街から街へ売り歩いた。自分のワイン哲学に自信を持ち、方向性が決まったのは、2007年、ワインショップを営む故・サム・ヒューズに飲ませてもらったラディコンのワインとの出会いだった。
「マルコ・ポーロが新大陸を発見したのは、こんな気分かと思ったよ」。

アントンは、トム、サム、そしてアントンの初代アシスタントで現在ヤウマ*のジェームズ・アースキンとともに、2009年、「ワインは単なる液体ではなく、哲学、音楽、アートの要素が盛り込まれている。固定観念を取り除くことで、本物に近づける」をテーマにしたプロジェクト「ナチュラル・セレクション・セオリー」を立ち上げ、実験的なワインを造る。オーストラリアではブーイングの嵐だったが、ナチュラルワインの祭典RAWロンドンでは大きな話題になった。

ルーシー・マルゴーのワインは、常に新しい手法にチャレンジしているため、"少量&多キュヴェ"だが、やや生産量の多いカジュアルラインとして〈ドメーヌ・ルッチ〉シリーズがある。自家葡萄園ばかりでなく、契約栽培家の葡萄も使用するが、いずれも有機栽培で、醸造過程では、「マニピュレート（化学的、人的操作）は罪である」として、清澄、濾過、添加物は加えない（SO_2もゼロ）。「トップレンジは、3代目アシスタントで、現在姉のソフィーと〈コミューン・オブ・ボタンズ〉を営むジャスパー・ボタンの実家の畑、ジャスパー・ヴィンヤーズの葡萄を使った〈ジャスパーエステイト・ピノ・ノワール〉。〈ワイルドマン・ピノ・ノワール〉は、醸造所が狭く、苦肉の策として屋外で発酵・熟成させたら、予想外に深淵な味のワインが生まれた。「ナチュラルにワインを造ることは、揮発酸、ネズミ臭（日本でいうところのマメ臭）などを発生させる微生物汚染と背中合わせの仕事で、多くのリスクを伴う。でも、それらと向き合いながらワインを造ること、自然と一緒に歩むことは、心がウキウキする。ナチュラルワインは、心と体によいだけでなく、世界を変える力をもっていると思う」。

3カラーズ・レッド2017
3 Colours Red 2017

ピノ・ノワール50%に、ソーヴィニヨン・ブラン、ピノ・グリを各25%。驚きの品種構成だが、飲めば納得！

DATA

Lucy Margaux
http://lucymargauxwines.com/
輸入取扱：ワインダイヤモンズ

バロッサで花開いた
イタリアン・ナチュラルの**DNA**

トム・ショブルック
Tom Shobbrook

初来日した 2014 年、「よいワインとは "ライフ（生命）" が感じられること」と目を輝かせながら語った

プールサイド2017
Poolside 2017

これまでで一番色合いの薄いヴィンテージ。まさにプールサイドで飲みたいような軽やかなワイン。

トミー・ラフ2014
Tommy Ruff 2014

シラーとムールヴェードルの果実をそのまま詰め込んだような素直な味わい。ワイン名は、トムの学生時代の愛称。

D A T A

Tom Shobbrook
輸入取扱：ワインダイヤモンズ

オーストラリア・ニューウェーブワインを代表するトム・ショブルック。実家は、イタリアから移住し、バロッサ・ヴァレー北部のセッペルツフィールドで葡萄農家を営んでいたが、トムが本気でワインを造ろうと思ったのは、2001 年に、両親の手伝いでイタリア・トスカーナ州キャンティはリエチネ村のワイナリーで働いたことがきっかけだった。そこで、6 年間、自然な葡萄栽培に触れたトムは、帰国後、さらに近くにあるビオディナミの野菜栽培家のもとで学び、両親を説得、9 ha の畑を全て有機栽培に転換した。そして仲間たちと共に様々な実験的手法を取り入れながら、「濃くて重い」バロッサ・ヴァレーのワインの真逆に挑戦していった。代表作の〈プールサイド〉は、シラーズ（シラー）100％とは信じられない軽やかさで、まるでジュラのプールサールのよう。やがてニューヨーク、ロンドン、コペンハーゲンなどオーストラリアの外側から人気に火が付いた。すべてのワインは、トムの心の変化を語るストーリーに満ちている。と書いたところで、思わぬニュースが飛び込んできた。トムの両親がリタイアを決め、葡萄畑をすべて売却することを決意したという。現在〈ディディ〉のみ契約農家の葡萄を使っているものの、〈ショブルック〉及びカジュアルラインの〈トミー・ラフ〉は、すべて自社畑の葡萄を使っているのだ。供給源を失ったトムは、新たな農場へ引っ越し、葡萄の苗木を植え始めたそうだが、ワインになる日は遠い。今後は買い葡萄でワインを造っていくのか？新たなニュースを待っている。

淡い飲み口と、はっきりした骨格を併せ持つ、2016年豪州で最も注目されたナチュラルワイン

モメント・モリ／デイン・ジョンズ
Momento Mori / Dane Johns

畑では、鶏、羊、鴨の助けを借りて、葡萄を育てているというデイン。ほかに犬3匹、猫2匹もいるので、いつもにぎやか。

ステアリング・アット・ザ・サン 2017
Staring at The Sun 2017

フラッグシップキュヴェ。ヴェルメンティーノ、フィアーノなど4種のイタリア品種のブレンドで、複雑で奥行きのある味わい。

フィストフル・オブ・フラワー 2016
Fistful of Flowers 2016

モスカート・ジャッロ100%。「拳いっぱいの花」というワイン名通りの華やかな香りと、細やかな酸、滑らかなテクスチャーが魅力。

DATA

Momento Mori
輸入取扱：CROSS WINES

　ニュージーランド出身の当主の、デイン・ジョンズがメルボルンに移住したのは、ミュージシャンとしてのキャリアを追求するためだった。バイトとして勤めたのが、有名なカフェで、気づけばバリスタとして13年。焙煎の技術、ブレンドや抽出のときに生まれる様々なアロマやフレーバーの試飲能力を磨くうちにワインへの興味がふくらみ、とあるワイナリーで修業することになった。
「ワインを造るうちに、自分のなかで育っていった感情は、生命すべてをリスペクトし、愛情をもって観察すること。そして恐れずに新しいことにトライする」。仏ジュラのアルボワに友人がいたことから、ピエール・オヴェルノワ＊、ジャン・フランソワ・ガヌヴァ＊のもとを訪問し、ますます自然なワイン造りを追求するようになり、ついに2014年、パートナーのハンナとともにモメント・モリを立ち上げた。
　畑は、ヴィクトリア州北東端のギプスランドの標高400mの急峻な畑（1ha）と、その東側のヤラ・ヴァレーカーディニアレンジ（1ha）に所有。他にヒースコート・ヴァレーで30年にわたって葡萄畑とナーサリー（圃場）を営むブルース・シャルマーズから購入している。ワインは生産量が極めて少なく個性的。たとえば、〈ギブ・アップ・ザ・ゴースト〉は、ヒースコートにほんの何畝か植わるグレコ・ディ・トゥーフォなる品種に敬意を払い、フリーランのみで造られた贅沢なワイン。飲むと、苔、ハーブ、柑橘などのなんともいえぬ香味が体に充満し、葡萄に真摯に向き合って造る味を実感する。

カリフォルニアで育てた葡萄を道々発酵!?
オープンマインドな発想で造るソウルなワイン

ルース・ルワンドウスキー／エヴァン・ルワンドウスキー
Ruth Lewandowski / Evan Lewandowski

北海道のパウダースノーが大好きというエ
ヴァンは、畑の作業が暇になる冬、毎年のよ
うに来日し、小さなワイン会を開いている。

発想の転換から、すごいワインが生まれる例はこれまでにも見てきたが、エヴァン・ルワンドウスキーは、規模が違う。なんとカリフォルニア州で栽培した葡萄を発酵タンクに入れてトラックに積み、発酵させながらユタ州まで運ぶのだ。「腐りやすい生の果実を運搬するよりは、発酵を促し CO_2 に守られた状態で運ぶほうが安全だし、コストも安い。理想的なワイン造りだよ」。彼のワインに共通する、繊細でエネルギッシュ、かつファンキーな魅力は、独自のワイン哲学に支えられている。

お父さんが空軍勤務で、国内を転々としながら育ったエヴァンは、大学進学にあたり、趣味のスキーが満喫できるユタを選び、すぐにこの地に魅せられた。その後、今はニューヨークでナチュラルワインのインポーターとして活躍するゼヴ・ロヴィンが営むワインバーで働くことに。"トラック発酵"の逸話が示すように、エヴァンは超オープンマインドで、最初に出会ったフランク・コーネリッセンの〈ムンジュベル4〉をすんなり受け入れた。「本物を知るともう元へは戻れない。よいワインにはヴァイブレーションがある。内臓料理やキムチのような発酵食品と同じだ。生きた酵母が胃の中で楽しげに動くんだ。一方、畑やセラーで使うサルファーや銅が体のなかに入

フェインツ2017
Feints 2017

白葡萄45%、赤葡萄55%のユニークなワイン。ラベルはユタ州の形で、動物の死とそこから生まれる命が表現されている。

ボアズ2016
Boaz 2016

完熟のカリニャン8割、少し若いカベルネ・ソーヴィニヨン、少し過熟のグルナッシュの優しい味わい。

ると、体全体がそれを"敵"と認識する」

　こうした考えは、この後にワシントン州ワインインスティテュートで葡萄栽培と醸造学を学び、ナパ・ヴァレー、オーストラリア、イタリア、フランスなどで修業するうちにエヴァンの信念となっていった。そして2012年、彼の生涯の師となる、アルザスのクリスチャン・ビネール＊で過ごすうち、「もう夢ばかり追っていてはいけない。行動に移さなければ」と、アメリカに戻ったのだ。

　ユタで葡萄を育ててワインを造るのは、エヴァンの最終目標だが、まずはご縁のあったカリフォルニアのいくつかの畑を管理させてもらうことになった。なかでもメンドシーノAVAのフォックスヒル・ヴィンヤードは、エヴァンが最も大事にする畑。転機となったのは2013年。年間を通じて気候が安定しなかったことに加え、どういうわけか鹿がコルテーゼ（白）を狙って食い荒らし、その被害は、開園以来という甚大さ。収量は、エヴァンが期待していたものの1/4で、樽半分にしかならない。絶望的な気分で家に戻ったエヴァンの脳裏に、畑の畝の向こう側に植わるドルチェットとバルベーラは適熟の状態だったことが浮かんだ。この3種の葡萄を混醸してみてはどうか？　どんな風に発酵が進むかは未

知数だったが、カルボニック・マセレーションを駆使して仕上げたワインは、ロゼにしては濃く、赤にしては淡い色合い。アセロラのような溌剌とした酸味と、エネルギーに満ちたワインとなった。誕生から完成までフェイントの連続だったため、ワイン名は〈フェインツ〉に。「このワインを造ることで、生と死、そして甦りという永遠のテーマを、真剣に考えさせられた」。というのも屋号の"ルース"とは、「死と償還について、これほどの名著はない」と愛読する旧約聖書の『ルツ記』に由来する。「生と死は表裏一体で、ワイン造りはそのサイクルの中にある。死は生のエンジンだから」。

　さて、2019年1月、エヴァンから、待望の自社畑を購入したとのニュース到来。親友で「アイドル・ワイルド・ワインズ」のサム・ビルブロとの共同購入で、メンドシーノAVAの高地にある375haの土地。そのうちの12.5haは、樹齢30年の古木が植わっており、アルザスや伊アルト・アディジェの品種を接ぎ木する予定だそう。「ワイルド・ルース」と名付けた農園で、牛、豚、羊を飼い始めたのは、彼らが動き回ることで土壌に負担をかけずに緩やかに開墾するためだという。ルース・ルワンドウスキーの第二章も面白そうだ。

チリオン2017
Chilion 2017

醸し期間が半年と長いのにフレッシュなのは、コルテーゼの個性だそう。きれいな酸味とほどよいタンニン。

D A T A

Ruth Lewandowski
https://www.ruthlewandowskiwines.com
輸入取扱：CROSS WINES

初のウェールズ出身ワインメーカー？
強い葡萄は、自根＋ドライファーミングから

アンビス・エステイト／フィリップ・ハート
AmByth Estate / Phillip Hart

「私のささやかな夢は、いろいろな人から話に
聞いている、おいしい料理とワインの相性を
試しに、日本へ行くこと」と話すフィリップ。

シラー、テンプラニーリョ、グルナッシュ、サンジョヴェーゼをイタリア産陶器の甕で発酵させた〈ティ・ア・フィ〉、2週間スキンコンタクトさせた〈ムールヴェードル〉。アンビス・エステイトのワインには、透明感と凝縮感が共存する。繊細で、芯が強いワインの個性を、当主のフィリップ・ハートは、徹底的なドライファーミングのたまものだという。「葡萄は、4月から11月まで、ほぼ水分が与えられない。彼らのテイストはまさにそこからくる。『こんなに生き延びようとしてがんばったんだ。気づいてよ』という具合にね」

ベイエリアからサンタ・バーバラへ延びるセントラルコーストのサン・ルイス・オビスポ・カウンティのパソ・ロブレスは、年間降水量が平均500mm以下と超ドライ。全てのシラー、サンジョヴェーゼに加え、ムールヴェードルはほぼ半分が、砂、粘土、石灰が交じる土壌に、自根で植わっている。

2006年にパソ・ロブレスで最初にデメター認証を得たこのワイナリーは、ウェールズ出身、絨毯の輸入で成功したフィリップが創業した。醸造の勉強をしたわけではないが、畑を購入するより前から、買い葡萄で自家用にワインを造り、トライ＆エラーを繰り返し、2010年、ついに最初のボトリングを開始した。

ティ・ア・フィ 2013
Ti a Fi 2013

アセロラのようなチャーミングな果実味と硬質なテクスチャーは、ライムストーンと粘土石灰質土壌から。

ムールヴェードル 2013
Mourvèdre 2013

カリフォルニアのムールヴェードルのイメージを覆すような、溌剌とした酸味が持ち味。

この荒涼とした畑から、
力強い葡萄が生まれる。

「2000年〜2001年にかけて、約17haの畑を買ったのは、とくに目的はなかったんだ。ただ自然と関わり、それを未来に残すべく、できるかぎりのことをしようと思っただけ」、農園は、ウェールズ語で「永遠」を意味するアンビスと名付けた。

フィリップの実家は酪農を生業としていたので、農業に関わりたいというのは、自然な流れ。牛を飼ってチーズを作ろうとしたこともあったが、あまりに大量のミルクがとれ、労働が追いつかないことから、それは断念した。2003年〜2005年に、畑の約半分にあたる8haの面積に葡萄とオリーブを植え、残りの9haは手つかずのオークの森として残している。

「畑の美しさが、私たちを自然栽培に導いてくれた。オリーブと葡萄の樹の畝間で、雑草とミツバチが戯れる様子がすてきなので、雑草はずっとそのままにしているよ。鶏や牛も日中は畑で、雑草を食べてくれる。特に角のある雌牛の存在は、畑を活性化してくれると聞いたが、確かに効果があるようだ」

デメターのメンバーではあるが、畑の作業は、独自のスタイルだ。ウドンコ病には、ホエー（乳清：チーズ作りの過程でできる副産物）や、発酵させたニンニク、葡萄の絞り滓にローズマリーを加えて蒸留させた製剤を使う。ベト病対策にはまだ効果的な対処法は見いだせておらず、日々研究中だそう。

手摘み、全房発酵のまま脚で踏む伝統的なピジャージュと全てがオールドスクール、2011年からはSO_2の添加もやめた。

ワイン造りに、どんどんのめりこむうちに、最初は思いもしなかった自然な栽培の意義を確認していくようになったという。

「ワインメーカーとしての私の発見は、ひとつひとつの事柄と丁寧に付き合うこと。近道を通ってはいけない。何のプランもなく始めた第二の人生だが、いまはプランこそが最も大切なプロセスだと知った。もちろんプランには変更がつきものだがね！」

2015年、ハワイでグルメ食品のディストリビューターをしていた息子のジェラールと妻のロビンが仕事に加わった。フィリップは彼らに、アンビス・エステイトの本質を伝えたら後を任せて引退するという。

その本質とは？「ナチュラルワインの素晴らしいところは、テクニックでなく哲学が重要だということ。慣行農法のワインとは真逆だ。私たちの哲学は極めてシンプルだ。添加物や粗悪なものを排除する。そうすればワインは自ずと真っ当になる」

シラー2013
Syrah 2013

樹齢約15年のシラー100%。全房のまま、アンフォラで12日間醸し発酵。フレッシュ感と凜とした骨格を持つ。

D A T A

AmByth Estate
https://www.ambythestate.com
輸入取扱：ラシーヌ

"暗黙の了解"へのギモンが解明された時、誰も思いつかなかったワインが生まれる

ミニマス・ワインズ／チャド・ストック
Minimus Wines / Chad Stock

「畑仕事にますます魅力を感じている」と言うチャド。様々な品種を植えては、実験を繰り返すことに、やりがいを見いだしているそうだ。

「ミニマスとは、最小、ミニマル・インターヴェンション（最低限の介入）という意味。従来のオレゴンのワイン造りがTVディナー（主菜と付け合わせがセットになった冷凍食品）とすると、僕のやり方は、自家農園の新鮮な野菜や産みたての卵を使った手作りの料理かな」と当主のチャド・ストックは言う。

「テロワールを表現したい」、それは全ての造り手の願いだが、彼のアプローチは独特だ。

2011年、オレゴンの〈クラフト・ワイン・カンパニー〉の醸造家兼共同経営者のかたわら、〈ミニマス・ワインズ〉を立ち上げたのは、普通の醸造家ならスルーしてしまう事柄を疑問としてとらえ、それに対する答えを見つけるため。たとえばオレゴンは、ピノ・ノワールに最適な土地というのは本当か？ 還元香、揮発酸、ブレタノマイセス（馬小屋の匂いと言われる）は、本当にワルモノなのか？

「ナゾ」を解明するために、これまでオレゴンには適さないとされてきた品種を植え、果皮浸漬の長さを様々に調整し、多様な発酵＆熟成容器を導入して実験的な醸造を繰り返す。実験が誰も思いつかなかった美味しいワインに変化したとき、それらは〈ナンバーシリーズ〉としてリリースされる。

たとえばNo.14の〈マセラシオン・カルボ

ピノ・グリ・ロゼ・アンティカム・ファーム2017
Pinot Gris Rosé Antiquum Farms 2017

馬を主軸に、羊、ガチョウ、鶏が動き回ることで自然な生態系が保たれる、アンティカム家の畑の葡萄ならではの色とうま味が充満。

No.20ディスアグリ2015
No.20 Disagris 2015

赤と白のあいだを、行きつ戻りつするような、底知れぬ魅力を持つピノグリ。

ニックMC〉。ケモノっぽい香りが特徴のムールヴェードルをMCで仕上げると、なんと！クラシックでエレガントなテイストに。No.20は、〈ディスアグリ〉。実はグリ（灰色）葡萄だが、白葡萄として扱われがちなピノ・グリを赤ワインのように187日果皮浸漬させて色素を抽出した。淡い色の赤ワイン？ あるいはエレガントなオレンジワイン？ もちろん異論を意味するDisagreeとThis(is) a pinot grisのグリを掛けた洒落である。

〈ナンバーシリーズ〉でポテンシャルが確認されたワインは、単独のキュヴェになる。たとえば、〈アイ・ハヴ・ア・VA(揮発酸)〉は、シャルドネ、アリゴテ、シュナンブランを全房発酵させてタンクでブレンドしたところ、発酵の後半に揮発酸が高くなった。これを欠陥とみなす造り手が多いなか、チャドは揮発酸がうまく作用し、美味しい要素が増したと判断してボトリングした。VAには、蠱惑的な魅力があると常々思っていた私にとっては、ストライクゾーンと真ん中のおいしさだ。

一方〈辞書シリーズ〉は、ブラウフレンキッシュやトゥルソーなど単一品種を様々な発酵方法で、伝統的なスタイルに仕上げたもの。「僕が仲間たちと管理する6haの畑（ビオロジックとビオディナミを併用）は、西海岸沿いの山中に点在しており、様々な気候、標高、土壌が入り組み、異なる性質をもつ葡萄が採れる。それを様々なワインのスタイルに仕立て、結果を検証する。それが、新興産地で、まだアイデンティティが確立していないオレゴンのポテンシャルをはかり、他にはない魅力を発見するために、僕がしなければならないことだと思う。ほとんどが1回しか造らないキュヴェ。ミュージシャンがアルバムを作るように、その時々の僕の心の状態や、『グレイト・ワインを造りたい』というラーニングプロセスを反映している」

チャドは、畑でもセラーでも、一切数値を計らず、味、匂い、音、見た目、テクスチャー、自分の五感だけを信じて作業を進める。そうして様々なナゾに取り組んできて、辿り着いた結論は「欠点は問題ではない、それを上回るおいしさがあればよい」ということ。

「僕が造りたいのは、知らない世界を見せてくれるワイン。これまでの自分が考えてきたことに警鐘を鳴らしてくれるような。多くの醸造家が求めるような"バランス"が目標ではないんだ。葡萄が適地で栽培され、ひとつひとつの作業のタイミングが正確であれば、造り手の思いは、ワインが語ってくれる。それはきっと飲み手に伝わるだろう」。

DATA

Minimus Wines
輸入取扱：CROSS WINES

メキシコ初のナチュラルワインは、過去の大量生産へのプロテスト

ビチ／ノエル＆ハイル・テレス、アナ・モンターノ
Bichi / Noel & Jair Tellez and Ana Montano

母のアナが管理する、株仕立ての畑。ナチュラルな醸造を可能にする、強い葡萄はここから生まれる。

サンタ2016
Santa 2016

自根のモスカテル・ネグロで造った、軽やかなロゼ。アセロラのようなチャーミングな香りにスモーキーなタッチがある。

フラマ・ロハ
Flama Roja

自園のカベルネ・ソーヴィニヨン、テンプラニーリョ、ネビオーロを混醸。ミディアムボディでフードフレンドリー。

DATA

Bichi
輸入取扱：CROSS WINES

メキシコ初のナチュラルワインは、ノエル（元弁護士）とハイル（シェフ）のテレス兄弟により、2014年、米カリフォルニア州と国境を接するバハ・カリフォルニアで生まれた。メキシコ版お盆「死者の日」を祝うガイコツのモチーフに似たユニークなラベルは、ハイルの義父が描いたもので、「我々が造るのは、大量生産の工業的ワインへのプロテスト。ゆえにラベルはユーモラスなものに」とノエル。

ノエルとハイルが農場の片隅に葡萄を植えたのが2005年。彼らの住むトカテ地区は、標高700〜760m、周りにはオークの樹が植わり地中には十分な水分が蓄えられている。日較差が大きいので、糖と酸のバランスのよい葡萄がとれる。土地を研究していた10年間に、チリワインのポテンシャルを世界に示したルイ＝アントワーヌ・リュイット（フランス人）との貴重な出会いがあった。彼は、テレス兄弟に、自根で古木のミッション種の葡萄で、「vinos sin maquillaje（お化粧しないワイン）を造ることを薦めたのだ。"ビチ"とは、彼らのルーツのあるソノラ州の方言で、「裸の」の意味だ。10haの畑（ビオディナミ）は、おもに母のアナが管理する。一切の化学物質を排除した醸造はノエルが、プロモーションをハイルが担当する。「ナチュラルワインは、"ファーム・トゥ・テーブル（農場から食卓へ）"の料理のようだ」とハイル。「健全で持続可能な葡萄栽培が何より大切。ピュアなグルグル（飲み心地のよい）ワインを造っていくよ」とハイル。2017年、伝説の醸造家ヤン・ロエルが、チーム・ビチに加わった。

50億年前の記憶をもつ土地で、
自分自身を表現するワイン造りを

テスタロンガ／クレイグ・ホーキンス
Testalonga／Craig Hawkins

「世界中の産地を見てきて、スワートランドがかけがえのない土地だと気づいた」と言うクレイグ。

エル・バンディート・スキンコンタクト・シュナン・ブラン 2017
El Bandito Skin Contact Chenin Blanc 2017

樹齢50年近いシュナン・ブラン100%。ノンフィルターで、果実のうま味を凝縮。溌剌とした酸味も魅力。

エル・バンディート・マンガリーザ 2017
El Bandito Mangaliza 2017

貴腐ワイン〈トカイ〉の補助品種として知られるハルシュレヴェリュが、アロマティックでスパイシー。

DATA

Testalonga
輸入取扱：ラフィネ

　クレイグ・ホーキンズがワイン造りを志すようになったのは、現在オーストラリア・ヴィクトリア州〈ザ・ワイン・ファーム〉当主の兄ニールの手伝いをしたことがきっかけだ。ニールとクレイグの祖父はアイルランド出身。かの国では2世代後まで市民権を継承することができるため、クレイグは、2007年EU市民として、ヨーロッパ各国の造り手を訪ねた。なかでも同じ南ア出身、フランスを拠点とする〈マタッサ〉のトム・ルップ、ポルトガル・ポート〈ニーポート〉のディリク・ニーポート、仏ロワールの〈ドメーヌ・ボワ・ルカ〉の新井順子＊に大きな影響を受けたという。

　2008年に南アに戻り、初めて造ったのが、約20日間果皮浸漬した〈エル・バンディート・スキンコンタクト・シュナンブラン〉。北イタリアやジョージアなどの伝統産地以外で、最も早い時期に果皮浸漬を取り入れた理由を「果皮浸漬は、土地が葡萄に付与する香味の層とテクスチャーを引き出し、テロワールの表現を強化してくれる」と話す。

　その後、妻カーラの父が営むワイナリー「ラマーシュック」で5年醸造責任者を務め、2014年に独立。思い入れのあるハンガリー固有品種のハルシュレヴェリュを使った〈エル・バンディート・マンガリーザ（国宝と言われるマンガリッツァ豚にちなむ）〉など全てのワインにストーリーがある。2018年スワートランド地区北端の山中に購入したバンディッツ・クルーフ農場に植樹を開始。「砂地とスレート土壌の元耕作放棄地。50億年前の地層が残る特別な畑だ。ここで自分自身を表現していくよ」。

ワイン発祥の地
ジョージアのワインを飲む！

超個人的ジョージア・ワイン紀行

2013年6月、ジョージア（グルジアとはソ連邦時代に強制された国名で、本来はジョージアと呼ぶそうだ）ワインの生産者団体、クヴェヴリ（甕仕込み）・ワイン協会から、産地訪問の旅に招かれ、主都トビリシを訪れた。東を黒海、北と西をロシア、南をトルコに囲まれた小さな国は、ワイン発祥の地と言われ、クヴェヴリという陶器の甕で仕込んだ温故知新のワインは、世界中で大注目だ。

その第一日目の朝、奇妙な体験をした。

欧米各国のジャーナリスト、インポーター、生産者など40人ほどのグループで、ホテルからシンポジウム会場に向かう途中、旧市街の真ん中でバスが停まり、1時間ほどの自由時間を与えられた。散歩する人、買い物する人、ハマムと呼ばれる公衆浴場とエステが一緒になった施設へ行く人の群れを離れ、私は公園へ向かった。とにかく休みたかった。東京からイスタンブール（空港で6時間待ち）を経てトビリシに着いたのが午後3時。夕食までの自由時間に睡眠を取ればよかったのだが、雑務に追われてタイミングを逸し、寝たのは宴会が終わった午前1時、時差ぼけで5時に起きたため、眠気がピークだった。

ベンチのある木陰では、ジプシー風の男女5人組が酒盛りをしており、フレンドリーな笑顔で私に手招きをした。その辺の石のうえ

に、野菜のマリネ（？）、ソーセージ、薄焼きパン、平たいヌードルなどがじかに置かれ、「バースデーだ」とそこだけ英語で言って、食べろ、食べろと身振り手振りで示す。好奇心が眠気に勝ってその場に加わると、主賓と思しき酔っ払った男が、コカコーラの2ℓ入りのペットボトルに入った赤い液体をプラスチックのコップに入れて勧めてくれた。見るからに不潔そうで辞退したかったが、興味もあって一口飲んでしまった。液体はワインだった。それも私のストライクゾーンと真ん中。ロワールのピノ・ドニスにそっくりだ。おいしすぎる。その酔っ払いが造ったようだ。言葉は全く通じなかったので、持っていた地図に、ワイナリーの場所の印を付けてもらった。

そうこうするうちに公園の管理人らしきおばさんがもの凄い剣幕で突入してきて、飲み食いするのはやめろと言っている様子。それを期に、私はその場を離れた。「ラリ、ラリ（ラリとはジョージアの通貨。金よこせの意味らしい）」の合唱を背後で聞きながら。

バスに戻って、ジョージアに何度も来ているジャーナリストに公園での話をすると、印の場所、Matkheti（マクヘティ）は、非常に生産量の少ない赤品種オジャレシの産地だと教えてくれた。先刻のワインがロワールのピノドニスのようだったと言うと、間違いないという。

トビリシのナチュラルワ
イン専門のワインバー
Underground。

小皿料理がいっぱいの
ジョージアの宴。

活気ある旧市街の市場。

アルヴェルディ修道院。聖職者がワインメーカーである。

ジョージアの人たちは、味噌や醤油などの保存発酵食品と同様にワインを造ると聞いていたが、それは本当だった。考えてみれば、ワインは葡萄の漬け物だ。今飲んだワインは、さまざまな幸運が重なってすばらしい品質になったにしても、この国のワイン文化の底力はものすごいと感じた瞬間だった。

ジョージア・ワインの特徴は、クヴェヴリにあるといっても過言ではない。8000年前から変わらないワイン造りは、収穫した葡萄を、果梗、果皮ごと、クヴェヴリに入れて土に埋め、自然に醸し発酵させ、6か月ほど置いてから果梗、果皮を取り出してさらに熟成させる。白ワインがオレンジ色に色づいているのは、この果皮と一緒に仕込むせいで、葡萄のエキスの全てが液体に溶け込み、大地の命が吹き込まれた凝縮感あるワインとなるのだ。

現在、ジョージア・ワインの原動力となっているのが、ラマズ・ニコラゼを代表とするクヴェヴリ・ワイン協会のメンバーだ。自然を尊び、クヴェヴリの伝統を伝えようとする

彼らの多くは、先生だったり、弁護士だったり他に仕事をもち、ワイン造りは暮らしの一部である。ラマズは、トビリシに〈アンダーグラウンド〉というワインショップ兼ワインバーを仲間たちと経営している。

なぜ、こうもジョージアのワインが世界中で受け入れられているのかと、旅の間に人々に聞いて回って一番腑におちたのは、サンフランシスコのレストランのオーナーの「世界中でタパスのような小皿料理が流行っているが、さまざまな味わいの料理に合う理想的なワインが、赤でもない白でもないオレンジワイン。ロゼよりずっとフードフレンドリーだ」という話だった。オレンジワインばかりでなく、やさしい味わいの赤は、青背の魚などに合わせてもよい。日本の食卓でも活躍すること請け合いだ。

ちなみに旅の間に、お気に入りのオジャレシに対面することはできなかった。相当生産量が少ないらしい。しかし、最終日、クヴェヴリ・ワイン協会のメンバーで、フェザン・

超個人的ジョージア・ワイン紀行

イメレティ地方のラマズ・ニコラゼのワイナリー。

ティアーズ・ワイナリーのオーナー、ジョン・ヴルデマンの自宅でのお別れ会で、彼の家の園芸師のお父さんが趣味で造っていたものがハーフボトル1本分だけ残っており、それを40人で分けて飲んだ。まさしくあの公園で飲んだワインの味だった。

「ジョージアのワインは、自家消費の延長で、家族のために造るものと売り物との間に境がないからおいしい」と、旅の間によく聞いたが、ワインの完成度において、プロとアマの境も希薄だ。ワインが日常にしみこんでいるのが、ジョージア・ワインの凄さである。

マカトゥバニ村のクヴェヴリ職人の工房。

ナチュラルワインが買える店

都道府県	エリア	店名	住所
東京	新宿	shop FESTIVIN（ショップフェスティヴァン）	新宿区新宿 3-14-1 伊勢丹新宿店本館 B2F
	神楽坂	JAJA（ジャジャ）	新宿区矢来町 82 玉森ビル 1F
	幡ヶ谷	Wine shop flow（ワインショップ フロウ）	渋谷区西原 2-28-3 クローバービル B1
	恵比寿	3amours（トロワザムール）	渋谷区恵比寿西 1-15-9 DAIYU ビル 1F＆B1F
	中目黒	THE WINE STORE（ワインストア）	目黒区中目黒 3-5-2
	学芸大学	essentia（エッセンティア）	目黒区鷹番 3-5-2-1F
	三軒茶屋	野崎商店	世田谷区下馬 1-22-13
	三軒茶屋	Però（ペロウ）	世田谷区三軒茶屋 1-40-11 B1
	梅ヶ丘	リカーランドなかます	世田谷区梅丘 1-23-7
	築地	酒美土場（シュビドゥバ）	中央区築地 4-14-18 妙泉寺ビル 1F
	銀座	Ginza Cave Fujiki（カーヴ・フジキ）	中央区銀座 4-7-12
	浅草橋	Wineshop & Diner Fujimaru（フジマル）	中央区東日本橋 2-27-19 S ビル 2F
	人形町	ラ・ヴィンニュ・ア・ターブル	中央区日本橋人形町 2-23-7 水野ビル 1F
	千駄木	リカーズのだや	文京区千駄木 3-45-8
	雑色	森田屋商店	大田区東六郷 2-9-12
	江古田	パーラーさか江	練馬区栄町 35-1
	多摩	リカー MORISAWA	多摩市東寺方 563
北海道	札幌	ワインの円山屋	札幌市北区北 6 条西 2 丁目パセオウエスト 1F
	函館	chacun ses goùs（シャカン・セ・グー）	函館市本町 4-9
宮城	仙台	BATONS（バトン）	仙台市青葉区上杉 1-7-7-1 階 D
福島	いわき	Vin naturel 双兎（そうと）古川クラ酒店	いわき市植田町中央 1-1-15
山形	西村山郡	酒屋源八	西村山郡河北町谷地字月山堂 684-1
神奈川	横浜	エスポアしんかわ	横浜市青葉区榎が丘 13-10
	鎌倉	鈴木屋酒店	鎌倉市由比ガ浜 3-6-19
	藤沢	ワイン＆リカーズ ロックス・オフ	神奈川県藤沢市鵠沼石上 2-11-16
	平塚	世界の酒 カメヤ	平塚市紅谷町 18-14
茨城	つくば	ワインと食品ゆはら	つくば市松代 2-10-9
栃木	宇都宮	山仁酒店	宇都宮市川田町 888-1
埼玉		助次郎酒店	さいたま市見沼区風渡野 200-1
静岡		À VOTRE SANTÉ（ア・ヴォートル・サンテ）	静岡市葵区茶町 1-27-2
山梨	北杜	Wine Shop Soif（ワインショップ ソアフ）	北杜市長坂町長坂上条 2539-43
山梨	甲府	marché aux vins（マルシェ・オー・ヴァン）	甲府市中央 5-1-10
富山		ワインショップ W	富山市粟島町 3-21-37
石川	野々	ワインショップクラ印	野々市市粟田 2-76
愛知	名古屋	スールライユ	名古屋市名東区照が丘 21 TM21 1F

電話	URL	備考
03-3352-1111 (代表)		有料試飲、生産者イベントあり
03-5946-8771	http://jajawine.wixsite.com/	有料試飲、定期イベントあり
03-6804-7341	https://wineshop-flow.business.site/	有料試飲、角打ち、定期イベントあり
03-5459-4334	https://www.3amours.com/	ワインバー併設、有料試飲、角打ち、定期イベントあり
03-6451-2218	http://thewinestore.jp/	有料試飲、不定期イベントあり
03-6303-2559		オンラインショップ、角打ちあり、イベントあり
非公開		ワインのプロからの信頼の厚い店
03-5432-9784		角打ち、各種イベントあり
03-3420-5506		週末に試飲会を行う
03-3541-1295	https://www.shubiduba-tsukiji.com/	角打ち、定期イベントあり
03-6228-6111	https://www.ginzafujiki-wine.com/	オンラインショップ、不定期イベントあり
03-5829-8190	https://www.papilles.net/shop_restaurants/	レストラン併設、不定期イベントあり
03-6206-2461	https://www.tokoseika-group.jp	レストラン併設、オンラインショップ、定期イベントあり
03-3821-2664		有料試飲、定期イベントあり
03-3731-2046	http://sakemorita.com/	オンラインショップ、無料試飲あり
03-6671-1215		対面販売が基本。ぴったりの1本を
042-374-3880		オンラインショップ、定期イベントあり
011-213-5664	http://maruyamaya.shop/	オンラインショップ、角打ち、イベント多数
0138-87-2836		試飲会あり
022-796-0477	http://macuisine2002.com/	曜日により角打ちあり、定期イベントあり
0246-63-3362		オンラインショップ、定期イベントあり
0237-71-0890	http://sake-genpachi.com/shop.html	オンラインショップ、定期イベントあり
045-981-0554	https://www.rakuten.co.jp/shinkawa/	姉妹店「ワインバー・シャポー」。2カ月に1回試飲会
0467-22-2434		土日祝のみ角打ちらあり
0466-24-0745	http://rocks-off.ocnk.net/	定期イベントあり
0463-21-0220	http://matsuoka007.coterm.ne.jp/hiratsuka/shopp/207/index.html	オンラインショップあり
029-875-6488	http://wine-yuhara.com/	オンラインショップ、生産者来店イベントあり
028-633-4821	http://www.yamajin.com/	生産者来店イベントあり
048-683-4164	http://www.suke.co.jp/	オンラインショップあり
054-255-6007	https://www.a-votre-sante.jp	オンラインショップ、イベントあり
0551-30-7690		世界各国の厳選されたワインを販売
055-233-1823		試飲会あり
076-441-5121		オンラインショップは http://tateyamasaketen.jp
076-256-3796	https://www.kurajirushi.com	店主おすすめセットあり
052-799-3509	https://saoulrails.com/	イベントあり

都道府県	エリア	店名	住所
京都	左京区	Ethelvine（エーテルヴァイン）	京都市左京区岡崎最勝寺町 2-8
広島		hanawine（ハナワイン）	広島市中区上八丁堀 4-28 松田ビル 1F
岡山		ワインショップ＆スタンド　スロウカーヴ	岡山市北区平和町 7-16
徳島		wineshop TAI（タイ）	徳島市仲之町 1-21-5 アメニティ仲之町 101
福岡	博多区	とどろき酒店 三筑本店	福岡市博多区三筑 2-2-31
	中央区	ヴァンナード	福岡市中央区警固 2-4-1 オリジン警固 1F
	南区	I.N.U. Wines（アイ・エヌ・ユー・ワインズ）	福岡市南区那の川 2-3-14
熊本		Quruto（クルト）	熊本市中央区上通町 11-3 浅井ビル 1F
宮崎		外山酒店	宮崎市平和が丘北町 13-8
		Wine Style WINO（ウィノ）	宮崎市大橋 1-164 yb3
鹿児島		ワインショップ Deuxieme（ドゥジェーム）	鹿児島市東千石町 15-14 ミノダビル地下 104
オンライン		Human Nature	
		pcoeur（ピクール）	

🍷 ナチュラルワインが飲める店

都道府県	エリア	店名	住所
東京	六本木	祥瑞（しょんずい）	港区六本木 7-10-2 三河屋伊藤ビル 2F
	西麻布	葡呑（ぶのん）	港区西麻布 4-2-14
	虎ノ門	ダ　オルモ	港区虎ノ門 5-3-9 ゼルコーバ 5 101
	外苑前	焼き鳥 今井	渋谷区神宮前 3-42-11 ローザビアンカ 1F
	外苑前	楽記	渋谷区神宮前 3-7-4
	渋谷	アヒルストア	渋谷区富ヶ谷 1-19-4
	渋谷	SAjiYA（サジヤ）	渋谷区神山町 9-17 神山ビル 101
	渋谷	Libertin（リベルタン）	渋谷区渋谷 1-22-6
	代々木八幡	Le cabaret（ル・キャバレ）	渋谷区元代々木町 8-8 Motoyoyogi Leaf 1F
	代々木上原	Kyoya Cucina Italiana（キョーヤ・クチーナ・イタリーナ）	渋谷区上原 1-13-7 高嶋ビル 1F
	恵比寿	ワインスタンド・ワルツ	渋谷区恵比寿 4-24-3
	初台	（MACHILDA）マチルダ	渋谷区初台 1-36-1
	目黒	セラフェ	目黒区下目黒 1-3-4 ベルグリーン目黒 BF
	目黒	Kabi（カビ）	目黒区目黒 4-10-8
	目黒	MEGURO un jour（メグロ・アン・ジュール）	目黒区目黒 4-10-7
	祐天寺	ワイン食堂 margo（マーゴ）	目黒区祐天寺 1-21-16
	学芸大学	Osteria Bar Ri.carica（リ・カーリカ）	目黒区鷹番 2-16-14 B 1
	三軒茶屋	uguisu（ウグイス）	世田谷区下馬 2-19-6
	三軒茶屋	日仏食堂トロワ	世田谷区三軒茶屋 2-15-14 ABC ビル 110

電話	URL	備考
075-761-6577	http://www.ethelvine.com/	オンラインショップあり。生産者が訪れることも
082-222-6687	http://www.hanawine.com/	広島のナチュラルワイン界を先導。イベントあり
086-230-3556		ワインバー併設。イベントあり
不明	https://wineshoptai.official.ec/	オンラインショップ、有料試飲あり
092-571-6304	http://todoroki-saketen.com/	オンラインショップ、毎月イベントあり
092-732-1033	https://vin-nerd.com/	オンラインショップあり
092-982-5757	https://inuwines.net/	オンラインショップ、土曜夜角打ちあり
096-240-5326	f	オリジナルのワインも取り扱う
0985-20-1537		厳選されたワインが揃う
0985-24-5577	ブログあり	デイリーワインがいろいろ揃う
0992-24-0104	f	角打ち、試飲会あり
080-4400-7872	https://humannature.jp/	「One Love, Wine Love」などのイベント企画あり
03-3920-2007	http://www.pcoeur.com/	定期イベントあり

電話	URL	備考	ジャンル
03-3405-7478		フェスティヴァン代表・故・勝山晋作が始めた店	フレンチ
03-3406-2207	http://www.bunon.jp/	古民家を活かした店内で、和食とナチュラルワインを	日本料理
03-6432-4073	http://www.da-olmo.com/	北イタリアの郷土料理とイタリアワイン	イタリアン
03-6447-1710	http://yakitoriimai.jp/	日本のワイン生産者の野菜がメニューに載ることも	焼き鳥
03-3470-0289		香港スタイルの焼味とワイン	中華/ワインバー
03-5454-2146		ナチュラルワインの先駆け店 パンも美味	ワインバー
03-3481-9560		フレンチとワインの相性を	フレンチ
03-6418-4883	🅞	豪快なフレンチを、気軽にグラスワインで	フレンチ
03-3469-7466	http://restaurant-lecabaret.com/	料理と合わせて、またはカウンターでグラスで	フレンチ
03-6004-0690	f 🅞	野菜のおいしい繊細なイタリアン	イタリアン
非公開		海外のナチュラルワイン・ファンに人気	ワインバー
03-5351-8160	ブログあり 🅞	カウンターのみでこぢんまり。スイーツも美味	ワインバー
03-6420-0270	http://severo.jp/Cellar_Fete/	豪快な肉料理。定期イベントあり	ワインビストロ
03-6451-2413	http://kabi.tokyo/	発酵料理とワイン。不定期イベントあり	ノンジャンル
03-3713-7505		ナチュラルワインの先駆。販売、定期イベントあり	フレンチ
03-5722-4505	🅞 🐦	オリジナリティある料理と、センスのよいワイン	ノンジャンル
03-6303-3297	f	姉妹店に「カンティーナリ・カーリカ」「あつあつり・カーリカ」	イタリアン
050-8013-0708		ナチュラルワイン・ムーヴメントは、ここから	ビストロ
03-3419-0330		ナチュラルワインの先駆け店	ビストロ

都道府県	エリア	店名	住所
	三軒茶屋	Bricca（ブリッカ）	世田谷区三軒茶屋 1-7-12
	駒沢	miankah（ミャンカー）	世田谷区駒沢 1-4-7　1F
	下北沢	Fegato Forte（フェーガト・フォルテ）	世田谷区北沢 3-20-2 大成ビル B1
	銀座	ビストロシンバ	中央区銀座 1-27-8
	銀座	マルディグラ	中央区銀座 8-6-19 野田屋ビル B1
	銀座	カルネヴィーノ銀座	中央区銀座 6-12-14 松岡銀緑館 6F
	銀座	レストラン オザミ	中央区銀座 1-4-9　銀座オザミビル 8〜10F
	水天宮前	La Pioche（ラ・ピヨッシュ）	中央区日本橋蛎殻町 1-18-1
	神田	the Blind Donkey（ブラインドドンキー）	千代田区内神田 3-17-4　1F
	神田	Yaoyu（ヤオユ）	千代田区神田錦町 1-17-5 神田橋 PREX ビル B1F
	神田	味坊	千代田区鍛冶町 2-11-20 共同ビル 1.2F
	神保町	ジロトンド	千代田区神保町 1-36-1 新神保町ビル 1F
	飯田橋	メリメロ	千代田区飯田橋 4-5-4 CUBE 飯田橋ビル 1F
	麹町	ロッシ	千代田区六番町 1-2 恩田ビル B1F
	四谷	HIBANA（ヒバナ）	新宿区荒木町 3-6 第三ハルシオン 3F
	立石	二毛作	葛飾区立石 1-14-4
	浅草	ペタンク	台東区浅草 3-23-3 上野ビル 101
	中野	松㐂（まつき）	中野区中野 2-23-3
	西荻窪	organ（オルガン）	杉並区西荻南 2-19-12
	門前仲町	パッソ・ア・パッソ	江東区深川 2-6-1 アワーズビル 1F
	江古田	パーラー江古田	練馬区栄町 41-7
	井の頭公園	ビアンカーラ	三鷹市井の頭 3-31-1
神奈川	鎌倉	ビーノ	鎌倉市小町 1-5-14
	鎌倉	祖餐（そさん）	鎌倉市御成町 2-9
	鎌倉	TRES（トレス）	鎌倉市扇ガ谷 1-8-9 鎌工業会館ビル 102
北海道	札幌	ゴーシェ	札幌市中央区南 3 条西 8-7 大洋ビル 2F
	札幌	フレンチパンダ	札幌市中央区南 3 条西 3-3
	札幌	wineman（ワインマン）	札幌市中央区南 4 条西 4-13-2 第 5 グリーンビル 5F
	札幌	maruyama 檀（だん）	札幌市中央区南 5 条西 24-3-17 第 17 藤栄ビル
	札幌	月下翁（げっかおう）	札幌市中央区南 3 条西 3-3G ダイニングビル B1
	函館	コルツ	函館市本町 4-10
	函館	ビストロやまくろ	函館市梁川町 12-13
	函館	二代目佐平次	函館市五稜郭町 4-13
宮城	仙台	のんびり酒場ニコル	仙台市青葉区大町 2-11-1
	仙台	wine stand Tambourine（タンバリン）	仙台市青葉区中央 1-8-31 名掛丁センター街 1F
	仙台	ヒヒヒ	仙台市青葉区北目町 3-10
	仙台	自然派ワインと炭火ビストロの店 NOTE（ノート）	仙台市青葉区本町 2-17-2　1F

電話	URL	備考	ジャンル
03-6322-0256	http://bricca.jp/	姉妹店にワインショップ「Però」	イタリアンワインバー
050-3713-9686	f	居心地のよい一軒家	ワインバー
03-6796-3240	f	姉妹店に「クオーレ・フォルテ」	イタリアン
03-6264-4218	http://bistrosimba.jp/	繊細なフレンチとワイン	フレンチ
03-5568-0222		骨太な料理とワイン	フレンチ
03-3569-2138	https://hitosara.com/0006123220/	国籍を問わず、グラスで楽しめる	イタリアン
03-3535-4120	https://auxamis.com/restaurants	気に入ったワインがあれば、購入可	フレンチ
03-3669-7988	f	生産者とのつながりを大事にした料理と飲み頃ワイン	ノンジャンル
050-3184-0529	https://www.theblinddonkey.jp/	食材をシンプルに料理した食事とワイン	自然料理
03-5577-6783	f	最先端の料理と、世界基準で選ぶワイン	フレンチ
03-5296-3386		中華とワインで気軽に	中国東北料理
03-5244-5245		イタリアンとの相性を	イタリアン
03-3263-3239	f	フランスの生産者の信頼の厚い店	フレンチ
03-5212-3215		シェフはイタリアワインを日本に紹介したパイオニア	イタリアン
03-6380-5375	⊙	店主が丁寧に選んだワイン（イタリア中心）が揃う	ワインバー
03-3694-2039	f	おでん、和食。ワインと日本酒を行ったり来たり	日本料理
03-6886-9488	f	カウンターのみ。ワインは新世界のものも	フレンチ
070-3274-3730	f ⊙	遅い時間は、気軽にワイン一杯でも	フレンチ
03-5941-5388	⊙	海外の生産者もよく訪れる。不定期イベントあり	ビストロ
03-5245-8645		ペアリングコースが人気。不定期イベントあり	イタリアン
03-6324-7127	f	サンドイッチとワインを朝から	パン・ワイン
0422-49-3032	⊙	マルシェのイベントあり	ワインバー
0467-50-0449	f	「満月ワインバー」の本拠地	ワインバー
0467-37-8549	f	丁寧に作った和食。「満月ワインバー」など不定期イベントあり	ワインバー
0467-66-1324	f ⊙	年2回イベントあり	ワインバー
011-206-9340	f	不定期イベントあり	フレンチ
011-206-7243	http://www.frenchpanda.jp/	姉妹店に焼き鳥とワインの「バードウォッチング」。	フレンチ
011-215-0315	f	高級ナチュラルワイン+系列フレンチ「ハナサカ」と同食材の料理	フレンチ
011-206-1132	http://maruyamadan.jp/	和食とワインの相性を	日本料理
011-215-1017	http://gekkaoh.com/	食養生の考えを取り入れた料理。ボトル販売あり	中国料理
0138-55-5000	f	定期イベントあり	イタリアン
0138-56-5609	f ⊙	定期イベントあり	フレンチ
0138-51-3939	ブログあり	和食にワイン	居酒屋
022-263-1628	ブログあり	魚介類（特に牡蠣）とワインの相性に驚く	居酒屋
022-226-8268	f	ナチュラルワインを気軽に。駅近ワインスタンド	スタンディングバー
022-395-6656	f ⊙	フランス地方料理とワイン	ワインビストロ
022-216-5771	f	販売あり、不定期イベントあり	ワインバー

都道府県	エリア	店名	住所
山形	村山	ひつじや	村山市富並 4220-15
長野	松本	クチーナにし村	松本市大手 2-7-16 滝沢ビル 1F
静岡	浜松	ラ・キャシェット	浜松市中区板屋町 102-17
愛知	一宮	ゴッチャポント	一宮市森本 2-15-6
	名古屋	ラ・カボット	名古屋市中区新栄 2-20-6
	名古屋	炭火やきとり とりこころ池下店	名古屋市千種区春岡 1-2-4 ラポール池下
	名古屋	ヴァンヴィーノ	名古屋市中区錦 1-14-5
富山		Wine Bar alpes（アルプ）	富山市総曲輪 4-7-18
		ル・グルトン	富山市総曲輪 2-6-4
石川	金沢	酒屋彌三郎	金沢市本多町 3-10-27
	金沢	Onique（オニク）	金沢市本町 2-6-15 金沢市駅前ビル 3F
	金沢	Uva-Uva（ウーヴァウーヴァ）	金沢市木倉 5-4
	金沢	tawara（タワラ）	金沢市片町 2-10-19
	金沢	YUIGA（ユイガ）	金沢市水溜町 4-1
	野々	ルベルジェ	野々市市押超 2-18 ホワイトハウス 1F
京都	中京区	酒陶 柳野	京都市中京区釜座町 33
	中京区	Deux Cochons（ドゥ・コション）	京都市中京区新町通り蛸薬師下ル百足屋町 372-3
	上京区	le 14e（ル・キャトーズィエム）	京都市上京区伊勢屋町 393-3 ポガンビル 2F
	中京区	ryuen（リューエン）	京都市中京区三条通り室町西入ル衣棚町 39
	下京区	ekaki（エカキ）	京都市下京区貞安前之町 611-3
	中京区	大鵬	京都市中京区西ノ京星池町 149
	中京区	Länka（ランカ）	京都市中京区新京極通り四条上ル中之町 565-23 ハレの日花遊小路 2F
	左京区	DUPREE（デュプリー）	京都市左京区岡崎西天王町 68-1
大阪	西区	sabor a mi（サボラミ）	大阪市西区京町堀 1-9-21 2F
	西区	（食）ましか	大阪市西区江戸堀 1-19-15
	此花区	pargolo（パルゴロ）	大阪市此花区四貫島 1-1-39
	天王寺	brasserie boo jr（ブラッスリー・ブー・ジュニア）	大阪市天王寺区悲田院町 10-48 天王寺ミオプラザ館 M2F
	北区	にこらしか	大阪市北区天満 2-2-19
	北区	パセミヤ	大阪市北区中之島 3-3-23 中之島ダイビル 3F
	枚方	ワインショップ＆レストランフジマル食堂枚方 T-SITE 店	枚方市岡東町 12-2 枚方 T-SITE 　1F
奈良		TRATTORIA piano（ピアノ）	奈良市橋本町 15-1
兵庫	尼崎	Nadja（ナジャ）	尼崎市南塚口町 8-8-25
広島	中区	ポルコ	広島市中区鉄砲町 8-24
	中区	Uluru（ウルル）	広島市中区堺町 1-1-8
	中区	COFFEE&WINE coin（コイン）	広島市中区袋町 2-7 プレイグラウンドビル 2F
	中区	INOUE（イノウエ）	広島市中区流川 5-19 カサブランカビル 1F 奥
	中区	むしやしない	広島市中区新天地 2-8 吉岡ビル 3F

電話	URL	備考	ジャンル
0237-57-2862	https://hitujiya-yamagata.jimdo.com/	不定期イベントあり	ジンギスカン
0263-36-5529	🄵 🄾 🐦 ブログあり）	定期イベントあり	イタリアン
053-453-1881	http://la.cachette-vin.com/ 🄾	イベント・セミナーを不定期開催	ワイン食堂
090-7312-1488	ブログあり）	イタリアンとナチュラルワインの相性を	イタリアン
052-265-7822	🄵	ボトル販売あり）	フレンチ
052-763-1556	🄵	定期イベントあり	焼き鳥
052-222-5115	🄵	定期イベントあり	ワインバル
076-493-6171	🄵 🄾	販売あり）	ワインバー
076-461-3931	https://www.le-glouton.com/	市内に姉妹店「GUENON」（ナチュラルワインの店）	フレンチ
076-282-9116	🄵 🄾	不定期イベントあり。金沢市内に系列ワインショップあり	日本料理
076-256-0291		肉料理とワインを	肉料理
076-254-5992	https://uva-uva.gorp.jp/	金沢の自由過ぎるイタリアン。天然夫婦のお店	イタリアン
076-210-5570	http://tawara-kanazawa.jp/	ペアリングコースが人気	フレンチ
076-261-6122		和洋が調和した空間で、繊細なフレンチとワインを	フレンチ
076-248-2567	https://leberger.owst.jp/	不定期イベントあり	フレンチ/ビストロ
075-253-4310		上質なワインと気の利いたおつまみ	バー
075-241-6255		温かみのある料理とワイン	フレンチ
075-231-7009		極上ステーキと魂のこもったワイン	フレンチ
075-211-8688		イタリアのナチュラルワインが充実	イタリアン
075-708-3675	🄵	イベントあり	大衆酒場
075-822-5598		四川料理とカジュアルなナチュラルワインを	中華
075-741-8070	http://www.lanka-vin.com/	隠れ家風ビストロ	フレンチ
075-746-7777	http://www.dupree.jp	海外からの生産者も多く訪れる	フレンチ
06-6136-5368	🄵	女性店主による温かみのある接客。15時開店	ワインバー
06-6443-0148	http://mashica-higobashi.com/	2階がワインショップ。イベント多数	居酒屋風イタリアン
06-6464-0651	🄵	イタリアンとワインの相性を	イタリアン
06-6773-1159		カジュアルフレンチとワインを	フレンチ
06-6226-0433	🄵	大阪ならではの料理とワインを	ワインと鉄板焼き
06-6225-7464	https://pasania.osaka/	ふわっと軽い、ワインが進むお好み焼き	ワインとお好み焼き
072-808-6622	https://www.papilles.ne	姉妹店多数	イタリアン
0742-26-1837	http://piano.syncronicity.co.jp/	ショップ併設	イタリアン
06-6422-3257	🄵	生産者イベントあり	ワインバー
082-225-7580	🄵	食べて踊れるワインバー、「満月ワインバー」も	ノンジャンル
082-233-0322	🄵	9時〜21時。「満月ワインバー」などのイベントあり	朝ワインの店
082-567-5607	http://coin-hiroshima.com/	おいしいワインが昼間から	ワインとコーヒー
082-567-5581	🄵	偶数月の最終金曜日に、音楽&ワインのイベント「ディスコイン」開催	串揚げ和食
082-236-7064	🄵	中華料理を飲み飽きないワインと	中華

都道府県	エリア	店名	住所
広島	中区	DIRETTO（ディレット）	広島市中区三川町 10-18 下井ビル 2F
	中区	リュニベル	広島市中区東白島町 7-3
	中区	Lek2（ルカドゥ）	広島市中区上八丁堀 3-12B1F
	東広島	オステリア タムラ	東広島市西条中央 3-26-35 ハーバードクラブ 1F
岡山		中国料理はすのみ	岡山市北区平和町 1-11
	倉敷	備中倉敷葡萄酒酒場	倉敷市稲荷町 7-4
愛媛	松山	PASTOSITA（パストジータ）	松山市三番町 4-2-1M2 ビル 2F
	松山	L'API（ラピ）	松山市大街道 3-6-4
高知		欧風食堂 カンペシーノ	高知市城見町 6-21
福岡	中央区	クロマニョン	福岡市中央区大手門 1-9-31 1F 奥
	中央区	ÉCRU（エクリュ）	福岡市中央区天神 3-4-1 1F
	中央区	Cernia（チェルニア）	福岡市中央区今泉 1-3-1
	中央区	コキンヌ	福岡市早良区祖原 3-4 川島ビル 1F
	中央区	イルフェソワフ	福岡市中央区警固 1-4-7 クィーンズサンティ天神ウェスト 1F
	中央区	赤坂こみかん	福岡市中央区大名 1-7-10 ワコウハイツ 1F
	中央区	黄昏	福岡市中央区大名 1-7-10 ワコウハイツ 205
	中央区	Yorgo（ヨルゴ）	福岡市中央区大名 1-2-15 GF SQUARE 大名 1F
	中央区	鳥次	福岡市中央区大手門 1-8-14
	中央区	魔灯路場 amber（まほろば アンバー）	福岡市中央区大手門 1-8-15 ロマンビル 1F
	中央区	酒場 みんなの黄ちゃん	福岡市中央区警固 1-3-6 警固フラット 101
長崎		impeccable（アンペキャブル）	長崎市油屋町 2-10 ヤサカストリートビル 2F
佐賀		肉酒場ぽん	佐賀市唐人 2-4-5
熊本	中央区	コルリ	熊本市中央区南坪井町 5-21
	中央区	BISTROT 2 PLATS（ル ビストロ ドゥプラ）	熊本市中央区新町 2-10-10
	中央区	Peg（ペグ）	熊本市中央区南坪井町 5-10 ドラゴンビル 1F
	中央区	tetora（テトラ）	熊本市中央区上通町 11-6 エイブル並木坂ビル 3F
	東区	ビストロ・シェケン	熊本市東区尾ノ上 2-29-11
	中央区	Kijiya（キジヤ）	熊本市中央区南坪井町 7-17
	中央区	ワイン食堂トキワ	熊本市中央区坪井 2-4-28 2F
宮崎		一心鮨光洋	宮崎市昭和町 21
鹿児島		ラ プティットセリーヌ	鹿児島市千日町 8-10 千扇ビル 4F
沖縄	風頭郡	おんな食堂	国頭郡恩納村前兼久 102
沖縄	中頭郡	BISTRO bom bà（ビストロボンバ）	中頭郡北谷町美浜 9-21 デポアイランドシーサイドビル 5F

電話	URL	備考	ジャンル
082-249-4458		イタリア料理とワインの相性を	イタリアン
082-576-7239	f	イベントあり	フレンチ
082-221-3884	https://le-k2.com	繊細なフレンチとワインを	フレンチ
082-422-0026	f	イタリア料理とワインの相性を	イタリアン
086-238-8403		中国料理を飲み飽きないワインと	中国
086-434-6006		2000年代初頭のフランスワインが豊富	ノンジャンル
089-993-5275		イタリア料理とワインの相性を	イタリアン
089-913-8880	http://www.lapi38.com/	イタリア料理とワインの相性を	イタリアン
088-855-7751	f	ヨーロッパの家庭料理と気軽なワインを	フレンチ
092-406-7487		全国からナチュラルワイン・ファンが訪れる	フレンチ
092-791-6833	www.ecru-fukuoka.com/	コーヒーもワインも気軽に	コーヒー&ワイン
092-406-6891		夫婦で営む、こぢんまりイタリアン	イタリアン
092-846-8410		毎月ワイン会	フレンチ
092-713-4550	http://www.ilfaitsoif.com/	豪快な料理とワインを	炭火焼き料理
092-734-3090	f	オリジナリティあふれる料理と、飲み飽きないワインを	居酒屋
092-753-8559	f	不定期でワイン会	ワインバー
092-725-8277	f	遊び心ある料理とワインをカジュアルに	創作フレンチ
092-715-4301		焼き鳥が進むワインのセレクション	焼き鳥
092-286-8672	f	気軽なワインと気の利いたおつまみ	ワインバー
非公開	f	店主との会話が楽しい、こぢんまり店	ワインバー
095-824-2047	http://impeccable.petit.cc/	「満月ワインバー」などのイベント多数	フレンチ
0952-40-5050	f	豪快な肉料理とワインを	焼肉居酒屋
070-5271-3496	f	毎月、満月の夜に「満月ワインバー」	ワインバー
096-356-1430	f	イベントあり	フレンチ
096-227-6494	f	信頼する生産者の食材で作る欧風料理と	ノンジャンル
096-355-0655	f	熊本のナチュラルワイン好きが集う店	ワインバー
096-360-1240	http://chezken.jp/	毎年4月最終週に「アペロ（昼飲み）」イベント開催	フレンチ
096-352-6222	http://kijiya-teppan.com/	良質な食材で作る鉄板料理とワイン	鉄板焼き
096-240-5252	f	毎年4月最終週に「アペロ（昼飲み）」イベント開催	ノンジャンル
0985-60-5005	http://www.isshinzushi.com/	海外セレブも魅了する極上の鮨とワイン	すし
099-222-2235	f	ワインショップ・ドゥジエームは姉妹店	ワインバー
098-964-6877	f	ワイン会あり	フレンチ
098-987-8377	f	イベントあり	フレンチ

協力会社（インポーター・50音順）
(株)イーストライン、(有)ヴァンクゥール、(株)ヴィナイオータ、(有)ヴォルテックス、エヴィーノ、(株)エスポア、(株)オルヴォー、CROSS WINES、(株)サンフォニー、サンリバティ(株)、(株)W、ディオニー(株)、テラヴェール(株)、(株)ドリームスタジオ、野村ユニソン(株)、(株)ノンナアンドシディ、BMO(株)、(株)ファインズ、ヘレンベルガー・ホーフ(株)、(株)ラシーヌ、(株)ラフィネ、ル・ヴァン・ナチュール（株）、(株)ルモアン東京、ワインダイヤモンズ（株）、(有)ワイナリー和泉屋

staff

監修	フェスティヴァン
執筆	中濱潤子
撮影	山下郁夫、安井 進
イラストレーション	谷山彩子
本文デザイン	坂井図案室、田中 恵、福田啓子、山本加奈子
装丁	佐藤アキラ
校正	金子亜衣
編集	菅野和子、宮脇灯子
協力	Austrian Wine Marketing Board
	板垣卓也（BATONS）
	佐々木ヒロト
	田中かお來ールリ（CROSS WINES）
	美野輪賢太郎
	村木慶喜（ヴァンクゥール）

勝山晋作
フェスティヴァン実行委員会

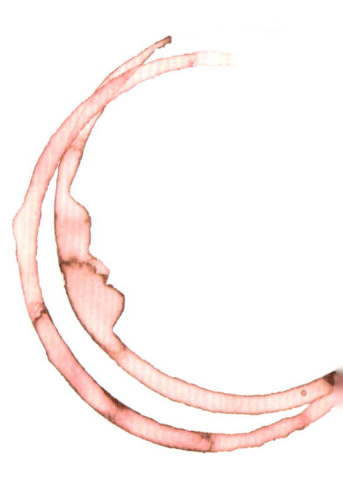

いま飲みたい 生きたワインの造り手を訪ねて

ナチュラルワイン

NDC596

2019 年 5 月 26 日　発　行

編　者	FESTIVIN（フェスティヴァン）
著　者	中濱潤子（なかはまじゅんこ）
発行者	小川雄一
発行所	株式会社 誠文堂新光社
	〒 113-0033　東京都文京区本郷 3-3-11
	（編集）電話 03-5805-7285
	（販売）電話 03-5800-5780
	http://www.seibundo-shinkosha.net/
印刷・製本	図書印刷 株式会社

ISBN978-4-416-51794-9